大数据与“智能+”产教融合丛书

网络组建与运维

主　编　韩红章
参　编　安淑梅　臧海娟　王　尧

机 械 工 业 出 版 社

本书内容与 RCNA、RCNP 等企业网络工程师的认证内容对接，与实际项目施工内容紧密相连，以工程项目为主体、实践应用为主线，根据网络组建与运维的实际工作过程中所需要的知识和技能，整合为 6 个模块，72 个工作任务。

本书以交换机、路由器等网络设备和 Windows Server 2022 网络操作系统为实验操作平台，以交换技术、路由技术、网络安全技术、网络服务应用与性能优化技术、Windows Server 服务配置与管理、企业网络综合实践为主线，选取企业典型工作过程，帮助读者掌握网络基本原理、网络建设关键技术、网络设备和应用服务器的配置调试方法，从而提高读者计算机网络应用和维护的技能。

本书可供网络工程师认证培训使用，也可作为计算机和网络工程等相关专业的课程教材，以及网络管理人员的培训教材。

图书在版编目（CIP）数据

网络组建与运维/韩红章主编. —北京：机械工业出版社，2023.12（2024.11 重印）

（大数据与“智能+”产教融合丛书）

ISBN 978-7-111-74562-4

Ⅰ.①网…　Ⅱ.①韩…　Ⅲ.①计算机网络　Ⅳ.①TP393

中国国家版本馆 CIP 数据核字（2024）第 037358 号

机械工业出版社（北京市百万庄大街 22 号　邮政编码 100037）

策划编辑：王　欢　　责任编辑：王　欢

责任校对：李可意　刘雅娜　　封面设计：马精明

责任印制：邓　博

北京盛通数码印刷有限公司印刷

2024 年 11 月第 1 版第 2 次印刷

184mm×260mm · 16.75 印张 · 422 千字

标准书号：ISBN 978-7-111-74562-4

定价：55.00 元

电话服务　　网络服务

客服电话：010-88361066　　机 工 官 网：www.cmpbook.com

010-88379833　　机 工 官 博：weibo.com/cmp1952

010-68326294　　金 书 网：www.golden-book.com

机工教育服务网：www.cmpedu.com

前言

“卓越计划”是新的人才培养模式，需要在实践中不断探索、完善和提高。针对计算机网络技术“卓越工程师”的特点，如何培养适应社会经济发展需要的高质量工程技术人才，是从事计算机网络方面教学工作的教师需要认真研究探索的问题。

本书根据应用型本科网络工程等专业人才培养方案，参考国内外著名的计算机网络相关实践教材，结合作者多年从事计算机网络课程教学所积累的实践经验，编写而成。本书基于任务驱动、项目导向的教学模式，首先介绍每个项目的相关知识和工作原理，其次是该项目的具体任务情境，最后是该项目的实践过程和任务评价。本书内容力求真正体现以教师为主导、学生为主体的教学理念，充分发掘学生的学习潜能，着力培养适应经济社会发展需要的应用型高级专门人才。

为实现校企“双元”编写，在本书的编写过程中邀请了产教融合方面企业专家安淑梅对相关案例进行编写和全程指导，在产教融合、适应1+X改革需要等方面有所创新，并兼顾应用型本科教学需求和中高职衔接理念。本书内容力求突出工程型、应用型、技能型培训教学的实用性和可操作性，以行业工程实际应用为背景，强化案例教学，注重应用能力的培养，并力求提高科学性和实用性，使得读者可以通过实验理解和掌握计算机网络的基本原理和实现技术，将所学知识融会贯通和综合运用，增强工程应用实际能力。

本书以交换机、路由器等网络设备和Windows Server 2022网络操作系统为实验操作平台；内容及任务设计与RCNA或RCNP等企业网络工程师的认证内容对接，与实际项目施工内容紧密相连，以工程项目为主体、实践应用为主线，根据网络组建与运维的实际工作过程中所需要的知识和技能，整合为6个模块，72个工作任务；以交换技术、路由技术、网络安全技术、网络服务应用与性能优化技术、Windows Server服务配置与管理、企业网络综合实践为主线，选取企业典型工作过程，帮助读者掌握网络基本原理、网络建设关键技术、网络设备和应用服务器的配置调试方法，提高读者计算机网络应用和维护的技能。

本书分为6章，主要内容如下：

第1章交换技术，主要是从交换技术工作原理、VLAN技术及冗余链路等几个方面展开，主要内容包括交换机基本配置、VLAN基础配置及生成树技术。

第2章路由技术，主要是从直连路由、静态路由及动态路由等几个方面展开，主要内容包括直连路由基本配置、VLAN间路由、静态路由、RIP动态路由及OSPF动态路由。

第3章网络安全技术，主要是从局域网安全技术及网络出口技术等几个方面展开，主要内容包括ACL技术、NAT技术及端口安全技术。

第4章网络服务应用与性能优化，主要内容包括telnet服务、DHCP服务、多生成树技术、端口聚合技术、策略路由技术、点对点协议、路由重分发与路由控制、路由汇总与路由认证及VRRP技术。

第5章Windows Server 2022管理与应用，主要内容包括Windows Server 2022系统下的用户、组、磁盘、存储网络档案、远程管理、Web服务、FTP服务、DNS服务、DHCP服务、活动目录和域的配置与管理等。

第6章网络组建综合实验，主要内容是综合运用交换技术、路由技术、网络安全技术、网络服务应用及网络性能优化技术完成网络工程项目的搭建。

本书由韩红章任主编，安淑梅、臧海娟、王尧参编，韩红章负责全书统稿。吴访升教授、景征骏教授参与全书架构设计及全书的审阅，并提出了许多建设性的意见，在此深表谢意。

由于编者学识及时间的限制，书中内容难免有疏漏和不当之处，恳请各位读者批评指正，我们将在修订时改进。编者的联系方式是 hhz@ jsut. edu. cn。

编　者

2023 年 9 月

目录

第 1 章

交换技术

1.1 交换机基本配置

【知识准备】

1. 交换机的工作特性

交换机属于数据链路层设备，交换机的每一个接口所连接的网段都是一个独立的冲突域，交换机的接口隔离冲突域，形成交换型以太网。交换机所连接的设备仍然在同一个广播域内，交换机不隔绝广播，依据帧头的信息进行转发，因此说交换机是工作在数据链路层的网络设备。

2. 交换机端口速率区别

Ethernet0/1 表示以太网端口（0 代表模块，1 代表接口），速率为 10Mbit/s，可以简写为 E0/1；FastEthernet0/1 表示快速以太网接口，速率为 100Mbit/s，可以简写为 F0/1；GigabitEthernet0/1 表示千兆以太网接口，速率为 1000Mbit/s，可以简写为 G0/1。

3. MAC 地址表

MAC 地址表作用：交换机的 MAC 地址表用于存储交换机接口和接口连接设备 MAC 地址的映射关系。

4. 交换机转发数据的方式

学习：通过查看收到的每个数据帧的源 MAC 地址，来学习每个接口连接设备的 MAC 地址。

转发：在 MAC 地址表中找到了该目标 MAC 地址，且该数据帧的源 MAC 地址和目的 MAC 地址对应的端口号不同。

广播：在 MAC 地址表中没有找到该目标 MAC 地址。

丢弃：在 MAC 地址表中找到了该目标 MAC 地址，且该数据帧的源 MAC 地址和目标 MAC 地址对应的端口号相同。

更新：交换机 MAC 地址表的默认老化时间是 300s。

5. 交换机工作原理

交换机能够识别数据包中 MAC 地址信息，根据 MAC 地址信息进行数据包的转发。

交换机通过学习数据包中的源 MAC 地址获悉与接口相连设备的 MAC 地址，并根据目标 MAC 地址来决定如何处理这个帧。

具体来说就是，以太网交换机通过查看收到的每个帧的 MAC 地址，学习每个接口连接设备的 MAC 地址，并将 MAC 地址到接口的映射存储在被称为 MAC 地址表的数据库中。

收到帧后，以太网交换机通过查找 MAC 地址表来确定通过哪个接口可以到达目的地。如果在 MAC 地址表中找到了目标地址，则将帧转发到相应的接口；如果没有找到目标地址（数据帧中的目标 MAC 地址不在 MAC 地址表中），则将帧转发到除入站接口外的所有接口，这一过程称为泛洪（flood）。

6. 交换机的主要功能

交换机的 3 个主要功能包括地址学习、帧的转发和过滤、消除环路。

（1）地址学习

交换机通过以太网帧的源地址来确定设备的位置。交换机维护一个 MAC 地址表，用于记录与其相连的设备的位置，交换机根据这个表来决定是否需要将分组转发到其他网段。

交换机刚启动的时候，MAC 地址表为空，交换机不知道各主机连接的是哪个接口。当 MAC 地址表为空，交换机收到帧后，将接收到的数据帧从除了接收接口之外的所有接口发送出去，这被称为泛洪。

交换机地址学习的过程如下所示。

① 图 1-1 所示为一个初始的 MAC 地址表，交换机刚启动时 MAC 地址表为空。

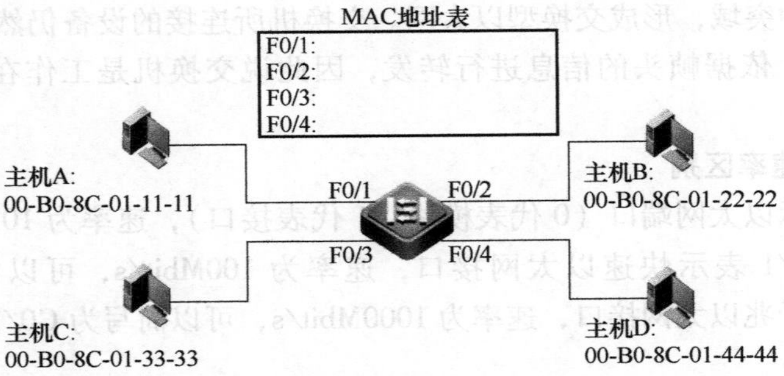

图 1-1　一个初始的 MAC 地址表

② 假设主机 A 要向主机 C 发送数据帧，这个帧的源地址就是主机 A 的 MAC 地址 00-B0-8C-01-11-11，目的地址就是主机 C 的 MAC 地址 00-B0-8C-01-33-33。由于此时 MAC 地址表是空的，所以交换机的处理方法是将帧从 F0/2、F0/3、F0/4 这 3 个接口广播出去。

③ 同时，在这个过程中，交换机也获得了这个帧的源地址，在 MAC 地址表中增加了一个条目，将这个 MAC 地址（主机 A 的 MAC 地址）和接收接口（F0/1）对应起来。至此，交换机就知道主机 A 位于接口 F0/1，如图 1-2 所示。

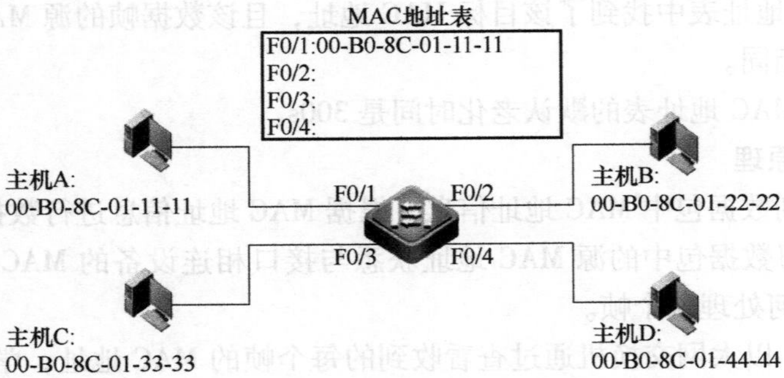

图 1-2　MAC 地址表中添加主机 A 地址

④ 网段上的其余主机收到这个帧之后，只有目的主机 C 会响应这个帧，其余的主机则丢

弃这个帧。目的主机C的响应帧源MAC地址是主机C的MAC地址，目的MAC地址是主机A的MAC地址。响应帧到达交换机后，由于目的地址已经存在于MAC地址表中，交换机就可以把它按照表中对应的接口F0/1转发出去。同时，交换机在MAC地址表中再添加一条新的记录，将响应帧的源MAC地址和接口（F0/3）对应起来。

⑤ 随着网络中的主机不断发送帧，这个学习过程也将不断地进行下去。最终，交换机得到了一个完整的MAC地址表，如图1-3所示。表中的条目将被用来做转发和过滤决策。

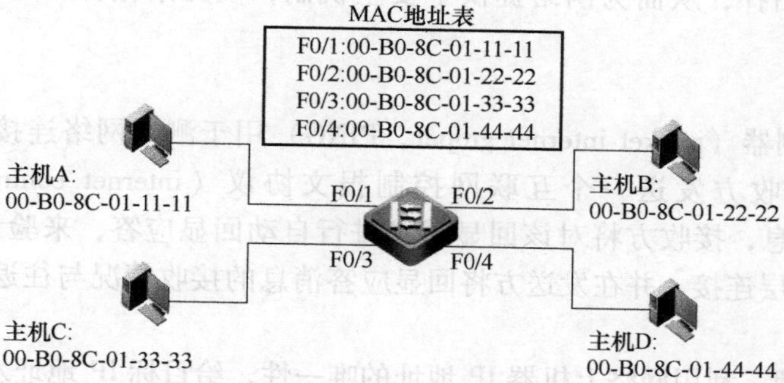

图1-3 一个完整的MAC地址表

MAC地址表中的条目是有生命周期的，如果在一定的时间内，交换机没有从该接口接收到一个相同源地址的帧（用于刷新MAC地址表中的记录），交换机会认为该主机已经不再连接到这个接口上，于是这个条目将从MAC地址表中移除。

相应地，如果从该接口收到的帧的源地址发生了改变，交换机也会用新的源地址去改写MAC地址表中该接口对应的MAC地址。这样，交换机中的MAC地址表就一直能够保持最新，以提供更准确的转发依据。

（2）帧的转发和过滤

交换机收到目标MAC地址已知的帧后，将其从相应的接口，而不是所有的接口，转发出去。

假设对于图1-4所示的网络，主机A再次将一个帧发送给主机C。由于目标MAC地址（主机C的MAC地址为00-B0-8C-01-33-33）已经存在于MAC地址表中，交换机可以通过查找MAC地址表直接将帧从相应接口F0/3转发出去。主机A向主机C发送帧的过程描述如下：

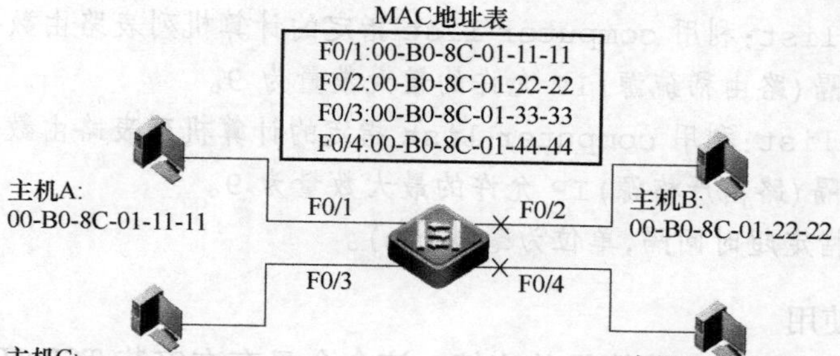

图1-4 完整的MAC地址表

① 将目的主机C的MAC地址和MAC地址表中的条目进行比较。

② 根据 MAC 地址表，通过 F0/3 接口可到达该目的主机，于是将帧从该接口转发出去。

③ 不会将帧从接口 F0/2 和 F0/4 转发出去，这节省了带宽，该操作称为帧过滤。

在以太网中，广播地址和组播地址只能用于目标地址，对于目标为这两种地址的帧，交换机的处理方式相同，即将其从除了接收接口之外的所有接口转发出去。

(3) 消除环路

在交换式网络中使用生成树协议（详见任务 1.3.1 和 1.3.2），可以将有环路的物理拓扑变成无环路的逻辑拓扑，从而为网络提供了安全机制，使冗余拓扑汇总不会产生交换环路问题。

7. ping 命令

互联网分组探测器（packet internet groper，PING）用于测试网络连接量的程序。ping 命令通过发送方向接收方发送一个互联网控制报文协议（internet control message protocol，ICMP）回显请求信息，接收方将对该回显请求进行自动回显应答，来验证两台支持 TCP/IP 的计算机之间的 IP 层连接，并在发送方将回显应答消息的接收情况与往返过程的次数一起显示出来。

ping 命令的原理：利用网络上机器 IP 地址的唯一性，给目标 IP 地址发送一个数据包，再要求对方返回一个同样大小的数据包来确定两台网络机器是否连接相通，时延是多少。

(1) ping 命令参数的含义

```
ping [-t] [-a] [-n count] [-l length] [-f] [-i ttl] [-v tos] [-r count] [-s
count] [-j computer-list] | [-k computer-list] [-w timeout]
  -t:ping 指定的计算机直到中断。
  -a:将地址解析为计算机名。
  -n count:发送 count 指定的 ECHO 数据包数。默认值为 4。
  -l length:发送包含由 length 指定的数据量的 ECHO 数据包。默认为 32 字节;最大
值为 65527。
  -f:在数据包中发送“不要分段”标志。数据包就不会被路由上的网关分段。
  -i ttl:将“生存时间”字段设置为 ttl 指定的值。
  -v tos:将“服务类型”字段设置为 tos 指定的值。
  -r count:在“记录路由”字段中记录传出和返回数据包的路由。
  -s count:指定 count 指定的跃点数的时间戳。
  -j computer-list:利用 computer-list 指定的计算机列表路由数据包。连续计算机
可以被中间网关分隔(路由稀疏源)IP 允许的最大数量为 9。
  -k computer-list:利用 computer-list 指定的计算机列表路由数据包。连续计算机
不能被中间网关分隔(路由严格源)IP 允许的最大数量为 9。
  -w timeout:指定超时间隔,单位为毫秒(ms)。
```

(2) ping 命令使用

ping 命令用于验证与远程计算机的连接。该命令只有在安装 TCP/IP 之后才可以使用。ping 命令的测试如下所示：

```
C:\>ping 192.168.73.1
    Pinging 192.168.73.1 with 32 bytes of data:
```

```
Reply from 192.168.73.1:bytes=32 time<4ms TTL=255
Reply from 192.168.73.1:bytes=32 time<4ms TTL=255
Reply from 192.168.73.1:bytes=32 time<4ms TTL=255
Reply from 192.168.73.1:bytes=32 time<4ms TTL=255
Ping statistics for 192.168.73.1:
    Packets:Sent=4,Received=4,Lost=0 (0% loss),
Approximate round trip times in milli-seconds:
Minimum=0ms,Maximum=0ms,Average=0ms
```

在例子中 bytes=32 表示 ICMP 报文中有 32 个字节的测试数据，time<4ms 表示往返时间小于 4ms。Sent 表示发送多少个包，Received 表示收到多个回应包，Lost 表示丢弃了多少个包，Minimum 表示最小值，Maximum 表示最大值，Average 表示平均值。从上述 ping 命令结果看，往返时间小于 4ms，Lost=0 即丢包数为 0，网络状态相当良好。

8. ipconfig 命令

在命令提示符界面执行 ipconfig 命令，可以显示本机所有当前的 TCP/IP 网络配置值，刷新动态主机配置协议和域名系统设置。使用不带参数的 ipconfig 可以显示所有适配器的 IP 地址、子网掩码、默认网关。需要了解更多的网络配置信息可使用下列 ipconfig 命令。

（1）ipconfig 命令参数的含义

① ipconfig/all：显示本机 TCP/IP 配置的详细信息。若没有该参数，ipconfig 命令只显示 IP 地址、子网掩码和各个适配器的默认网关值。

② ipconfig/release：DHCP 客户端手工释放 IP 地址。

③ ipconfig/renew：DHCP 客户端手工向服务器刷新请求。

④ ipconfig/flushdns：清除本地 DNS 缓存内容。

（2）ipconfig 命令使用

① 该诊断命令显示所有当前的 TCP/IP 网络配置值。其测试结果如下所示：

```
C:\Documents and Settings\Administrator>ipconfig
Windows IP Configuration
Ethernet adapter 本地连接:

        Connection-specific DNS Suffix  .  :
        IP Address............                        :192.168.73.242
        Subnet Mask ...........                       :255.255.255.0
        Default Gateway .........                     :192.168.73.1
```

② ipconfig /all 产生完整显示。在没有该命令的情况下 ipconfig 只显示 IP 地址、子网掩码和每个网卡的默认网关值。ipconfig/all 命令的测试结果如下所示：

```
C:\Documents and Settings\Administrator>ipconfig /all
    Windows IP Configuration
Host Name ...........   :wlsys
```

```
        Primary DNS Suffix .......  :
        Node Type ...........  :Hybrid
        IP Routing Enabled.......  :No
        WINS Proxy Enabled.......  :No
    Ethernet adapter 本地连接:
        Connection-specific DNS Suffix .  :
        Description ...........  :SiS 900 PCI FastEthernet Adapter
        Physical Address.........  :05-56-3B-4E-5A-12
        DHCP Enabled..........  :No
        IP Address...........  :192.168.73.242
        Subnet Mask ..........  :255.255.255.0
        Default Gateway .........  :192.168.73.1
        DNS Servers ..........  :210.29.192.194
```

③ 对 DHCP 服务器分配 IP 地址的操作。如果需要释放所有适配器的当前 DHCP 配置并丢弃 IP 地址配置，同时禁用配置为自动获取 IP 地址的适配器的 TCP/IP，应输入 ipconfig/release。为更新所有适配器的 DHCP 配置，在自动获取 IP 地址的客户机上，输入 ipconfig/renew。上述两个命令只在运行 DHCP 客户端服务的主机上可用。

④ 要在排除 DNS 的名称解析故障期间清理 DNS 解析器缓存，可输入 ipconfig/flushdns。

9. 交换机的命令行操作模式

（1）用户模式 Switch>

进入交换机后的第一个操作模式，该模式下可以简单查看交换机的软、硬件版本信息，并进行简单的测试。Switch 为交换机的名称，不同厂商设备初始名称有所不同。

（2）特权模式 Switch#

属于用户模式的下一级模式，在用户模式下使用 enable 命令进入该模式。该模式下可以对交换机的配置文件进行管理，查看交换机的配置信息，进行网络的测试和调试等。

（3）全局配置模式 Switch(config)#

属于特权模式的下一级模式，在特权模式下使用 configure terminal 命令进入该模式。该模式下可以配置交换机的全局性参数。

（4）接口配置模式 Switch(config-if)#

属于全局模式的下一级模式，在全局模式下使用 interface *interface-id* 命令进入该模式。该模式下可以配置接口参数。

（5）VLAN 配置模式 Switch(config-vlan)#

属于全局模式的下一级模式，在全局模式下使用 vlan *vlan-id* 命令进入该模式。该模式下可以配置 VLAN 参数。

1.1.1 任务一：交换技术基本配置（1）

【任务描述】

主机 PC1 和 PC2 分别接入到交换机 SW1 的接口 F0/10 和 F0/20，给 PC1 和 PC2 设置合适的 IP 地址，验证二层交换机能实现相同网段主机相互通信，不能实现不同网段主机相互通信。其网络拓扑结构如图 1-5 所示。

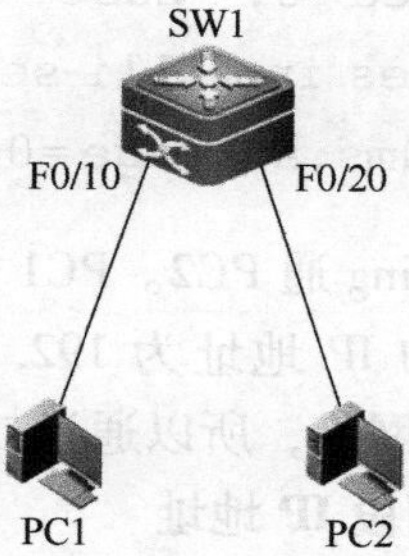

图 1-5 交换技术基本配置（1）的网络拓扑结构

【任务实施】

1. 给主机 PC1 和 PC2 配置不同网段 IP 地址

给主机 PC1 配置相应 IP 地址为 192.168.1.5/30，给主机 PC2 配置相应 IP 地址为 192.168.1.9/30，如图 1-6 所示。

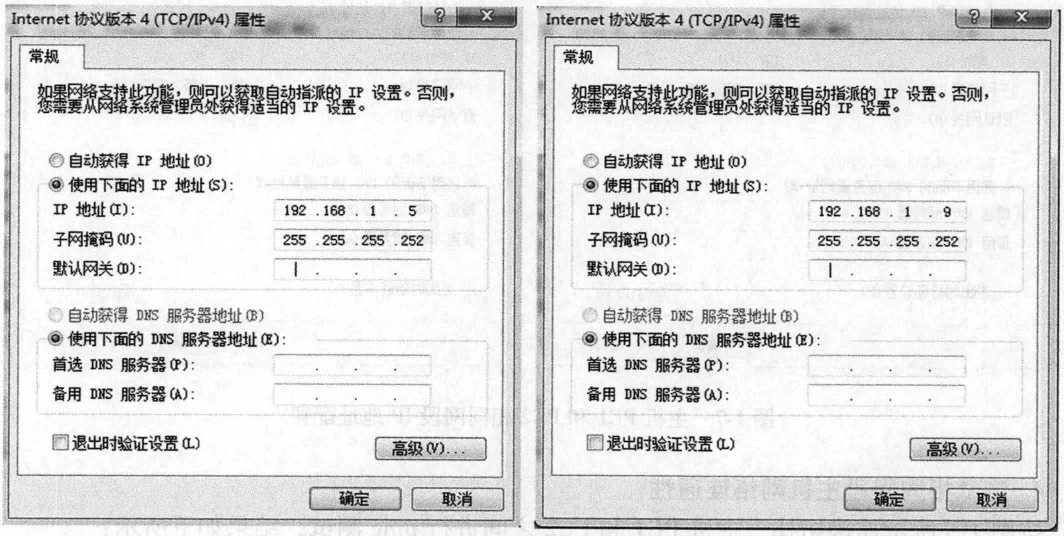

图 1-6 主机 PC1 和 PC2 不同网段 IP 地址配置

2. 测试不同网段主机网络连通性

按图 1-5 所示连接拓扑，主机 PC1 和 PC2 之间进行 ping 测试，结果如下所示：

```
C:\>ping 192.168.1.9

Pinging 192.168.1.9 with 32 bytes of data:
Request timed out.
Request timed out.
Request timed out.
Request timed out.
```

```
Ping statistics for 192.168.1.9:
    Packets:Sent=4,Received=0,  Lost=4(100% loss),
Approximate round trip times in milli-secends:
    Minimum=0ms,Maximum=0ms,Average=0ms
```

从测试结果可以看出，PC1 不能 ping 通 PC2。PC1 的 IP 地址为 192.168.1.5/30，表示该地址所属网段为 192.168.1.4；PC2 的 IP 地址为 192.168.1.9/30，表示该地址所属网段为 192.168.1.8；PC1 和 PC2 不在同一个网段，所以通过二层交换机无法实现互通。

3. 给主机 PC1 和 PC2 配置相同网段 IP 地址

给主机 PC1 配置相应 IP 地址为 192.168.1.5/24，给主机 PC2 配置相应 IP 地址为 192.168.1.9/24，如图 1-7 所示。

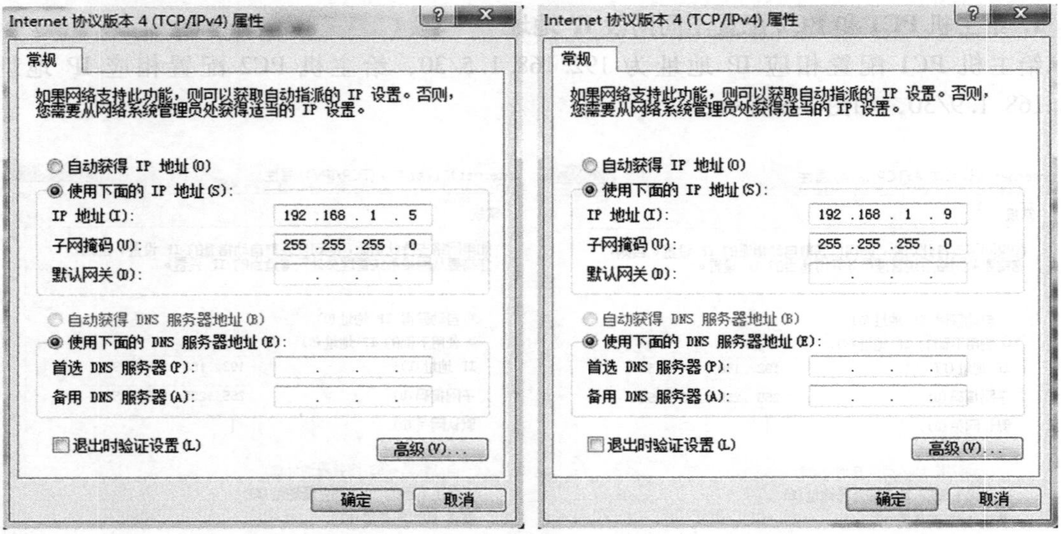

图 1-7　主机 PC1 和 PC2 相同网段 IP 地址配置

4. 测试相同网段主机网络连通性

按图 1-5 所示连接拓扑，主机 PC1 和 PC2 之间进行 ping 测试，结果如下所示：

```
C:\Documents and Settings\Administrator>ping 192.168.1.9

Pinging 192.168.1.9 with 32 bytes of data:
Reply from 192.168.1.9:bytes=32 time<1ms TTL=64
Reply from 192.168.1.9:bytes=32 time<1ms TTL=64
Reply from 192.168.1.9:bytes=32 time<1ms TTL=64
Ping statistics for 192.168.1.9:
    Packets:Sent=4,Received=4,Lost=0 (0% loss),
Approximate round trip times in milli-seconds:
    Minimum=0ms,Maximum=0ms,Average=0ms
```

从测试结果可以看出，PC1 能 ping 通 PC2。PC1 的 IP 地址为 192.168.1.5/24，表示该地址所属网段为 192.168.1.0；PC2 的 IP 地址为 192.168.1.9/24，表示该地址所属网段为 192.168.1.0；PC1 和 PC2 在同一个网段，所以通过二层交换机能够实现互通。

1.1.2 任务二：交换技术基本配置（2）

【任务描述】

主机 PC1 和 PC2 分别接入到交换机 SW1 的接口 F0/10 和 F0/20，设置 PC1 的 IP 地址为 192.168.1.10/24，PC2 的 IP 地址为 192.168.1.20/24，测试网络连通性和查看交换机的 MAC 地址表。其网络拓扑结构，如图 1-8 所示。

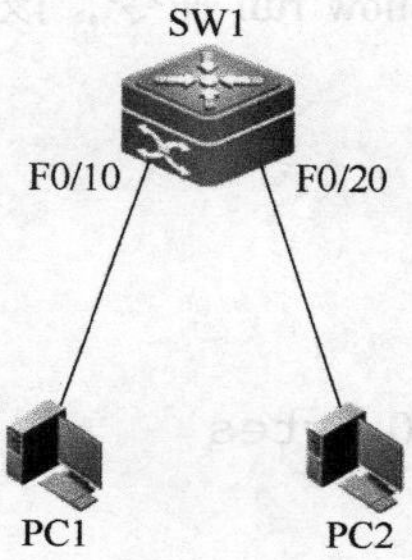

图 1-8 交换技术基本配置（2）的网络拓扑结构

【任务实施】

1. 交换机命令行操作模式

```
Switch>                                      #用户模式
Switch>enable                                #进入特权模式
Switch#configure terminal                    #进入全局配置模式
Switch(config)#interface FastEthernet 0/1    #进入接口配置模式
Switch(config-if)#exit                       #退回到上一级操作模式
Switch(config)#vlan 100                      #进入 VLAN 配置模式
Switch(config-vlan)#exit                     #退回到全局配置模式
Switch(config)#exit                          #退回到特权模式
Switch#exit                                  #退回到用户模式
Switch>                                      #用户模式
```

2. 交换机命令行简写

交换机命令行简写是指，只需输入命令关键字的一部分字符，只要这部分字符足够识别唯一的命令关键字即可。

```
Switch>en                             #enable 简写
Switch#conf t                         #configure terminal 简写
Switch(config)#interface f 0/1        #f 是 FastEthernet 简写
Switch(config-if)#exit                #退回到全局模式
Switch(config)#                       #全局模式
```

3. 交换机设备名称配置

```
Switch(config)#hostname SW1                #配置设备名称为 SW1
```

4. no 命令使用

no 命令用来禁止某个特性或功能，执行与命令本身相反的操作。

```
SW1(config)#interface f 0/1              #f 是 FastEthernet 的简写
SW1(config-if)#no shutdown               #开启接口
SW1(config-if)#shutdown                  #关闭接口
```

5. show running-config 命令使用

show running-config 命令可简写为 show run 命令，该命令主要是查看 RAM 里当前生效的配置信息。

```
SW1#show run

Building configuration...
Current configuration:1150 bytes
!
!
!
version RGOS 10.4(2) Release(75955)(Mon Jan 25 19:33:15 CST 2010 -
ngcf31)
!
vlan 1
!
interface FastEthernet 0/1
shutdown                                    #接口为关闭状态
!
interface FastEthernet 0/2
!
interface FastEthernet 0/3
!
interface FastEthernet 0/4
!
interface FastEthernet 0/5
!
interface FastEthernet 0/6
!
interface FastEthernet 0/7
!
interface FastEthernet 0/8
```

```
!
interface FastEthernet 0/9
!
interface FastEthernet 0/10
!
interface FastEthernet 0/11
!
interface FastEthernet 0/12
!
interface FastEthernet 0/13
!
interface FastEthernet 0/14
!
interface FastEthernet 0/15
!
interface FastEthernet 0/16
!
interface FastEthernet 0/17
!
interface FastEthernet 0/18
!
interface FastEthernet 0/19
!
interface FastEthernet 0/20
!
interface FastEthernet 0/21
!
interface FastEthernet 0/22
!
interface FastEthernet 0/23
!
interface FastEthernet 0/24
!
line con 0
line vty 0 4
login

!
end
```

从当前配置命令看出，接口 FastEthernet 0/1 为关闭状态。

6. 测试网络连通性

按图 1-8 所示连接拓扑，给主机 PC1 配置相应 IP 地址为 192. 168. 1. 10/24，给主机 PC2 配置相应 IP 地址为 192. 168. 1. 20/24，主机 PC1 和 PC2 之间进行 ping 测试，结果如下所示：

```
C:\Documents and Settings\Administrator>ping 192.168.1.20

Pinging 192.168.1.20 with 32 bytes of data:
Reply from 192.168.1.20:bytes=32 time<1ms TTL=64
Reply from 192.168.1.20:bytes=32 time<1ms TTL=64
Reply from 192.168.1.20:bytes=32 time<1ms TTL=64
Ping statistics for 192.168.1.20:
    Packets:Sent=4,Received=4,Lost=0 (0% loss),
Approximate round trip times in milli-seconds:
    Minimum=0ms,Maximum=0ms,Average=0ms
```

从测试结果可以看出，PC1 能 ping 通 PC2。PC1 的 IP 地址为 192. 168. 1. 10/24，表示该地址所属网段为 192. 168. 1. 0；PC2 的 IP 地址为 192. 168. 1. 20/24，表示该地址所属网段为 192. 168. 1. 0；PC1 和 PC2 在同一个网段，所以通过二层交换机能够实现互通。

7. 查看交换机的 MAC 地址表

```
SW1#show mac-address-table
Vlan        MAC Address                Type        Interface
----------  -------------------------  --------    ----------
1           1c7e.e55a.f4aa             DYNAMIC     FastEthernet 0/10
1           1c7e.e55a.f554             DYNAMIC     FastEthernet 0/20
```

从交换机 SW1 的 MAC 地址表可以看出，交换机 SW1 的接口 FastEthernet 0/10 连接的主机 PC1 的物理地址是 1c7e. e55a. f4aa，接口 FastEthernet 0/20 连接的主机 PC2 的物理地址是 1c7e. e55a. f554。

【小结】

交换机刚开始工作的时候，MAC 地址表是空的，交换机发送数据是以泛洪的方式工作。当网络稳定后，交换机得到一张完整的 MAC 地址表，交换机收到目标 MAC 地址已知的帧后，将其从相应的接口，而不是所有的接口转发出去。

1.2 VLAN 技术

【知识准备】

1. VLAN 介绍

虚拟局域网（virtual LAN，VLAN），是一种可以把局域网内的交换设备逻辑地而不是物理地划分成一个网段的技术，即从物理网络上划分出来的逻辑网络。由于 VLAN 是基于逻辑连接而不是物理连接的，所以它可以提供灵活的用户管理、带宽分配及资源优化等服务。

VLAN 的划分可以依据网络用户的组织结构进行，形成一个个虚拟的工作组。这样，网络中工作组就可以突破共享网络中地理位置的限制，而根据管理功能来划分。这种基于工作流的分组模式，很好地提高了网络的管理功能。

2. 广播域

广播域指的是广播帧（目标 MAC 地址全部为 1）所能传递到的范围，即能够直接通信的范围。严格来说，并不仅是广播帧，多播帧（multicast frame）和目标不明的单播帧（unknown unicast frame）也能在同一个广播域中畅行无阻。

二层交换机只能构建单一的广播域，在未设置任何 VLAN 的二层交换机上，任何广播帧都会被转发给除接收端口外的所有其他端口（flooding），如图 1-9 所示。

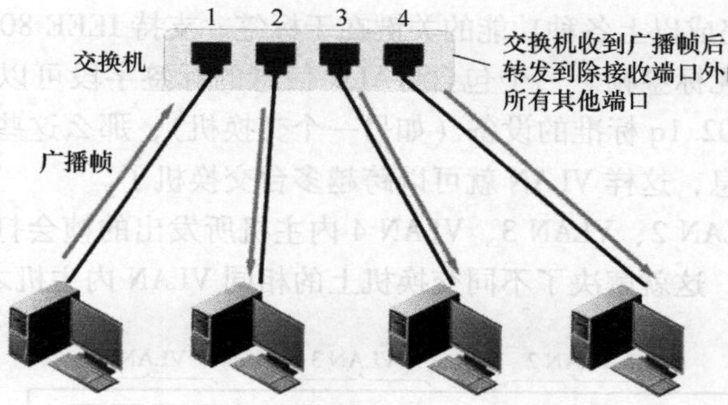

图 1-9　交换机构建单一的广播域

二层交换机使用 VLAN 功能后，能够将网络分割成多个广播域，如图 1-10 所示。如果仅有一个广播域，会影响网络整体的传输性能，所以广播域需要尽可能地缩小。

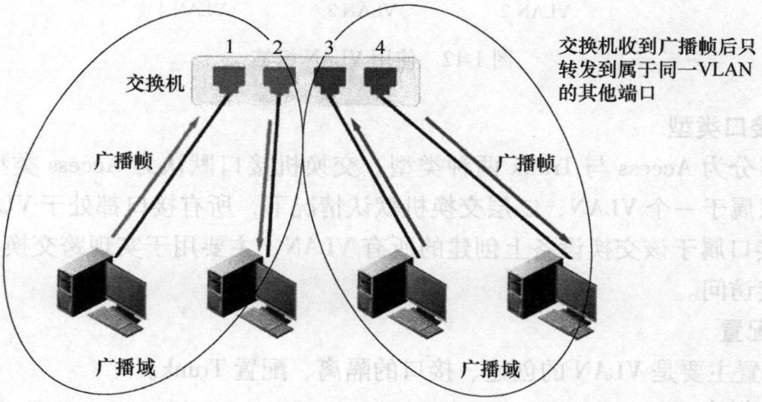

图 1-10　VLAN 隔离广播域

3. VLAN 工作原理

如果一个 VLAN 的成员分布于不同的交换机上，它们之间互通时，如果只能在每个 VLAN 内连接一条链路，必然会造成交换机接口的极大消耗，每台交换机上可以连接主机的接口数量随着 VLAN 数量的增加而相应减少，如图 1-11 所示。IEEE 802. 1q 标准的出现，很好地解决了这个问题。

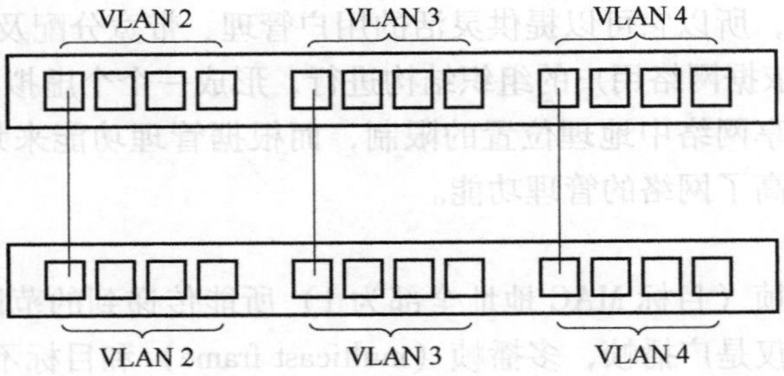

图 1-11　跨交换机 VLAN 间通信

IEEE 802. 1q 标准为标识带有 VLAN 成员信息的以太网帧建立了一种标准方法。该标准主要用来解决如何将大型网络划分为多个小网络，如此广播和组播流量就不会占据更多带宽的问题。

IEEE 802. 1q 标准完成以上各种功能的关键在于标签。支持 IEEE 802. 1q 标准的交换接口可被配置传输标签帧或无标签帧。一个包含 VALN 信息的标签字段可以插入到以太帧中。如果连接的是支持 IEEE 802. 1q 标准的设备（如另一个交换机），那么这些标签帧可以在交换机之间传送 VLAN 成员信息，这样 VLAN 就可以跨越多台交换机了。

如图 1-12 所示，VLAN 2、VLAN 3、VLAN 4 内主机所发出的帧会打上不同的标签，然后再用一条链路进行传输，这就解决了不同交换机上的相同 VLAN 内主机之间相互通信的问题。

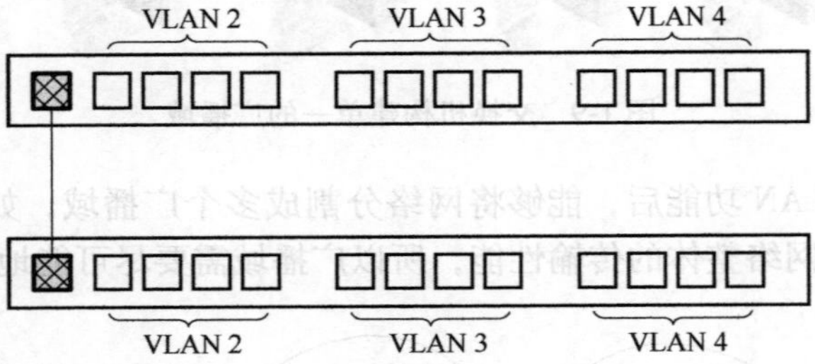

图 1-12　使用 VLAN 标签

4. 交换机接口类型

交换机接口分为 Access 与 Trunk 两种类型。交换机接口默认为 Access 类型。Access 类型表示一个接口只属于一个 VLAN，二层交换机默认情况下，所有接口都处于 VLAN 1 中。Trunk 类型表示一个接口属于该交换设备上创建的所有 VLAN，主要用于实现跨交换机的相同 VLAN 内主机之间直接访问。

5. VLAN 配置

VLAN 的配置主要是 VLAN 的创建、接口的隔离、配置 Trunk。

(1) VLAN 创建

步骤 1：创建 VLAN。*vlan-id* 是 VLAN 的编号。

switch(config)#**vlan** *vlan-id*

步骤 2：命名 VLAN（可选）。*vlan-name* 是 VLAN 的名字，主要方便网络管理员管理所用。

switch(config-vlan)#**name** *vlan-name*

(2) 将交换机接口划分到 VLAN 中

步骤 1：进入需要配置的接口。*interface-id* 是接口的编号，如果有多个接口要加入到同一个 VLAN，用 interface range {port-range} 来批量设置接口。

switch(config)#**interface** *interface-id*

步骤 2：将接口添加到特定的 VLAN 中。

switch(config-if)#**switchport access vlan** *vlan-id*

(3) 将级联接口设置为 Trunk

步骤 1：进入需要配置的接口。

switch(config)#**interface** *interface-id*

步骤 2：将接口的模式设置为 Trunk。

switch(config-if)#**switchport mode trunk**

1.2.1 任务一：VLAN 基础配置

【任务描述】

某公司现有技术部和业务部，所有计算机均采用网段 192.168.10.0/24，各计算机均可直接通信。出于数据安全的考虑，各部门的计算机需进行隔离，仅允许部门内部相互通信。为实现各部门之间的隔离，需在交换机上创建 VLAN 10、VLAN 20，并将技术部、业务部计算机划分到相应的 VLAN 中。其网络拓扑结构如图 1-13 所示。

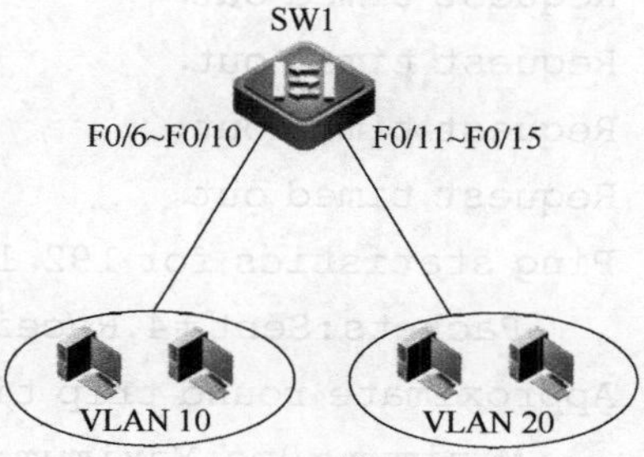

图 1-13 VLAN 基础配置的网络拓扑结构

【任务实施】

1. 在交换机 SW1 上创建 VLAN、端口隔离、配置 SVI

```
SW1(config)#vlan 10                                  #创建 VLAN 10
SW1(config-vlan)#exit                                #返回全局模式
SW1(config)#vlan 20                                  #创建 VLAN 20
SW1(config-vlan)#exit                                #返回全局模式
SW1(config)#interface range FastEthernet 0/6-10      #进入接口模式
SW1(config-if-range)#switchport access vlan 10       #将接口划入到 VLAN 10
SW1(config-if-range)#exit                            #返回全局模式
SW1(config)#interface range FastEthernet 0/11-15     #进入接口模式
SW1(config-if-range)#switchport access vlan 20       #将接口划入到 VLAN 20
```

2. 查看 VLAN

```
SW1#show vlan
VLAN Name          Status           Ports
  1 VLAN0001       STATIC           F0/1,F0/2,F0/3,F0/4,F0/5
      F0/16,F0/17,F0/18,F0/19,F0/20
      F0/21,F0/22,F0/23,F0/24
10 VLAN0010        STATIC           F0/6,F0/7,F0/8,F0/9,F0/10
20 VLAN0020        STATIC           F0/11,F0/12,F0/13,F0/14,F0/15
```

通过查看 VLAN 信息可以看出，VLAN 10 包括接口 F0/6～F0/10，VLAN 20 包括接口 F0/11～F0/15，其余接口都在 VLAN 1 中。

3. 测试网络连通性

按图 1-13 所示连接拓扑，给 VLAN 10 中的主机 PC1 配置相应 IP 地址为 192.168.10.1/24，给 VLAN 20 中的主机 PC2 配置相应 IP 地址为 192.168.10.2/24。主机 PC1 和 PC2 之间进行 ping 测试，结果如下所示：

```
C:\>ping 192.168.10.2

Pinging 192.168.10.2 with 32 bytes of data:
Request timed out.
Request timed out.
Request timed out.
Request timed out.
Ping statistics for 192.168.10.2:
    Packets:Sent=4,Received=0,  Lost=4(100% loss),
Approximate round trip times in milli-secends:
    Minimum=0ms,Maximum=0ms,Average=0ms
```

从测试结果可以看出，虽然主机 PC1 和 PC2 的地址在同一个网段，但是各部门的计算机被端口隔离，不能互相 ping 通。

1.2.2 任务二：跨交换机实现相同 VLAN 通信

【任务描述】

在交换机 SW1 和 SW2 上创建 VLAN 10 和 VLAN 20，配置 Trunk 实现同一 VLAN 里的计算机能跨交换机进行相互通信。其网络拓扑结构如图 1-14 所示。

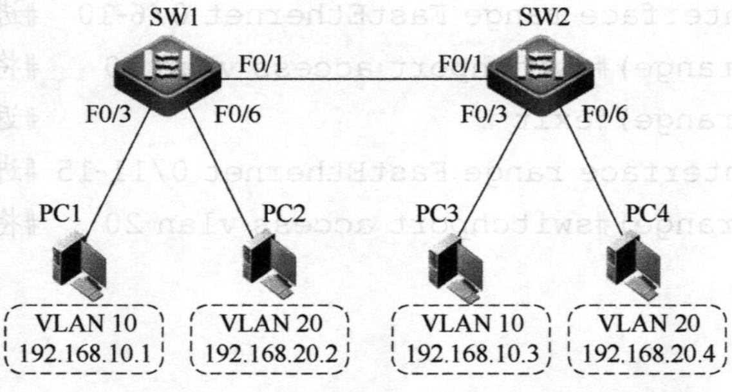

图 1-14 跨交换机实现相同 VLAN 通信的网络拓扑结构

【任务实施】

1. 在交换机 SW1 上创建 VLAN、接口隔离

```
SW1(config)#vlan 10                                  #创建 VLAN 10
SW1(config-vlan)#exit
SW1(config)#interface FastEthernet 0/3               #进入接口模式
```

```
SW1(config-if)#switchport access vlan 10          #将0/3接口划到VLAN
SW1(config-if)#exit
SW1(config)#vlan 20                               #创建VLAN 20
SW1(config-vlan)#exit
SW1(config)#interface FastEthernet 0/6            #进入接口模式
SW1(config-if)#switchport access vlan 20          #将0/6接口划到VLAN
```

2. 在交换机SW1上将与SW2相连的端口定义为tag vlan模式

```
SW1(config)#interface FastEthernet 0/1        #进入接口模式
SW1(config-if)#switchport mode trunk          #将端口设为tag vlan模式
```

3. 在交换机SW2上创建VLAN、端口隔离

```
SW2(config)#vlan 10
SW2(config-vlan)#exit
SW2(config)#interface FastEthernet 0/3
SW2(config-if)#switchport access vlan 10
SW2(config)#vlan 20
SW2(config-vlan)#exit
SW2(config)#interface FastEthernet 0/6
SW2(config-if)#switchport access vlan 20
```

4. 在交换机SW2上将与SW1相连的端口定义为tag vlan模式

```
SW2(config)#interface FastEthernet 0/1
SW2(config-if)#switchport mode trunk
```

5. 测试网络连通性

按图1-14所示连接拓扑，将PC1的IP地址设置为192.168.10.1/2，PC2的IP地址设置为192.168.20.2/24，PC3的IP地址设置为192.168.10.3/24，PC4的IP地址设置为192.168.20.4/24。主机之间ping测试，结果如下所示。

（1）PC1和PC3之间ping测试

```
C:\>ping 192.168.10.3                        #在PC1能ping通PC3
Pinging 192.168.10.3 with 32 bytes of data:

Reply from 192.168.10.3:bytes=32 time<10ms TTL=128
Reply from 192.168.10.3:bytes=32 time<10ms TTL=128
Reply from 192.168.10.3:bytes=32 time<10ms TTL=128
Reply from 192.168.10.3:bytes=32 time<10ms TTL=128
Ping statistics for 192.168.10.3:
    Packets:Sent=4,Received=4,  Lost=0(0% loss),
Approximate round trip times in milli-secends:
    Minimum=0ms,Maximum=0ms,Average=0ms
```

(2) PC2 和 PC4 之间 ping 测试

```
C:\>ping 192.168.20.4                          #在 PC2 能 ping 通 PC4
Pinging 192.168.20.4 with 32 bytes of data:

Reply from 192.168.20.4:bytes=32 time<10ms TTL=128
Reply from 192.168.20.4:bytes=32 time<10ms TTL=128
Reply from 192.168.20.4:bytes=32 time<10ms TTL=128
Reply from 192.168.20.4:bytes=32 time<10ms TTL=128
Ping statistics for 192.168.20.4:
    Packets:Sent=4,Received=4,  Lost=0(0% loss),
Approximate round trip times in milli-seconds:
    Minimum=0ms,Maximum=0ms,Average=0ms
```

(3) PC1 和 PC4 之间 ping 测试

```
C:\>ping 192.168.20.4                        #PC1 不能 ping 通 PC4

Pinging 192.168.20.4 with 32 bytes of data:
Request timed out.
Request timed out.
Request timed out.
Request timed out.
Ping statistics for 192.168.20.4:
    Packets:Sent=4,Received=0,  Lost=4(100% loss),
Approximate round trip times in milli-seconds:
    Minimum=0ms,Maximum=0ms,Average=0ms
```

可以看出，将端口加入到不同的 VLAN 后，相同 VLAN 中的计算机可以互相通信，不同 VLAN 中的计算机则不可以互相通信。

【小结】

VLAN 1 属于系统默认的 VLAN，不可以被删除。删除某个 VLAN 时，应先将属于该 VLAN 的端口加入别的 VLAN，再删除之。

1.3 生成树技术

【知识准备】

1. 生成树技术概述

为了解决冗余链路引起的问题，IEEE 制定了 802.1d 标准，即生成树协议（spanning tree protocol，STP）。STP 的主要思想就是，当网络中存在备用链路时，只允许主链路激活。如果主链路因故障而被断开，备用链路才会被打开。当交换机间存在多条链路时，交换机的生成树算法只启动最主要的一条链路，而将其他链路都阻塞，并变为备用链路。当主链路出现问题时，STP 将自动启用备用链路接替主链路的工作，不需要任何人工干预。

快速生成树协议（rapid spanning tree protocol，RSTP）：IEEE 802.1w，即 RSTP，由 IEEE 802.1d 发展而成。在网络结构发生变化时，该协议能更快收敛网络。它比 IEEE 802.1d 多了两种端口类型，即预备端口类型（alternate port）和备份端口类型。

2. 生成树技术配置

生成树技术主要涉及 STP、RSTP 的协议配置。

（1）配置 STP

步骤 1：开启 STP。

switch(config)#**spanning-tree**

步骤 2：配置生成树模式，可以根据需要选择生成树版本是 STP 或 RSTP。

switch(config)#**spanning-tree mode stp**

步骤 3：配置交换机的优先级，优先级是 4096 的倍数，默认值是 32768。

switch(config)#**spanning-tree priority** *<0~61440>*

步骤 4：配置端口优先级，端口优先级是 16 的倍数，默认值是 128。

switch(config-if)#**spanning-tree port-priority** *<0~240>*

步骤 5：配置端口的路径成本。（可选）

switch(config-if)#**spanning-tree cost** *cost*

（2）配置 RSTP

步骤 1：开启 STP。

switch(config)#**spanning-tree**

步骤 2：配置生成树模式，可以根据需要选择生成树版本是 STP 或 RSTP。

switch(config)#**spanning-tree mode rstp**

步骤 3：配置交换机的优先级，优先级是 4096 的倍数，默认值是 32768。

switch(config)#**spanning-tree priority** *<0~61440>*

步骤 4：配置端口优先级，端口优先级是 16 的倍数，默认值是 128。

switch(config-if)#**spanning-tree port-priority** *<0~240>*

步骤 5：配置端口的路径开销。（可选）

switch(config-if)#**spanning-tree cost** *cost*

1.3.1 任务一：STP 技术配置

【任务描述】

为了提高网络的可靠性，在交换机 SWA 和 SWB 上用两条链路实现互联，以增加网络骨干链路的带宽，运行 STP，使网络避免环路。其网络拓扑结构如图 1-15 所示。

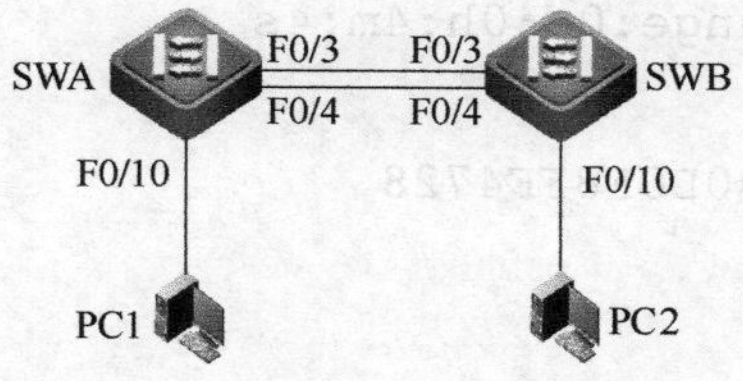

图 1-15 STP 技术配置的网络拓扑结构

【任务实施】

1. 在交换机 SWA 和 SWB 上配置 STP

（1）在交换机 SWA 上配置 STP

```
SWA(config)#spanning-tree                     #开启 STP
SWA(config)#spanning-tree mode stp            #配置生成树模式为 STP
```

（2）在交换机 SWB 上配置 STP

```
SWB(config)#spanning-tree                     #开启 STP
SWB(config)#spanning-tree mode stp            #配置生成树模式为 STP
```

2. 指定交换机 SWA 为根交换机

```
SWA(config)#spanning-tree priority 4096
#数值最小的交换机优先级最高,为根交换机;指定交换机 SWA 优先级为 4096,默认为
32768,因此 SWA 为根交换机
```

3. 查看交换机及端口的状态

（1）查看交换机 SWA 上配置的 STP

```
SWA#show spanning-tree                        #查看 STP
StpVersion:STP                                #协议版本类型为 STP
SysStpStatus:Enabled                          #协议为开启状态
BaseNumPorts:25
MaxAge:20
HelloTime:2
ForwardDelay:15
BridgeMaxAge:20
BridgeHelloTime:2
BridgeForwardDelay:15
MaxHops:20
TxHoldCount:3
PathCostMethod:Long
BPDUGuard:Disabled
BPDUFilter:Disabled
BridgeAddr:00d0.f8ff.4728
Priority:4096                                 #交换机优先级为 4096
TimeSinceTopologyChange:0d:0h:4m:4s
TopologyChanges:0
DesignatedRoot:100000D0F8FF4728
RootCost:0
RootPort:0
```

上述 show 命令输出结果显示交换机 SWA 没有根端口，路径开销为 0，是根交换机。

（2）查看交换机SWB上配置的STP

```
SWB#show spanning-tree                                  #查看 STP
StpVersion:STP                                          #协议版本类型为 STP
SysStpStatus:Enabled                                    #协议为开启状态
BaseNumPorts:24
MaxAge:20
HelloTime:2
ForwardDelay:15
BridgeMaxAge:20
BridgeHelloTime:2
BridgeForwardDelay:15
MaxHops:20
TxHoldCount:3
PathCostMethod:Long
BPDUGuard:Disabled
BPDUFilter:Disabled
BridgeAddr:00d0.f8db.9f47
Priority:32768                                          #交换机优先级为 32768
TimeSinceTopologyChange:0d:0h:4m:1s
TopologyChanges:0
DesignatedRoot:100000D0F8FF4728
RootCost:200000
RootPort:F0/3
```

上述show命令输出结果显示交换机SWB为非根交换机，到根交换机的路径开销为200000，根端口为F0/3。

（3）查看交换机SWB端口F0/3和F0/4的状态

```
SWB#show spanning-tree interface FastEthernet 0/3   #F0/3 端口状态
PortAdminPortfast:Disabled
PortOperPortfast:Disabled
PortAdminLinkType:auto
PortOperLinkType:point-to-point
PortBPDUGuard:Disabled
PortBPDUFilter:Disabled
PortState:forwarding                                    #F0/3 端口处于转发
                                                         状态
PortPriority:128                                        #F0/3 端口优先级为
                                                         128
PortDesignatedRoot:100000D0F8FF4728
PortDesignatedCost:0
```

```
PortDesignatedBridge:100000D0F8FF4728
PortDesignatedPort:800A
PortForwardTransitions:3
PortAdminPathCost:0
PortOperPathCost:200000
PortRole:rootPort
```

上述 show 命令输出结果显示交换机 SWB 为非根交换机，到根交换机的路径开销为 200000，根端口为 F0/3。

```
SWB#show spanning-tree interface FastEthernet 0/4
PortAdminPortfast:Disabled
PortOperPortfast:Disabled
PortAdminLinkType:auto
PortOperLinkType:point-to-point
PortBPDUGuard:Disabled
PortBPDUFilter:Disabled
PortState:discarding                    #F0/4 端口处于阻塞状态
PortPriority:128                        #F0/4 端口优先级为 128
PortDesignatedRoot:100000D0F8FF4728
PortDesignatedCost:0
PortDesignatedBridge:100000D0F8FF4728
PortDesignatedPort:8014
PortForwardTransitions:1
PortAdminPathCost:0
PortOperPathCost:200000
PortRole:alternatePort
```

上述 show 命令输出结果显示交换机 SWB 的端口 F0/4 为替换端口。

（4）如果交换机 SWA 与 SWB 的端口 F0/3 之间的链路 down 掉，验证交换机 SWB 的端口 F0/4 的状态

```
SWB#show spanning-tree interface FastEthernet 0/4
PortAdminPortfast:Disabled
PortOperPortfast:Disabled
PortAdminLinkType:auto
PortOperLinkType:point-to-point
PortBPDUGuard:Disabled
PortBPDUFilter:Disabled
PortState:forwarding                    #F0/4 端口处于转发状态
PortPriority:128
PortDesignatedRoot:100000D0F8FF4728
```

```
PortDesignatedCost:0
PortDesignatedBridge:100000D0F8FF4728
PortDesignatedPort:8014
PortForwardTransitions:1
PortAdminPathCost:0
PortOperPathCost:200000
PortRole:rootPort
```

上述 show 命令输出结果显示交换机 SWB 为非根交换机，到根交换机的路径开销为 200000，根端口为 F0/4。

4. 验证测试

按图 1-15 所示连接拓扑，将 PC1 的 IP 地址设置为 192.168.1.10/24，将 PC2 的 IP 地址设置为 192.168.1.20/24。在 PC1 和 PC2 相通的情况下，让交换机 SWA 与 SWB 之间的端口 F0/3 所连接备用链路 down 掉（如拔掉网线），验证 PC1 与 PC2 是否能够 ping 通，并观察 ping 的丢包情况。

```
C:\Documents and Settings\Administrator>ping 192.168.1.20
Pinging 192.168.1.20 with 32 bytes of data:
Reply from 192.168.1.20:bytes=32 time<1ms TTL=64
Reply from 192.168.1.20:bytes=32 time<1ms TTL=64
Request timed out.
Request timed out.
Request timed out.
Request timed out.
Request timed out.
Reply from 192.168.1.20:bytes=32 time<1ms TTL=64
Reply from 192.168.1.20:bytes=32 time<1ms TTL=64
```

从 ping 命令的输出结果可以看到，把端口 F0/3 所连接的主链路 down 掉，PC1 与 PC2 之间仍然能够 ping 通，说明备用链路（端口 F0/4 所连接链路）已经启用，但是在链路切换过程中有丢包现象。

1.3.2 任务二：RSTP 技术配置

【任务描述】

为了提高网络的可靠性，在交换机 SWA 和 SWB 上用两条链路实现互联，以增加网络骨干链路的带宽，运行 RSTP，使网络避免环路。其网络拓扑结构如图 1-16 所示。

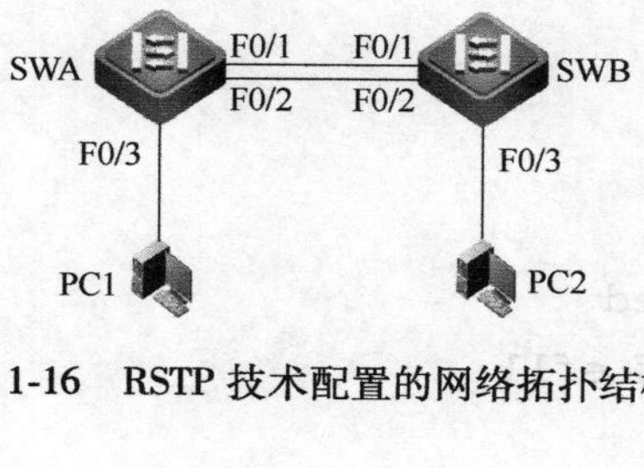

图 1-16 RSTP 技术配置的网络拓扑结构

【任务实施】

1. 在交换机 SWA 和 SWB 上完成 Trunk 链路配置

（1）在交换机 SWA 上完成 Trunk 配置

```
SWA(config)#interface range FastEthernet 0/1-2
SWA(config-if-range)#switchport mode trunk
```

（2）在交换机 SWB 上完成 Trunk 配置

```
SWB(config)#interface range FastEthernet 0/1-2
SWB(config-if-range)#switchport mode trunk
```

2. 在交换机 SWA 和 SWB 上配置 RSTP

（1）在交换机 SWA 上配置 STP

```
SWA(config)#spanning-tree                #开启 STP
SWA(config)#spanning-tree mode rstp      #配置生成树模式为 RSTP
```

（2）在交换机 SWB 上配置 STP

```
SWB(config)#spanning-tree                #开启 STP
SWB(config)#spanning-tree mode rstp      #配置生成树模式为 RSTP
```

3. 指定交换机 SWA 为根交换机

```
SWA(config)#spanning-tree priority 4096
#数值最小的交换机优先级最高，为根交换机；指定交换机 SWA 优先级为 4096，默认为 32768，因此 SWA 为根交换机
```

4. 查看交换机及端口的状态

```
SWB#show spanning-tree               #查看 STP
StpVersion:RSTP                      #协议版本类型为 RSTP
SysStpStatus:ENABLED                 #协议为开启状态
MaxAge:20
HelloTime:2
ForwardDelay:15
BridgeMaxAge:20
BridgeHelloTime:2
BridgeForwardDelay:15
MaxHops:20
TxHoldCount:3
PathCostMethod:Long
BPDUGuard:Disabled
BPDUFilter:Disabled
LoopGuardDef:Disabled
BridgeAddr:001a.a97f.ef11
```

```
Priority:32768
TimeSinceTopologyChange:0d:0h:0m:17s
TopologyChanges:2
DesignatedRoot:1000.001a.a9bc.7ca2
RootCost:200000
RootPort:1                          #根端口为 F0/1
```

上述 show 命令输出结果显示交换机 SWB 为非根交换机，到根交换机的路径开销为 200000，根端口为 F0/1。

```
SWB#show spanning-tree interface FastEthernet 0/1    #查看端口 RSTP 状态
PortAdminPortFast:Disabled
PortOperPortFast:Disabled
PortAdminAutoEdge:Enabled
PortOperAutoEdge:Disabled
PortAdminLinkType:auto
PortOperLinkType:point-to-point
PortBPDUGuard:Disabled
PortBPDUFilter:Disabled
PortGuardmode:None
PortState:forwarding                                 #F0/1 端口处于转发
                                                      状态
PortPriority:128
PortDesignatedRoot:1000.001a.a9bc.7ca2
PortDesignatedCost:0
PortDesignatedBridge:1000.001a.a9bc.7ca2
PortDesignatedPort:8001
PortForwardTransitions:1
PortAdminPathCost:200000
PortOperPathCost:200000
Inconsistent states:normal
PortRole:rootPort                                    #显示端口角色为根
                                                      端口
```

上述 show 命令输出结果显示交换机 SWB 的端口为 F0/1 角色为根端口，处于转发状态。

```
SWB#show spanning-tree interface FastEthernet 0/2
PortAdminPortFast:Disabled
PortOperPortFast:Disabled
PortAdminAutoEdge:Enabled
PortOperAutoEdge:Disabled
PortAdminLinkType:auto
```

```
PortOperLinkType:point-to-point
PortBPDUGuard:Disabled
PortBPDUFilter:Disabled
PortGuardmode:None
PortState:discarding                    #F0/2 端口处于阻塞状态
PortPriority:128
PortDesignatedRoot:1000.001a.a9bc.7ca2
PortDesignatedCost:0
PortDesignatedBridge:1000.001a.a9bc.7ca2
PortDesignatedPort:8002
PortForwardTransitions:2
PortAdminPathCost:200000
PortOperPathCost:200000
Inconsistent states:normal
PortRole:alternatePort                  #端口 F0/2 为根端口的替换端口
```

上述 show 命令输出结果显示交换机 SWB 的端口 F0/2 为替换端口，状态为阻塞状态。

5. 设置交换机 SWB 的端口 F0/2 为根端口

```
SWA(config)#interface FastEthernet 0/2
SWA(config-FastEthernet 0/2)#spanning-tree port-priority 16
          #设定端口 F0/2 优先级为 16,默认为 128,该端口所连接链路为主链路
```

6. 查看交换机及端口的状态

```
SWA#show spanning-tree                     #查看 STP
StpVersion:RSTP
SysStpStatus:ENABLED
MaxAge:20
HelloTime:2
ForwardDelay:15
BridgeMaxAge:20
BridgeHelloTime:2
BridgeForwardDelay:15
MaxHops:20
TxHoldCount:3
PathCostMethod:Long
BPDUGuard:Disabled
BPDUFilter:Disabled
LoopGuardDef:Disabled
BridgeAddr:001a.a9bc.7ca2
Priority:4096
```

```
TimeSinceTopologyChange:0d:0h:0m:5s
TopologyChanges:12
DesignatedRoot:1000.001a.a9bc.7ca2
RootCost:0
RootPort:0                          #表示 SWA 没有根端口,为根交换机
```

上述 show 命令输出结果显示交换机 SWA 为根交换机。

```
SWB#show spanning-tree
StpVersion:RSTP
SysStpStatus:ENABLED
MaxAge:20
HelloTime:2
ForwardDelay:15
BridgeMaxAge:20
BridgeHelloTime:2
BridgeForwardDelay:15
MaxHops:20
TxHoldCount:3
PathCostMethod:Long
BPDUGuard:Disabled
BPDUFilter:Disabled
LoopGuardDef:Disabled
BridgeAddr:001a.a97f.ef11
Priority:32768
TimeSinceTopologyChange:0d:0h:0m:48s
TopologyChanges:6
DesignatedRoot:1000.001a.a9bc.7ca2
RootCost:200000
RootPort:2                          #显示 SWB 的根端口为 F0/2
```

上述 show 命令输出结果显示交换机 SWB 的端口 F0/2 为根端口，处于转发状态。

7. 验证测试

按图 1-16 所示连接拓扑，将 PC1 的 IP 地址设置为 192.168.1.10/24，将 PC2 的 IP 地址设置为 192.168.1.20/24。

（1）让交换机 SWA 与 SWB 之间的端口 F0/1 所连接备用链路 down 掉（如拔掉网线），观察 PC1 ping PC2 结果

```
C:\Documents and Settings\Administrator>ping 192.168.1.20
Pinging 192.168.1.20 with 32 bytes of data:
Reply from 192.168.1.20:bytes=32 time<1ms TTL=64
Reply from 192.168.1.20:bytes=32 time<1ms TTL=64
```

```
Reply from 192.168.1.20:bytes=32 time<1ms TTL=64
Reply from 192.168.1.20:bytes=32 time<1ms TTL=64
Ping statistics for 192.168.1.20:
    Packets:Sent=4,Received=4,Lost=0 (0% loss),
Approximate round trip times in milli-seconds:
    Minimum=0ms,Maximum=0ms,Average=0ms
```

(2) 重新接上端口 F0/1 所连接链路，待网络稳定后，让交换机 SWA 与 SWB 之间的端口 F0/2 所连接主链路 down 掉，观察 PC1 ping PC2 结果

```
C:\Documents and Settings\Administrator>ping 192.168.1.20 -t
Pinging 192.168.1.20 with 32 bytes of data:
Reply from 192.168.1.20:bytes=32 time<1ms TTL=64
Reply from 192.168.1.20:bytes=32 time<1ms TTL=64
Request timed out.
Reply from 192.168.1.20:bytes=32 time<1ms TTL=64
Reply from 192.168.1.20:bytes=32 time<1ms TTL=64
```

以上结果显示丢包数为一个。

【小结】

通过生成树技术的学习，主要掌握 STP、RSTP 等配置与管理工作。

STP 通过逻辑上阻塞一些冗余端口来消除环路，将物理环路改变为逻辑上无环路的拓扑，而一旦活动链路故障，被阻塞的端口能够立即启用，以达到冗余备份的目的。

第2章

路由技术

2.1 直连路由

【知识准备】

1. 路由技术基本原理

所谓路由就是指网络中的信息传输从源到目的地的通路。在路由过程中，信息至少会经过一个或多个中间节点。路由就是指导 IP 数据包发送的路径信息。

路由器转发数据包的关键是路由表，每个路由器中都保存着一张路由表，表中每条路由项都指明数据到某个子网应通过路由器的哪个物理接口发送出去。路由器从某个接口收到一个数据包，它首先把链路层的包头去掉（拆包）读取目的 IP 地址，然后查找路由表。通过查找数据表，若能确定下一步往哪送，则再加上链路层的包头（打包），把该数据包转发出去；如果不能确定下一步的地址，则向源地址返回一个信息，并把这个数据包丢掉。

路由技术其实是由两项最基本的活动组成，即决定最优路径和传输数据包。其中，数据包的传输相对较为简单和直接，而最优路径路由的确定则更加复杂一些。路由算法在路由表中写入各种不同的信息。路由器会根据数据包所要到达的目的地选择最佳路径把数据包发送到可以到达该目的地的下一台路由器处。当下一台路由器接收到该数据包时，也会查看其目标地址，并使用合适的路径继续传送给后面的路由器。依此类推，直到数据包到达最终目的地。

2. 路由选择

路由选择时，路由器根据所收到的数据包头的目的地址选择一个合适的路径，将数据包传送到下一跳路由器，路径上最后的路由器负责将数据包送交目的主机。路由选择时，每个路由器只负责自己本站数据包通过最优的路径转发，通过多个路由器一站一站地接力将数据包通过最佳路径转发到目的地，最终找到直连路由的一个过程。

如果报文是可以被路由的，即目的地不是直连网络的，那么路由器会查找路由表，以选择一个正确的路径。在数据库中每个路由表必须包括以下两个项目：

1）目标地址。这是路由器可以到达的网络的地址。路由器可能会有多条路径到达同一地址，但在路由表中只会存在到达这一地址的最佳路径。

2）指向目的地的指针。指针不是指向路由器的直连目的网络，就是直连网络内另一个路由器地址，该路由器称为下一跳路由器。

如果报文的目标地址在路由表中不能匹配到任何一条路由选择表项，那么报文将被丢弃，同时会向源地址发送 ICMP 网络不可达信息。

3. 路由表

如图 2-1 所示，这是一个简单拓扑结构网络，给出了路由器需要的路由表。这里最重要的是看这些路由表是如何把数据进行高效的转发的。其中，路由表的 Network（目标网络）列出了路由器可达的网络地址，指向目标网络的指针在 Next hop（下一跳）栏，connected 表示直连网络。

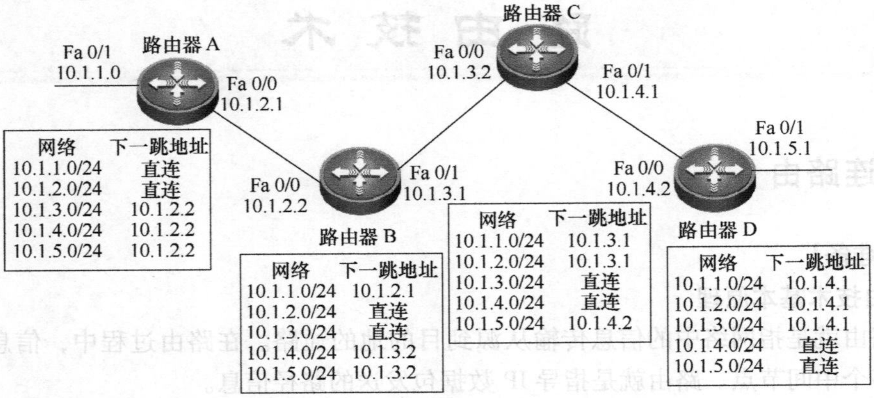

图 2-1　给出路由表的简单拓扑结构网络

如果路由器 Router A 收到一个源地址为 10. 1. 1. 10/24、目标地址为 10. 1. 5. 10/24 的报文，那么路由表查询结果对于目标地址 10. 1. 5. 10/24 的最优匹配是子网 10. 1. 5. 0，报文可以从接口 F0/0 出站，经下一跳地址 10. 1. 2. 2 去往目的地。接着报文被发送给路由器 Router B，Router B 查找路由表后发现报文应该从接口 F0/1 出站，经下一跳地址 10. 1. 3. 2 去往目标网络 10. 1. 5. 0。此过程将一直持续到报文到达 Router D。当 Router D 接口 F0/0 接收报文时，Router D 查找路由表，发现目的地是连接在接口 F0/1 的一个直连网络，最终结束路由选择过程，把报文传递给主机 10. 1. 5. 10/24。

4. 路由表的产生方式

路由表的产生方式一般有直连路由、静态路由、动态路由 3 种：

1）直连路由。给路由器接口配置一个 IP 地址，路由器自动产生本接口 IP 所在网段的路由信息。

2）静态路由。在拓扑结构简单的网络中，网络管理员通过手工方式配置本路由器非直连网段的路由信息，从而实现不同网段之间的连接。

3）动态路由。在大规模的网络中，通过在路由器上运行动态路由协议，路由器之间通过互相学习自动产生路由信息。

5. 三层交换机

三层交换机的接口默认是交换功能接口，只有转化成三层接口后，才能实现路由功能。当二层交换接口转化三层接口后，此时该端口只有路由功能，没有交换功能。

传统的交换技术是在 OSI 网络标准模型中的第二层（数据链路层）进行，而三层交换技术是在网络模型中的第三层（网络层）实现了数据包的高速转发。简单来说，三层交换技术就是，二层交换技术加三层转发技术。

三层交换机配置直连路由有两种实现方式：一种方式是将三层交换机的二层接口直接转化成三层接口，给该接口配置 IP 地址，实现直连路由（详见任务 2. 1. 2）；二是创建 VLAN，给 VLAN 虚拟接口配置 IP 地址，实现直连路由（详见任务 2. 2. 1、2. 2. 2、2. 2. 3）。

6. 路由器的命令行操作模式

（1）用户模式 Red-Giant>

进入路由器后的第一个操作模式，该模式下可以简单查看路由器的软、硬件版本信息，并进行简单的测试。Red-Giant 为路由器的名称，不同厂商设备初始名称有所不同。

（2）特权模式 Red-Giant#

属于用户模式的下一级模式，在用户模式下，使用 enable 命令进入该模式。该模式下可以对路由器的配置文件进行管理，查看路由器的配置信息，进行网络的测试和调试等。要返回到用户模式，输入 exit 命令。

（3）全局配置模式 Red-Giant(config)#

属于特权模式的下一级模式，该模式下可以配置路由器的全局性参数。在该模式下可以进入下一级的配置模式，对路由器具体的功能进行配置。要返回到特权模式，输入 exit 命令。

（4）接口配置模式 Red-Giant(config-if)#

属于全局模式的下一级模式，在全局模式下使用 interface *interface-id* 进入该模式。该模式下可以配置接口参数。要返回到全局模式，输入 exit 命令。

（5）路由配置模式 Red-Giant(config-router)#

属于全局模式的下一级模式，在全局模式下使用 router router-protocol 进入该模式。要返回到全局模式，输入 exit 命令。

2.1.1 任务一：直连路由配置（1）

【任务描述】

在路由器 RA 上配置直连路由实现 PC1 和 PC2 之间的互通。设置路由器 RA 的接口 F0/0 和 F0/1 的 IP 地址分别为 192.168.1.1/24 和 192.168.2.1/24。其网络拓扑结构如图 2-2 所示。

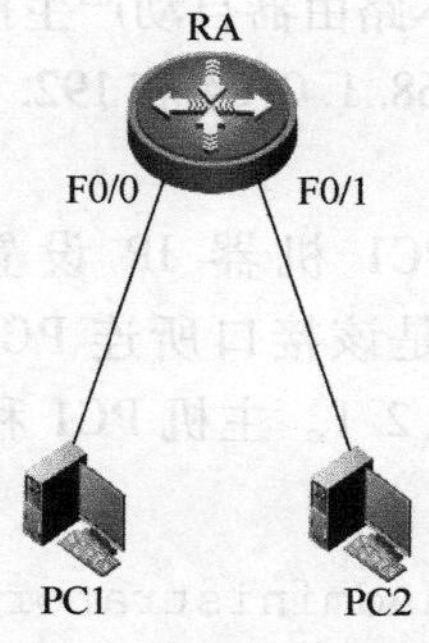

图 2-2 路由器配置直连路由的网络拓扑结构

【任务实施】

1. 路由器设备名称配置

```
Red-Giant>enable                              #进入特权模式
Red-Giant#configure terminal                  #进入全局配置模式
Red-Giant(config)#hostname RA                 #配置设备名称
```

2. 路由器的端口基本配置

```
RA(config)#interface FastEthernet 0/0
RA(config-if-FastEthernet 0/0)#ip address 192.168.1.1 255.255.255.0
RA(config-if-FastEthernet 0/0)#no shutdown
RA(config-if)#exit
RA(config)#interface FastEthernet 0/1
RA(config-if-FastEthernet 0/1)#ip address 192.168.2.1 255.255.255.0
RA(config-if-FastEthernet 0/1)#no shutdown
```

3. 查看路由器各项信息

```
RA#show ip route

Codes:  C - connected,S - static,R - RIP,B - BGP
    O - OSPF,IA - OSPF inter area
    N1 - OSPF NSSA external type 1,N2 - OSPF NSSA external type 2
    E1 - OSPF external type 1,E2 - OSPF external type 2
   i - IS-IS,su - IS-IS summary,L1 - IS-IS level-1,L2 - IS-IS level-2
    ia - IS-IS inter area, * - candidate default

Gateway of last resort is no set
C     192.168.1.0/24 is directly connected,FastEthernet 0/0
C     192.168.1.1/32 is local host
C     192.168.2.0/24 is directly connected,FastEthernet 0/1
C     192.168.2.1/32 is local host
```

其中的符号 C 表示直连路由，即本路由器自动产生接口 IP 所在网段的路由信息。从路由器 RA 的路由表可以看出，网段 192.168.1.0/24 和 192.168.2.0/24 为路由器 RA 的直连路由。

4. 测试网络连通性

按图 2-2 所示连接拓扑，将 PC1 机器 IP 设置为 192.168.1.2/24，网关设置为 192.168.1.1（路由器接口的 IP 地址是该接口所连 PC 的默认网关）；PC2 机器 IP 设置为 192.168.2.2/24，网关设置为 192.168.2.1。主机 PC1 和 PC2 之间进行 ping 测试，结果如下所示：

```
C:\Documents and Settings\Administrator>ping 192.168.2.2

Pinging 192.168.2.2 with 32 bytes of data:
Reply from 192.168.2.2:bytes=32 time<1ms TTL=63
Reply from 192.168.2.2:bytes=32 time<1ms TTL=63
Reply from 192.168.2.2:bytes=32 time<1ms TTL=63
Reply from 192.168.2.2:bytes=32 time<1ms TTL=63
Ping statistics for 192.168.1.2:
```

```
    Packets:Sent=4,Received=4,Lost=0 (0% loss),
Approximate round trip times in milli-seconds:
    Minimum=0ms,Maximum=0ms,Average=0ms
```

从 ping 命令的测试结果可以看到，PC1 可以 ping 通 PC2，表明路由器 RA 上配置直连路由，实现了不同网段互通。

2.1.2 任务二：直连路由配置（2）

【任务描述】

在三层交换机 SW1 上配置直连路由实现 PC1 和 PC2 之间的互通。设置三层交换机的接口 F0/10 和 F0/20 的 IP 地址分别为 192.168.10.1/24 和 192.168.20.1/24。其网络拓扑结构如图 2-3 所示。

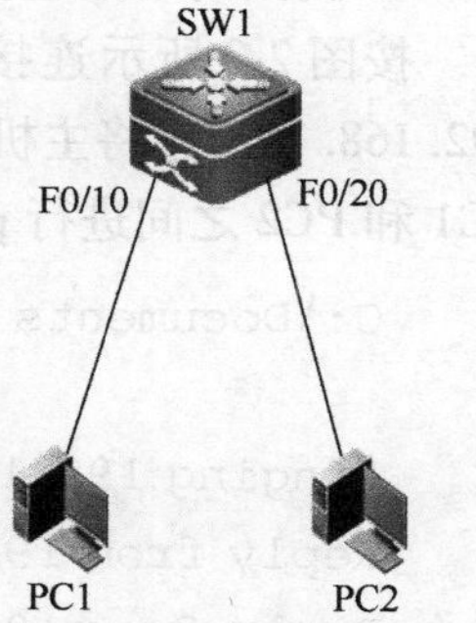

图 2-3 三层交换机配置直连路由的网络拓扑结构

【任务实施】

1. 三层交换机的路由端口基本配置

```
SW1(config)#interface FastEthernet 0/10
SW1(config-FastEthernet 0/10)#no switchport          #二层接口转为三层接口
SW1(config-FastEthernet 0/10)#ip address 192.168.10.1 255.255.255.0
SW1(config-FastEthernet 0/10)#no shutdown
SW1(config-if-FastEthernet 0/10)#exit
SW1(config)#interface FastEthernet 0/20
SW1(config-FastEthernet 0/20)#no switchport          #二层接口转为三层接口
SW1(config-FastEthernet 0/20)#ip address 192.168.20.1 255.255.255.0
SW1(config-FastEthernet 0/20)#no shutdown
```

2. 查看路由器各项信息

```
SW1#show ip route

Codes:C - connected,S - static,R - RIP,B - BGP
    O - OSPF,IA - OSPF inter area
    N1 - OSPF NSSA external type 1,N2 - OSPF NSSA external type 2
    E1 - OSPF external type 1,E2 - OSPF external type 2
    i - IS-IS,su - IS-IS summary,L1 - IS-IS level-1,L2 - IS-IS level-2
    ia - IS-IS inter area, * - candidate default

Gateway of last resort is no set
C    192.168.10.0/24 is directly connected,FastEthernet 0/0
C    192.168.10.1/32 is local host
C    192.168.20.0/24 is directly connected,FastEthernet 0/1
C    192.168.20.1/32 is local host
```

其中的符号 C 表示直连路由，即本路由器自动产生接口 IP 所在网段的路由信息。从路由器 SW1 的路由表可以看出，网段 192. 168. 10. 0/24 和 192. 168. 20. 0/24 为路由器 SW1 的直连路由。

3. 测试网络连通性

按图 2-3 所示连接拓扑，将主机 PC1 的 IP 地址设置为 192. 168. 10. 2/24，网关设置为 192. 168. 10. 1；将主机 PC2 的 IP 设置为 192. 168. 20. 2/24，网关设置为 192. 168. 20. 1。主机 PC1 和 PC2 之间进行 ping 测试，结果如下所示：

```
C:\Documents and Settings\Administrator>ping 192.168.20.2

Pinging 192.168.20.2 with 32 bytes of data:
Reply from 192.168.20.2:bytes=32 time<1ms TTL=63
Reply from 192.168.20.2:bytes=32 time<1ms TTL=63
Reply from 192.168.20.2:bytes=32 time<1ms TTL=63
Reply from 192.168.20.2:bytes=32 time<1ms TTL=63
Ping statistics for 192.168.20.2:
    Packets:Sent=4,Received=4,Lost=0 (0% loss),
Approximate round trip times in milli-seconds:
    Minimum=0ms,Maximum=0ms,Average=0ms
```

从 ping 命令的测试结果可以看到，PC1 可以 ping 通 PC2，表明三层交换机 SW1 上配置直连路由，实现了不同网段互通。

【小结】

路由选择时，每个路由器只负责自己本站数据包通过最优的路径转发，通过多个路由器一站一站地接力将数据包通过最佳路径转发到目的地，最终找到直连路由的一个过程。

交换机收到以太网帧的目标地址不在 MAC 地址表时，交换机以广播的方式发送到所有接口，而路由器收到报文的目标地址在路由表中不能匹配到任何一条路由表项时，那么报文将被丢弃。

2. 2 VLAN 间路由

【知识准备】

1. VLAN 间路由的概念

VLAN 隔离了二层广播域，即隔离了各个 VLAN 之间的任何二层流量，因此，不同 VLAN 的用户之间不能进行二层通信。要实现不同 VLAN 之间的主机能够相互通信，必须通过三层路由才能将报文从一个 VLAN 转发到另外一个 VLAN，实现跨 VLAN 通信。

2. 三层交换机实现 VLAN 路由

虽然 VLAN 可以减少网络中的广播，并提高网络安全性能，但无法实现网络内部的所有主机互相通信，可以通过路由器或三层交换机来实现属于不同 VLAN 的计算机之间的三层通信，这就是 VLAN 间路由。

三层交换机使用 ASIC 硬件处理路由，可以实现高速路由；另外其路由模块与交换模块内部连接，可以确保大的带宽。所以，在实际应用中，一般用三层交机通过 SVI 来做 VLAN 间路由，很少用路由器来做 VLAN 间路由。

3. VLAN 间路由配置

VLAN 间路由的配置主要是配置 VLAN 虚拟接口 IP 地址、单臂路由配置等。

（1）配置 SVI

步骤 1：进入 VLAN 的 SVI 配置模式。

switch（config）#**interface vlan** *vlan-id*

步骤 2：给 SVI 配置 IP 地址。这些 IP 地址将作为各个 VLAN 内主机的网关，并且这些虚拟接口所在的网段也会作为直连路由出现在三层交换机的路由表中。*ip-address* 表示需要配置的 IP 地址，*mask* 表示子网掩码。

switch（config-if）#**ip address** *ip-address mask*

（2）配置单臂路由

步骤 1：创建以太网子接口。*interface. sub-port* 表示子接口的编号。

router（config）#**interface** *interface. sub-port*

步骤 2：为子接口封装 IEEE 802. 1q 协议，并制定接口所属的 VLAN。

router（config-subif）#**encapsulation** dot1q *vlan-id*

步骤 3：为子接口配置 IP 地址。

switch（config-subif）#**ip address** *ip-address mask*

步骤 4：启用子接口。

switch（config-subif）#**no shutdown**

2. 2. 1 任务一：使用 SVI 实现不同 VLAN 间通信

【任务描述】

在三层交换机 SW1 上为 VLAN 10 和 VLAN 20 配置 SVI，设置 VLAN 10 的 IP 地址为 192. 168. 10. 1/24，VLAN 20 的 IP 地址为 192. 168. 20. 1/24，利用三层交换机的直连路由功能实现 VLAN 间路由。其网络拓扑结构如图 2-4 所示。

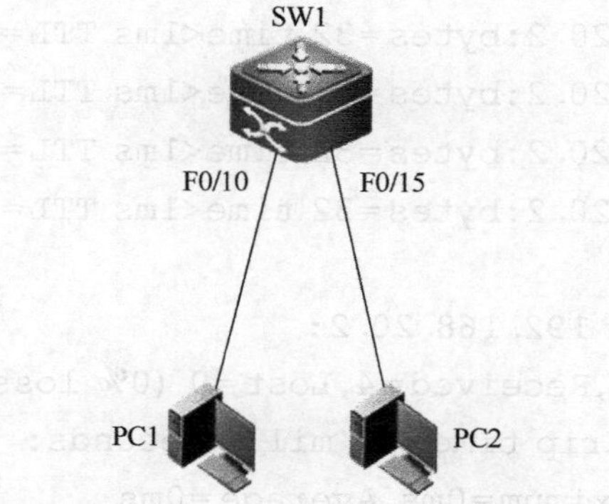

图 2-4 使用 SVI 实现不同 VLAN 间通信的网络拓扑结构

【任务实施】

1. 在交换机 SW1 上创建 VLAN、端口隔离、配置 SVI

```
SW1(config)#vlan 10                                   #创建 VLAN 10
SW1(config-vlan)#exit                                 #返回全局模式
SW1(config)#interface range FastEthernet 0/6-10       #进入接口模式
SW1(config-if-range)#switchport access vlan 10        #将接口划入到 VLAN 10
SW1(config-if-range)#exit                             #返回全局模式
SW1(config)#vlan 20                                   #创建 VLAN 20
SW1(config-vlan)#exit                                 #返回全局模式
SW1(config)#interface range FastEthernet 0/11-15      #进入接口模式
SW1(config-if-range)#switchport access vlan 20        #将接口划入到 VLAN 20
SW1(config-if-range)#exit                             #返回全局模式
SW1(config)#interface vlan 10                         #进入 VLAN 接口模式
SW1(config-VLAN 10)#ip address 192.168.10.1 255.255.255.0
                                                      #配置 SVI 地址
SW1(config-VLAN 10)#exit
SW1(config)#interface vlan 20                         #进入 VLAN 接口模式
SW1(config-VLAN 20)#ip address 192.168.20.1 255.255.255.0
                                                      #配置 SVI 地址
```

2. 测试网络连通性

按图 2-4 所示连接拓扑，给主机 PC1 配置相应 IP 地址为 192.168.10.2/24，网关为 192.168.10.1；给主机 PC2 配置相应 IP 地址为 192.168.20.2/24，网关为 192.168.20.1。主机 PC1 和 PC2 之间进行 ping 测试，结果如下所示：

```
C:\Documents and Settings\Administrator>ping 192.168.20.2

Pinging 192.168.20.2 with 32 bytes of data:

Reply from 192.168.20.2:bytes=32 time<1ms TTL=63
Reply from 192.168.20.2:bytes=32 time<1ms TTL=63
Reply from 192.168.20.2:bytes=32 time<1ms TTL=63
Reply from 192.168.20.2:bytes=32 time<1ms TTL=63

Ping statistics for 192.168.20.2:
    Packets:Sent=4,Received=4,Lost=0 (0% loss),
Approximate round trip times in milli-seconds:
    Minimum=0ms,Maximum=0ms,Average=0ms
```

从 ping 命令的测试结果可以看到，PC1 可以 ping 通 PC2，表明三层交换机 SW1 上配置直连路由，实现了不同网段互通。

2.2.2 任务二：跨交换机实现不同 VLAN 间通信（1）

【任务描述】

SW1 为三层交换机，SW2 为二层交换机，在交换机 SW1 和 SW2 上创建 VLAN 10 和 VLAN 20，配置 Trunk 实现同一 VLAN 里的计算机能跨交换机进行相互通信。在三层交换机 SW1 上配置 SVI，利用三层交换机的直连路由功能实现不同 VLAN 间路由。其网络拓扑结构如图 2-5 所示。

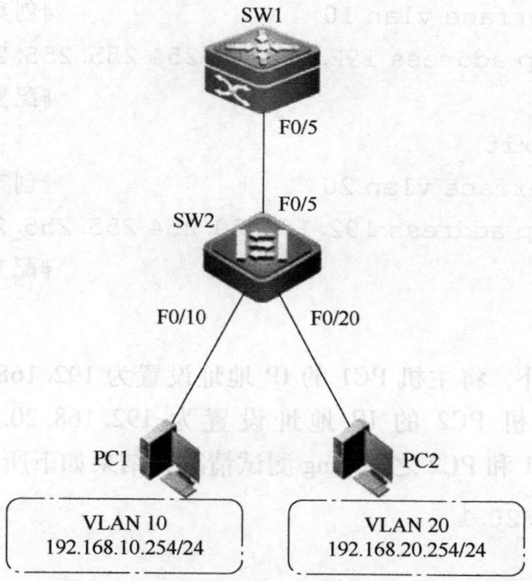

图 2-5　跨交换机实现不同 VLAN 间通信（1）的网络拓扑结构

【任务实施】

1. 在交换机 SW1 上创建 VLAN

```
SW1(config)#vlan 10                                    #创建 VLAN 10
SW1(config-vlan)#exit
SW1(config)#vlan 20                                    #创建 VLAN 20
```

2. 在交换机 SW1 上将与 SW2 相连的接口定义为 tag vlan 模式

```
SW1(config)#interface FastEthernet 0/5                 #进入接口模式
SW1(config-if)#switchport mode trunk                   #将接口设为 tag vlan 模式
```

3. 在交换机 SW2 上创建 VLAN、接口隔离

```
SW2(config)#vlan 10
SW2(config-vlan)#exit
SW2(config)#interface FastEthernet 0/10
SW2(config-if)#switchport access vlan 10
SW2(config)#vlan 20
SW2(config-vlan)#exit
```

```
SW2(config)#interface FastEthernet 0/20
SW2(config-if)#switchport access vlan 20
```

4. 在交换机 SW2 上将与 SW1 相连的接口定义为 tag vlan 模式

```
SW2(config)#interface FastEthernet 0/5
SW2(config-if)#switchport mode trunk
```

5. 设置三层交换机 VLAN 间通信

```
SW1(config)#interface vlan 10                          #创建虚拟接口 VLAN 10
SW1(config-if)#ip address 192.168.10.254 255.255.255.0
                                                       #配置虚拟接口 IP 地址
SW1(config-if)#exit
SW1(config)#interface vlan 20                          #创建虚拟接口 VLAN 20
SW1(config-if)#ip address 192.168.20.254 255.255.255.0
                                                       #配置虚拟接口 IP 地址
```

6. 测试网络连通性

按图 2-5 所示连接拓扑，将主机 PC1 的 IP 地址设置为 192.168.10.1/24，默认网关设置为 192.168.10.254；将主机 PC2 的 IP 地址设置为 192.168.20.1/24，默认网关设置为 192.168.20.254。验证 PC1 和 PC2 之间 ping 测试情况，结果如下所示：

```
C:\>ping 192.168.20.1

Pinging 192.168.20.1 with 32 bytes of data:
Reply from192.168.20.1:bytes=32 time<10ms TTL=128
Reply from 192.168.20.1:bytes=32 time<10ms TTL=128
Reply from 192.168.20.1:bytes=32 time<10ms TTL=128
Reply from 192.168.20.1:bytes=32 time<10ms TTL=128
Ping statistics for 192.168.20.1:
    Packets:Sent=4,Received=4,  Lost=0(0% loss),
Approximate round trip times in milli-secends:
    Minimum=0ms,Maximum=0ms,Average=0ms
```

从 ping 命令的测试结果可以看到，PC1 可以 ping 通 PC2，表明三层交换机 SW1 上配置直连路由，实现了不同网段互通。

2.2.3 任务三：跨交换机实现不同 VLAN 间通信（2）

【任务描述】

在三层交换机 SW1 上创建 VLAN 10、VLAN 20、VLAN 30、VLAN 40，并且配置 SVI 虚拟接口，利用三层交换机的路由功能实现不同 VLAN 间路由；在二层交换机 SW2 上创建 VLAN 10 和 VLAN 20；在二层交换机 SW3 上创建 VLAN 30 和 VLAN 40。其网络拓扑结构如图 2-6 所示。

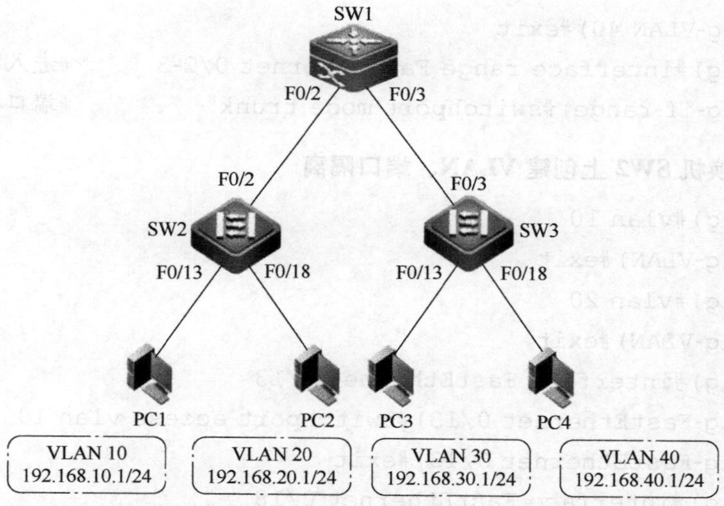

图 2-6　跨交换机实现不同 VLAN 间通信（2）的网络拓扑结构

【任务实施】

1. 在三层交换机 SW1 上创建 VLAN、配置 SVI

```
SW1(config)#vlan 10                                    #创建 VLAN 10
SW1(config-VLAN)#exit
SW1(config)#vlan 20                                    #创建 VLAN 20
SW1(config-VLAN)#exit
SW1(config)#vlan 30                                    #创建 VLAN 30
SW1(config-VLAN)#exit
SW1(config)#vlan 40                                    #创建 VLAN 40
SW1(config-VLAN)#exit
SW1(config)#interface vlan 10                          #进入 VLAN 接口模式
SW1(config-VLAN 10)#ip address 192.168.10.1 255.255.255.0
                                                       #配置 SVI 地址
SW1(config-VLAN 10)#exit
SW1(config)#interface vlan 20                          #进入 VLAN 接口模式
SW1(config-VLAN 20)#ip address 192.168.20.1 255.255.255.0
                                                       #配置 SVI 地址
SW1(config-VLAN 20)#exit
SW1(config)#interface vlan 30                          #进入 VLAN 接口模式
SW1(config-VLAN 30)#ip address 192.168.30.1 255.255.255.0
                                                       #配置 SVI 地址
SW1(config-VLAN 30)#exit
SW1(config)#interface vlan 40                          #进入 VLAN 接口模式
SW1(config-VLAN 40)#ip address 192.168.40.1 255.255.255.0
                                                       #配置 SVI 地址
```

```
SW1(config-VLAN 40)#exit
SW1(config)#interface range FastEthernet 0/2-3          #进入接口模式
SW1(config-if-range)#switchport mode trunk              #端口模式为 trunk
```

2. 在二层交换机 SW2 上创建 VLAN、端口隔离

```
SW2(config)#vlan 10
SW2(config-VLAN)#exit
SW2(config)#vlan 20
SW2(config-VLAN)#exit
SW2(config)#interface FastEthernet 0/13
SW2(config-FastEthernet 0/13)#switchport access vlan 10
SW2(config-FastEthernet 0/13)#exit
SW2(config)#interface FastEthernet 0/18
SW2(config-FastEthernet 0/18)#switchport access vlan20
SW2(config-FastEthernet 0/18)#exit
SW2(config)#interface FastEthernet 0/2
SW2(config-FastEthernet 0/2)#switchport mode trunk
```

3. 在二层交换机 SW3 上创建 VLAN、端口隔离

```
SW3(config)#vlan 30
SW3(config-VLAN)#exit
SW3(config)#vlan 40
SW3(config-VLAN)#exit
SW3(config)#interface FastEthernet 0/13
SW3(config-FastEthernet 0/13)#switchport access vlan 30
SW3(config-FastEthernet 0/13)#exit
SW3(config)#interface FastEthernet 0/18
SW3(config-FastEthernet 0/18)#switchport access vlan 40
SW3(config-FastEthernet 0/18)#exit
SW3(config)#interface FastEthernet 0/3
SW3(config-FastEthernet 0/3)#switchport mode trunk
```

4. 测试网络连通性

按图 2-6 所示连接拓扑，给主机 PC1 配置相应 IP 地址为 192.168.10.2/24，网关为 192.168.10.1；给主机 PC4 配置相应 IP 地址为 192.168.40.2/24，网关为 192.168.40.1，验证 PC1 和 PC4 之间 ping 测试情况，结果如下所示：

```
C:\Documents and Settings\Administrator>ping 192.168.40.2

Pinging 192.168.40.2 with 32 bytes of data:
```

```
Reply from 192.168.40.2:bytes=32 time<1ms TTL=63
Reply from 192.168.40.2:bytes=32 time<1ms TTL=63
Reply from 192.168.40.2:bytes=32 time<1ms TTL=63
Reply from 192.168.40.2:bytes=32 time<1ms TTL=63

Ping statistics for 192.168.40.2:
    Packets:Sent=4,Received=4,Lost=0 (0% loss),
Approximate round trip times in milli-seconds:
    Minimum=0ms,Maximum=0ms,Average=0ms
```

从 ping 命令的测试结果可以看到，PC1 可以 ping 通 PC4，表明交换机 SW1 上配置直连路由，实现了不同网段互通。

2.2.4 任务四：使用单臂路由实现不同 VLAN 间通信

【任务描述】

在二层交换机 S1 上创建 VLAN 10 和 VLAN 20，在 R1 上对物理接口划分子接口并封装 IEEE 802.1q 协议，使得每一个子接口分别充当 VLAN 10 和 VLAN 20 网段中主机的网关，利用路由器的直连路由功能实现不同 VLAN 间的通信。其网络拓扑结构如图 2-7 所示。

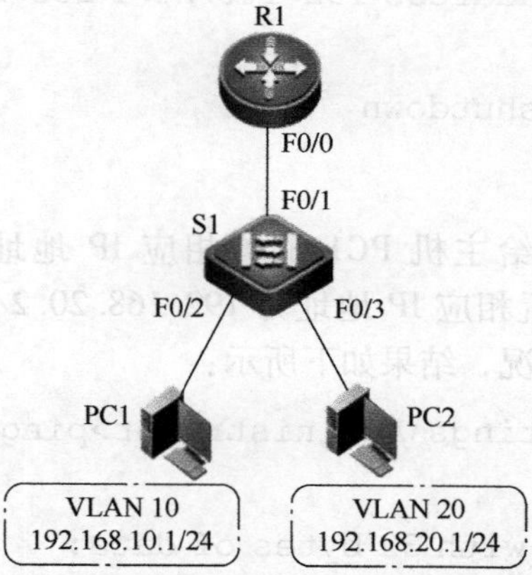

图 2-7 使用单臂路由实现不同 VLAN 间通信的网络拓扑结构

【任务实施】

1. 在交换机 S1 上创建 VLAN、端口隔离

```
S1(config)#interface FastEthernet 0/1
S1(config-FastEthernet 0/1)#switchport mode trunk
S1(config-FastEthernet 0/1)#exit
S1(config)#vlan 10
S1(config-vlan)#exit
S1(config)#vlan 20
S1(config-vlan)#exit
```

```
S1(config)#interface FastEthernet 0/2
S1(config-FastEthernet 0/2)#switchport access vlan 10
S1(config-FastEthernet 0/2)#exit
S1(config)#interface FastEthernet 0/3
S1(config-FastEthernet 0/3)#switchport access vlan 20
```

2. 在路由器 R1 上配置单臂路由

```
R1(config)#interface FastEthernet 0/0
R1(config-if-FastEthernet 0/0)#no shutdown
R1(config-if-FastEthernet 0/0)#exit
R1(config)#interface FastEthernet 0/0.1                  #进入子接口模式
R1(config-subif)#encapsulation dot1Q 10                   #封装 VLAN 标签
R1(config-subif)#ip address 192.168.10.1 255.255.255.0
                                                          #配置子接口 IP 地址
R1(config-subif)#no shutdown                              #启用子接口
R1(config-subif)#exit
R1(config)#interface FastEthernet 0/0.2                  #进入子接口模式
R1(config-subif)#encapsulation dot1Q 20                   #封装 802.1q 协议
R1(config-subif)#ip address 192.168.20.1 255.255.255.0
                                                          #配置子接口 IP 地址
R1(config-subif)#no shutdown                              #启用子接口
```

3. 测试网络连通性

按图 2-7 所示连接拓扑，给主机 PC1 配置相应 IP 地址为 192.168.10.2/24，网关为 192.168.10.1；给主机 PC2 配置相应 IP 地址为 192.168.20.2/24，网关为 192.168.20.1。验证 PC1 和 PC2 之间 ping 测试情况，结果如下所示：

```
C:\Documents and Settings\Administrator>ping 192.168.20.2

Pinging 192.168.20.2 with 32 bytes of data:

Reply from 192.168.20.2:bytes=32 time<1ms TTL=63
Reply from 192.168.20.2:bytes=32 time<1ms TTL=63
Reply from 192.168.20.2:bytes=32 time<1ms TTL=63
Reply from 192.168.20.2:bytes=32 time<1ms TTL=63
Ping statistics for 192.168.20.2:
    Packets:Sent=4,Received=4,Lost=0 (0% loss),
Approximate round trip times in milli-seconds:
    Minimum=0ms,Maximum=0ms,Average=0ms
```

从 ping 命令的测试结果可以看到，PC1 可以 ping 通 PC2，表明路由器 R1 上配置直连路由，实现了不同网段互通。

【小结】

通过 VLAN 技术的学习，主要掌握 VLAN 的创建、接口的隔离、Trunk 的划分及开启三层交换机的路由功能、VLAN 间路由等配置与管理工作。

由于 VLAN 隔离了广播域，所以要实现 VLAN 之间的通信需要三层设备的支持，可通过路由器或三层交换机的直连路由来实现。

2.3　静态路由

【知识准备】

1. 静态路由概述

静态路由是由网络管理员手工配置的路由信息。它是一种最简单的配置路由的方法，一般用在小型网络或拓扑相对固定的网络中。在路由规划时，可采用静态路由，在互联网络的路由选择行为上实施非常精确地控制。

实施静态路由选择的过程共分为 3 个步骤。

步骤 1：为互联的每个数据链路确定网络地址。

步骤 2：为每个路由器标识所有非直连的数据链路。

步骤 3：为每个路由器写出关于非直连数据链路的路由说明。

2. 静态路由示例

如图 2-8 所示，要求使用静态路由实现全网互通。在配置静态路由时，ip route 命令后面是将要输入到路由选择中的网络地址、网络地址子网掩码及直接连接下一跳路由器的接口地址。

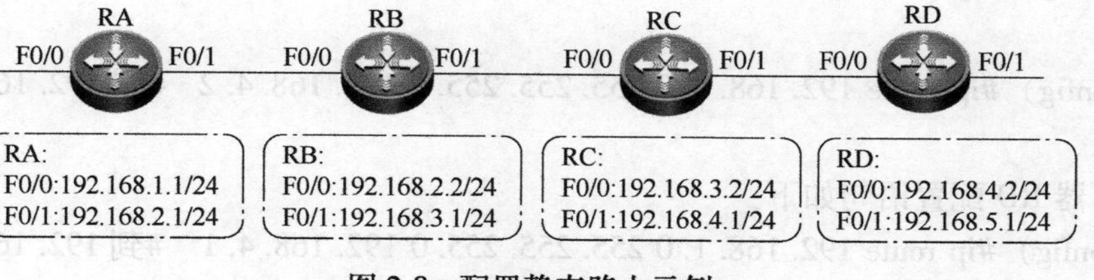

图 2-8　配置静态路由示例

该网络有 4 个路由器和 5 个网段。

1）根据步骤 1，为每个数据链路确定网络地址。首先确定 5 个网络地址分别是 192. 168. 1. 0/24、192. 168. 2. 0/24、192. 168. 3. 0/24、192. 168. 4. 0/24、192. 168. 5. 0/24 的网段。

2）根据步骤 2，为每个路由器标识所有非直连的数据链路。可以得出 RA 非直连的网络有 192. 168. 3. 0/24、192. 168. 4. 0/24、192. 168. 5. 0/24 网段；RB 非直连的网络有 192. 168. 1. 0/24、192. 168. 4. 0/24、192. 168. 5. 0/24 网段；RC 非直连的网络有 192. 168. 1. 0/24、192. 168. 2. 0/24、192. 168. 5. 0/24 网段；RD 非直连的网络有 192. 168. 1. 0/24、192. 168. 2. 0/24、192. 168. 3. 0/24 网段。

3）根据步骤 3，将这些子网记录下来，写出到这些非直连网段的路由说明。

① 路由器 RA 配置语句如下：

RA(config)#ip route 192. 168. 3. 0 255. 255. 255. 0 192. 168. 2. 2

RA(config)#ip route 192.168.4.0 255.255.255.0 192.168.2.2

RA(config)#ip route 192.168.5.0 255.255.255.0 192.168.2.2

第一条静态路由语句中，192.168.3.0 255.255.255.0 表示目标网段，192.168.2.2 表示下一条 IP 地址。该语句表示数据包要到达 192.168.3.0/24 网段，需要把数据包先送达 192.168.2.2 地址所在的路由设备。

第二条静态路由语句中，192.168.4.0 255.255.255.0 表示目标网段，192.168.2.2 表示下一条 IP 地址。该语句表示数据包要到达 192.168.4.0/24 网段，需要把数据包先送达 192.168.2.2 地址所在的路由设备。

第三条静态路由语句中，192.168.5.0 255.255.255.0 表示目标网段，192.168.2.2 表示下一条 IP 地址。该语句表示数据包要到达 192.168.5.0/24 网段，需要把数据包先送达 192.168.2.2 地址所在的路由设备。

② 路由器 RB 配置语句如下：

RB (config) #ip route 192.168.1.0 255.255.255.0 192.168.2.1 #到 192.168.1.0 网段静态路由

RB (config) #ip route 192.168.4.0 255.255.255.0 192.168.3.2 #到 192.168.4.0 网段静态路由

RB (config) #ip route 192.168.5.0 255.255.255.0 192.168.3.2 #到 192.168.5.0 网段静态路由

③ 路由器 RC 配置语句如下：

RC (config) #ip route 192.168.1.0 255.255.255.0 192.168.3.1 #到 192.168.1.0 网段静态路由

RC (config) #ip route 192.168.2.0 255.255.255.0 192.168.3.1 #到 192.168.2.0 网段静态路由

RC (config) #ip route 192.168.5.0 255.255.255.0 192.168.4.2 #到 192.168.5.0 网段静态路由

④ 路由器 RD 配置语句如下：

RD (config) #ip route 192.168.1.0 255.255.255.0 192.168.4.1 #到 192.168.1.0 网段静态路由

RD (config) #ip route 192.168.2.0 255.255.255.0 192.168.4.1 #到 192.168.2.0 网段静态路由

RD (config) #ip route 192.168.3.0 255.255.255.0 192.168.4.1 #到 192.168.3.0 网段静态路由

3. 默认路由

默认路由，是指路由表中未直接列出目标网络选项的路由选择项，用于在不明确的情况下指示数据帧下一跳的方向，可以看作是静态路由的一种特殊情况。路由器如果配置了默认路由，则所有未明确指明目标网络的数据包都按默认路由进行转发。

4. 静态路由配置

(1) 配置静态路由

ip route *network-number network-mask* { *ip-address* | *interface-id* }

其中，*network-number* 表示目标网段，*network-mask* 表示目标网段子网掩码，*ip-address* 表

示下一跳 IP 地址，*interface-id* 表示本身设备接口号。

（2）配置默认路由

ip route 0. 0. 0. 0 0. 0. 0. 0 {*ip-address* | *interface-id*}

其中，*ip-address* 表示下一跳 IP 地址，*interface-id* 表示本身设备接口号。

2. 3. 1 任务一：静态路由配置（1）

【任务描述】

在路由器 RA、RB 与 RC 上配置静态路由，实现全网互通。其网络拓扑结构如图 2-9 所示。

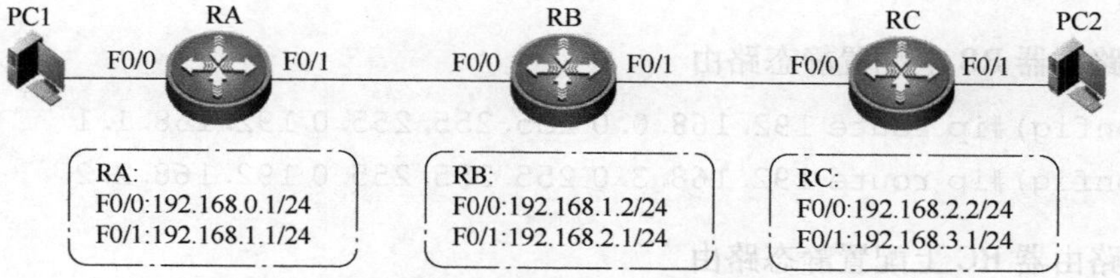

图 2-9 静态路由配置（1）的网络拓扑结构

【任务实施】

1. 配置路由器各接口的 IP 地址

（1）在路由器 RA 上配置 IP 地址

```
RA(config)#interface FastEthernet 0/0
RA(config-if-FastEthernet 0/0)#ip address 192.168.0.1 255.255.255.0
RA(config-if-FastEthernet 0/0)#no shutdown
RA(config-if-FastEthernet 0/0)#exit
RA(config)#interface FastEthernet 0/1
RA(config-if-FastEthernet 0/1)#ip address 192.168.1.1 255.255.255.0
RA(config-if-FastEthernet 0/1)#no shutdown
```

（2）在路由器 RB 上配置 IP 地址

```
RB(config)#interface FastEthernet 0/0
RB(config-if-FastEthernet 0/0)#ip address 192.168.1.2 255.255.255.0
RB(config-if-FastEthernet 0/0)#no shutdown
RB(config)#interface FastEthernet 0/1
RB(config-if-FastEthernet 0/1)#ip address 192.168.2.1 255.255.255.0
RB(config-if-FastEthernet 0/1)#no shutdown
```

（3）在路由器 RC 上配置 IP 地址

```
RC(config)#interface FastEthernet 0/0
RC(config-if-FastEthernet 0/0)#ip address 192.168.2.2 255.255.255.0
RC(config-if-FastEthernet 0/0)#no shutdown
```

```
RC(config)#interface FastEthernet 0/1
RC(config-if-FastEthernet 0/1)#ip address 192.168.3.1 255.255.255.0
RC(config-if-FastEthernet 0/1)#no shutdown
```

2. 配置静态路由

（1）在路由器 RA 上配置静态路由

```
RA(config)#ip route 192.168.2.0 255.255.255.0 192.168.1.2
RA(config)#ip route 192.168.3.0 255.255.255.0 192.168.1.2
#配置到非直连网段 192.168.2.0/24 和 192.168.3.0/24 静态路由,192.168.1.2 为下一条 IP 地址。
```

（2）在路由器 RB 上配置静态路由

```
RB(config)#ip route 192.168.0.0 255.255.255.0 192.168.1.1
RB(config)#ip route 192.168.3.0 255.255.255.0 192.168.2.2
```

（3）在路由器 RC 上配置静态路由

```
RC(config)#ip route 192.168.0.0 255.255.255.0 192.168.2.1
RC(config)#ip route 192.168.1.0 255.255.255.0 192.168.2.1
```

3. 验证测试

（1）查看路由表

```
RA#show ip route

Codes:  C - connected,S - static,R - RIP,B - BGP
    O - OSPF,IA - OSPF inter area
    N1 - OSPF NSSA external type 1,N2 - OSPF NSSA external type 2
    E1 - OSPF external type 1,E2 - OSPF external type 2
    i - IS-IS,su - IS-IS summary,L1 - IS-IS level-1,L2 - IS-IS level-2
    ia - IS-IS inter area, * - candidate default

Gateway of last resort is no set
C     192.168.0.0/24 is directly connected,FastEthernet 0/0
C     192.168.0.1/32 is local host
C     192.168.1.0/24 is directly connected,FastEthernet 0/1
C     192.168.1.1/32 is local host
S     192.168.2.0/24 [1/0] via 192.168.1.2
S     192.168.3.0/24 [1/0] via 192.168.1.2
```

从路由器 RA 的路由表的输出结果可以看到，网段 192.168.0.0/24 和 192.168.1.0/24 是路由器 RA 的直连路由，网段 192.168.2.0/24 和 192.168.3.0/24 是通过静态路由获取的。从路由表看到所有网段信息，表明路由器 RA 实现了对所有网段的路由。

(2) 路由器 RA 上测试网络连通性

```
RA#ping 192.168.0.1
< press Ctrl+C to break >
!!!!!
Success rate is 100 percent (5/5),round-trip min/avg/max=1/2/10 ms
RA#ping 192.168.1.1
Sending 5,100-byte ICMP Echoes to 192.168.1.1,timeout is 2 seconds:
< press Ctrl+C to break >
!!!!!
Success rate is 100 percent (5/5),round-trip min/avg/max=1/1/1 ms
RA#ping 192.168.2.1
Sending 5,100-byte ICMP Echoes to 192.168.2.1,timeout is 2 seconds:
< press Ctrl+C to break >
!!!!!
Success rate is 100 percent (5/5),round-trip min/avg/max=1/2/10 ms
RA#ping 192.168.2.2
Sending 5,100-byte ICMP Echoes to 192.168.2.2,timeout is 2 seconds:
< press Ctrl+C to break >
!!!!!
Success rate is 100 percent (5/5),round-trip min/avg/max=1/2/10 ms
RA#ping 192.168.3.1
Sending 5,100-byte ICMP Echoes to 192.168.3.1,timeout is 2 seconds:
< press Ctrl+C to break >
!!!!!
Success rate is 100 percent (5/5),round-trip min/avg/max=1/2/10 ms
```

从 ping 命令的测试结果可以看到，各路由器接口的 IP 地址已经全部 ping 通，表明在路由器 RA、RB 与 RC 上配置静态路由，已经实现全网互通。

(3) PC 上测试网络连通性

按图 2-9 所示连接拓扑，将 PC1 的 IP 地址设置为 192.168.0.2/24，默认网关设置为 192.168.0.1；将 PC2 的 IP 地址设置为 192.168.3.2/24，默认网关设置为 192.168.3.1。验证 PC1 和 PC2 之间 ping 测试情况，结果如下所示：

```
C:\>ping 192.168.3.2              #PC1 能 ping 通 PC2

Pinging 192.168.3.2 with 32 bytes of data:
Reply from192.168.3.2:bytes=32 time<10ms TTL=128
Reply from 192.168.3.2:bytes=32 time<10ms TTL=128
Reply from 192.168.3.2:bytes=32 time<10ms TTL=128
Reply from 192.168.3.2:bytes=32 time<10ms TTL=128
Ping statistics for 192.168.3.2:
```

```
    Packets:Sent=4,Received=4,  Lost=0(0% loss),
Approximate round trip times in milli-seconds:
    Minimum=0ms,Maximum=0ms,Average=0ms
```

从 ping 命令的测试结果可以看到，PC1 可以 ping 通 PC2，表明路由器 RA、RB、RC 上配置静态路由，已经实现互通。

2.3.2 任务二：静态路由配置（2）

【任务描述】

在两台三层交换机 SW1 和 SW2 上配置静态路由，实现全网互通。其中，网段 192.168.1.0/30 是交换机 SW1 与 SW2 的相连网段，交换机 SW1 与 SW2 端口 F0/5 开启三层端口路由功能（路由设备之间的互联地址只需要 2 个 IP 地址，为了节约地址，所以设置子网掩码的位数为 30 位）。主机 PC1 在交换机 SW1 的子网 VLAN 6 中，主机 PC2 在交换机 SW2 的子网 VLAN 8 中。其网络拓扑结构如图 2-10 所示。

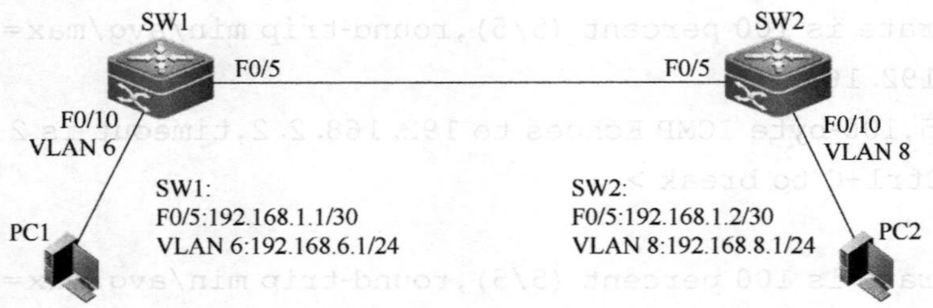

图 2-10 静态路由配置（2）的网络拓扑结构

【任务实施】

1. 交换机上创建 VLAN、接口隔离、配置 SVI、配置接口地址

（1）在交换机 SW1 上创建 VLAN、接口隔离、配置 SVI

```
SW1(config)#vlan 6
SW1(config-vlan)#exit
SW1(config)#interface FastEthernet 0/10
SW1(config-FastEthernet 0/10)#switchport access vlan 6
SW1(config-FastEthernet 0/10)#exit
SW1(config)#interface vlan 6
SW1(config-VLAN 6)#ip address 192.168.6.1 255.255.255.0
SW1(config-VLAN 6)#exit
SW1(config)#interface FastEthernet 0/5
SW1(config-FastEthernet 0/5)#no switchport
SW1(config-FastEthernet 0/5)#ip address 192.168.1.1 255.255.255.252
```

（2）在交换机 SW2 上创建 VLAN、接口隔离、配置 SVI、配置接口地址

```
SW2(config)#vlan 8
SW2(config-vlan)#exit
```

```
SW2(config)#interface FastEthernet 0/10
SW2(config-FastEthernet 0/10)#switchport access vlan 8
SW2(config-FastEthernet 0/10)#exit
SW2(config)#interface vlan 8
SW2(config-VLAN 8)#ip address 192.168.8.1 255.255.255.0
SW2(config-VLAN 8)#exit
SW2(config)#interface FastEthernet 0/5
SW2(config-FastEthernet 0/5)#no switchport
SW2(config-FastEthernet 0/5)#ip address 192.168.1.2 255.255.255.252
```

2. 配置静态路由

（1）在交换机 SW1 上配置静态路由

```
SW1(config)#ip route 192.168.8.0 255.255.255.0 192.168.1.2
    #配置到 192.168.8.0/24 非直连网段路由
```

（2）在交换机 SW2 上配置静态路由

```
SW2(config)#ip route 192.168.6.0 255.255.255.0 192.168.1.1
    #配置到 192.168.6.0/24 非直连网段路由
```

3. 验证测试

（1）查看路由表

```
SW1#show ip route

Codes:  C - connected,S - static,R - RIP,B - BGP
    O - OSPF,IA - OSPF inter area
    N1 - OSPF NSSA external type 1,N2 - OSPF NSSA external type 2
    E1 - OSPF external type 1,E2 - OSPF external type 2
    i - IS-IS,su - IS-IS summary,L1 - IS-IS level-1,L2 - IS-IS level-2
    ia - IS-IS inter area, * - candidate default

Gateway of last resort is no set
C    192.168.1.0/30 is directly connected,F 0/5
C    192.168.1.1/32 is local host
C    192.168.6.0/24 is directly connected,VLAN 6
C    192.168.6.1/32 is local host
S    192.168.8.0/24 [1/0] via 192.168.1.2
```

从查看三层交换机 SW1 的路由表输出结果可以看到，网段 192.168.1.0/30、192.168.6.0/24 是交换机 SW1 的直连路由，网段 192.168.8.0/24 是通过下一跳地址获取的。

（2）测试网络连通性

按图 2-10 所示连接拓扑，给主机 PC1 配置相应 IP 地址为 192.168.6.2/24，网关为

192.168.6.1；给主机 PC2 配置相应 IP 地址为 192.168.8.2/24，网关为 192.168.8.1。验证 PC1 和 PC2 之间 ping 测试情况，结果如下所示：

```
C:\Documents and Settings\Administrator>ping 192.168.8.2

Pinging 192.168.8.2 with 32 bytes of data:
Reply from 192.168.8.2:bytes=32 time<1ms TTL=63
Reply from 192.168.8.2:bytes=32 time<1ms TTL=63
Reply from 192.168.8.2:bytes=32 time<1ms TTL=63
Reply from 192.168.8.2:bytes=32 time<1ms TTL=63
Ping statistics for 192.168.8.2:
    Packets:Sent=4,Received=4,Lost=0 (0% loss),
Approximate round trip times in milli-seconds:
    Minimum=0ms,Maximum=0ms,Average=0ms
```

从 ping 命令的测试结果可以看到，PC1 可以 ping 通 PC2，表明在交换机 SW1、SW2 上配置静态路由，已经实现互通。

2.3.3 任务三：配置静态路由实现局域网互通

【任务描述】

在三层交换机 SW1、SW2、SW3 上运行静态路由实现局域网互通。SW1 为核心层交换机，SW2、SW3 为汇聚层交换机，通过合理的三层网络架构，实现用户接入网络的安全。为了管理方便，路由设备之间互联地址全部在网段 172.16.1.0/24，且各互联 IP 地址使用 30 位的子网掩码。四台主机 PC1、PC2、PC3、PC4 分别在子网 VLAN 10、VLAN 20、VLAN 30、VLAN 40 中。其网络拓扑结构如图 2-11 所示。

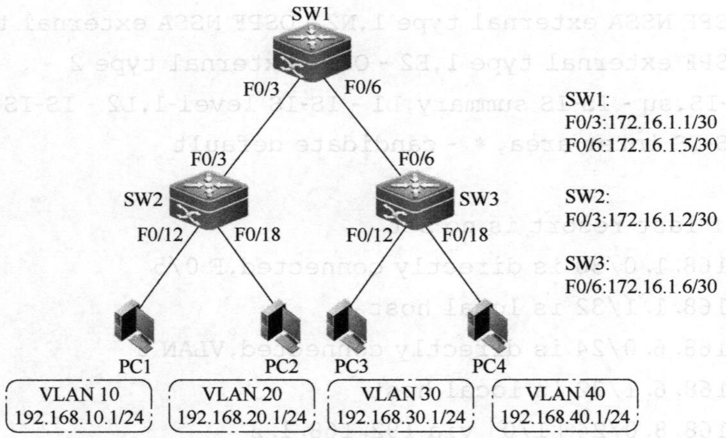

图 2-11　配置静态路由实现局域网互通的网络拓扑结构

【任务实施】

1. 配置核心层交换机 SW1

（1）在交换机 SW1 上创建 VLAN、接口隔离、配置 SVI

```
SW1(config)#interface FastEthernet 0/3
SW1(config-FastEthernet 0/3)#no switchport
SW1(config-FastEthernet 0/3)#ip address 172.16.1.1 255.255.255.252
SW1(config-FastEthernet 0/3)#no shut
SW1(config-FastEthernet 0/3)#exit
SW1(config)#interface FastEthernet 0/6
SW1(config-FastEthernet 0/6)#no switchport
SW1(config-FastEthernet 0/6)#ip address 172.16.1.5 255.255.255.252
SW1(config-FastEthernet 0/6)#no shut
```

（2）配置静态路由

```
SW1(config)#ip route 192.168.10.0 255.255.255.0 172.16.1.2
SW1(config)#ip route 192.168.20.0 255.255.255.0 172.16.1.2
SW1(config)#ip route 192.168.30.0 255.255.255.0 172.16.1.6
SW1(config)#ip route 192.168.40.0 255.255.255.0 172.16.1.6
```

2. 配置汇聚层交换机 SW2

（1）在交换机 SW2 上创建 VLAN、接口隔离、配置 SVI

```
SW2(config)#vlan 10
SW2(config-vlan)#exit
SW2(config)#vlan 20
SW2(config-vlan)#exit
SW2(config)#interface range FastEthernet 0/11-15
SW2(config-if-range)#switchport access vlan 10
SW2(config-if-range)#exit
SW2(config)#interface range FastEthernet 0/16-20
SW2(config-if-range)#switchport access vlan 20
SW2(config-if-range)#exit
SW2(config)#interface vlan 10
SW2(config-vlan 10)#ip address 192.168.10.1 255.255.255.0
SW2(config-vlan 10)#exit
SW2(config)#interface vlan 20
SW2(config-vlan 20)#ip address 192.168.20.1 255.255.255.0
SW2(config-vlan 20)#exit
SW2(config)#interface FastEthernet 0/3
SW2(config-FastEthernet 0/3)#no switchport
SW2(config-FastEthernet 0/3)#ip address 172.16.1.2 255.255.255.252
SW2(config-FastEthernet 0/3)#no shut
```

（2）配置静态路由

```
SW2(config)#ip route 172.16.1.4 255.255.255.252 172.16.1.1
SW2(config)#ip route 192.168.30.0 255.255.255.0 172.16.1.1
SW2(config)#ip route 192.168.40.0 255.255.255.0 172.16.1.1
```

3. 配置汇聚层交换机 SW3

（1）在交换机 SW3 上创建 VLAN、接口隔离、配置 SVI

```
SW3(config)#vlan 30
SW3(config-vlan)#exit
SW3(config)#vlan 40
SW3(config-vlan)#exit
SW3(config)#interface range FastEthernet 0/11-15
SW3(config-if-range)#switchport access vlan 30
SW3(config-if-range)#exit
SW3(config)#interface range FastEthernet 0/16-20
SW3(config-if-range)#switchport access vlan 40
SW3(config-if-range)#exit
SW3(config)#interface vlan 30
SW3(config-vlan 30)#ip address 192.168.30.1 255.255.255.0
SW3(config-vlan 30)#exit
SW3(config)#interface vlan 40
SW3(config-vlan 40)#ip address 192.168.40.1 255.255.255.0
SW3(config-vlan 40)#exit
SW3(config)#interface FastEthernet 0/6
SW3(config-FastEthernet 0/6)#no switchport
SW3(config-FastEthernet 0/6)#ip address 172.16.1.6 255.255.255.252
SW3(config-FastEthernet 0/6)#no shut
```

（2）配置静态路由

```
SW3(config)#ip route 172.16.1.0 255.255.255.0 172.16.1.5
SW3(config)#ip route 192.168.10.0 255.255.255.0 172.16.1.5
SW3(config)#ip route 192.168.20.0 255.255.255.0 172.16.1.5
```

4. 验证测试

（1）在交换机 SW1 上查看路由表

```
SW1#show ip route

Codes:  C - connected,S - static,R - RIP,B - BGP
        O - OSPF,IA - OSPF inter area
        N1 - OSPF NSSA external type 1,N2 - OSPF NSSA external type 2
        E1- OSPF external type 1,E2 - OSPF external type 2
```

```
        i - IS-IS,su - IS-IS summary,L1 - IS-IS level-1,L2 - IS-IS level-2
        ia - IS-IS inter area, * - candidate default

Gateway of last resort is no set
C     172.16.1.0/30 is directly connected,FastEthernet 0/3
C     172.16.1.1/32 is local host
C     172.16.1.4/30 is directly connected,FastEthernet 0/6
C     172.16.1.5/32 is local host
S     192.168.10.0/24 [1/0] via 172.16.1.2
S     192.168.20.0/24 [1/0] via 172.16.1.2
S     192.168.30.0/24 [1/0] via 172.16.1.6
S     192.168.40.0/24 [1/0] via 172.16.1.6
```

从查看三层交换机SW1的路由表输出结果可以看到，网段172.16.1.0/30和172.16.1.4/30是SW1的直连路由，网段192.168.10.0/24、192.168.20.0/24、192.168.30.0/24和192.168.40.0/24是通过静态路由获取的。

（2）在PC1上进行ping命令测试

按图2-11所示连接拓扑，将主机PC1的IP地址设置为192.168.10.2/24，默认网关设置为192.168.10.1；将主机PC2的IP地址设置为192.168.20.2/24，默认网关设置为192.168.20.1；将主机PC3的IP地址设置为192.168.30.2/24，默认网关设置为192.168.30.1；将主机PC4的IP地址设置为192.168.40.2/24，默认网关设置为192.168.40.1。验证PC1和PC2、PC3、PC4之间ping测试情况，结果如下所示：

① 测试PC1和PC2之间连通性。

```
C:\>ping 192.168.20.2                        #PC1 能 ping 通 PC2

192.168.3.2 with 32 bytes of data:
Reply from192.168.20.2:bytes=32 time<10ms TTL=128
Reply from 192.168.20.2:bytes=32 time<10ms TTL=128
Reply from 192.168.20.2:bytes=32 time<10ms TTL=128
Reply from 192.168.20.2:bytes=32 time<10ms TTL=128
Ping statistics for 192.168.20.2:
    Packets:Sent=4,Received=4,  Lost=0(0% loss),
Approximate round trip times in milli-secends:
    Minimum=0ms,Maximum=0ms,Average=0ms
```

② 测试PC1和PC3之间连通性。

```
C:\>ping 192.168.30.2                       #PC1 能 ping 通 PC3

Pinging 192.168.3.2 with 32 bytes of data:
Reply from192.168.30.2:bytes=32 time<10ms TTL=128
```

```
Reply from 192.168.30.2:bytes=32 time<10ms TTL=128
Reply from 192.168.30.2:bytes=32 time<10ms TTL=128
Reply from 192.168.30.2:bytes=32 time<10ms TTL=128
Ping statistics for 192.168.30.2:
    Packets:Sent=4,Received=4,  Lost=0(0% loss),
Approximate round trip times in milli-secends:
    Minimum=0ms,Maximum=0ms,Average=0ms
```

③ 测试 PC1 和 PC4 之间连通性。

```
C:\>ping 192.168.40.2                      #PC1 能 ping 通 PC4

Pinging 192.168.3.2 with 32 bytes of data:
Reply from192.168.40.2:bytes=32 time<10ms TTL=128
Reply from 192.168.40.2:bytes=32 time<10ms TTL=128
Reply from 192.168.40.2:bytes=32 time<10ms TTL=128
Reply from 192.168.40.2:bytes=32 time<10ms TTL=128
Ping statistics for 192.168.40.2:
    Packets:Sent=4,Received=4,  Lost=0(0% loss),
Approximate round trip times in milli-secends:
    Minimum=0ms,Maximum=0ms,Average=0ms
```

从 ping 命令的测试结果可以看到，PC1、PC2、PC3、PC4 之间已经实现互通，表明在交换机 SW1、SW2、SW3 上配置静态路由，已经实现互通。

【小结】

通过静态路由的学习，主要掌握静态路由、默认路由等配置与管理工作。

默认路由一般在 stub 网络使用。stub 网络是只有一条出口路径的网络。使用默认路由来发送那些目标网络没有包含在路由表中的数据包。

2.4 RIP V2 路由

【知识准备】

1. RIP 基本原理

路由信息协议（routing information protocol，RIP）是一种分布式的基于距离向量的路由选择协议，是应用较早、使用较普遍的内部网关协议，是因特网的标准协议。其最大优点就是实现简单，开销较小。

RIP 使用距离向量来决定最优路径。具体来讲，就是提供跳数作为尺度来衡量路由距离。跳数是一个报文从本节点到目的节点的中转次数，即一个包到达目标所经过的路由器的数量。使用距离向量路由协议的路由器并不了解网络拓扑，只知道自身与目的网络之间的距离（跳数）、应该往哪个方向或使用哪个接口转发数据包。

RIP 要求网络中每一个路由器都要维护从它自己到其他每一个目的网络的距离记录。RIP

对“距离”的定义：从一路由器到直连网络的距离定义为0；从一路由器到非直连网络的距离定义为每经过一个路由器则距离加1。RIP中的“距离”也称为“跳数”。RIP认为一个好的路由就是它通过的路由器的数目少，即距离短。RIP允许一条路径最多只能包含16个路由器，因此，距离等于16时即为不可达。可见RIP只适用于小型互联网。

RIP路由表中的每一项都包含了最终目标地址、到目标地址的路径中的下一跳节点等信息。下一跳指的是，本网上的报文欲通过本网络节点到达目的节点，如不能直接送达，则本节点应把此报文送到某个中转站点，此中转站点称为下一跳。

2. RIP的特点

1）仅和相邻路由器交换信息。

2）交换的信息是当前路由器所知道的全部信息，即自己的路由表。因此，交换的信息就是到达目标网络的（最短）距离，以及到每个网络应经过的下一跳路由器。至于本路由器怎样获得这些信息及路由表是否完整，是不需要考虑的。

3）按固定的时间间隔交换路由信息，如30s，然后路由器根据收到的路由信息更新路由表。当网络拓扑发生变化时，路由器也及时向相邻路由器通告拓扑变化后的路由信息。

3. RIP路由工作过程

每台运行RIP的路由器，都有一个RIP数据库，里面存着路由器所有的RIP路由，包括路由器本身的直连路由，以及从其他路由器收到的路由。

路由器刚开始工作时，只知道到直接连接的网络距离（此距离为0），以后每一个路由器也只和相邻路由器交换并更新路由信息，并不断更新其路由表。当路由器收到RIP路由更新时，如果这些路由是自己路由表里没有的，并且是有效的，那么就把它添加到路由表中，同时设置路由的度量值和下一跳地址。经过若干次的更新后，所有的路由器最终都会知道到达本自治系统中任何一个网络的最短距离和下一跳路由器的IP地址。

下面给出RIP路由工作过程具体示例。

（1）路由器启动

R1、R2和R3三台路由器直连，三台路由器都已开启RIP。在启动路由器后，所有路由器自动发现自己的直连路由，并将直连路由添加到路由表中。比如，R1的路由表中添加了1.1.1.0/24和2.2.2.0/24两条直连路由。直连路由的RIP度量值为0跳，0跳表示到达这个网段不需要经过路由器。

路由器启动后各路由器的路由表如图2-12所示。

R1路由表

目标网络	下一跳	度量值
1.1.1.0/24	—	0
2.2.2.0/24	—	0

R2路由表

目标网络	下一跳	度量值
2.2.2.0/24	—	0
3.3.3.0/24	—	0

R3路由表

目标网络	下一跳	度量值
3.3.3.0/24	—	0
4.4.4.0/24	—	0

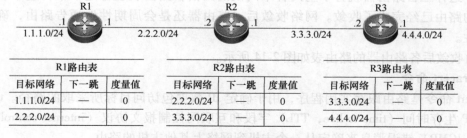

图2-12 路由器启动后各路由器的路由表

（2）第一次交换路由信息

RIP启动后向各端口广播一个Request报文，邻居路由器的RIP从某端口收到Request报文后，根据自己的路由表形成 Response 报文向该端口对应的网络广播。RIP 接收邻居路由器回复的包含邻居路由器路由表的 Response 报文，形成路由表。RIP 通过广播 UDP 报文来交换路由信息，每 30s 发送一次路由信息更新。

运行了 RIP 的路由器会将自己的路由通过 RIP 报文周期性地从接口发送出去。第一次交换路由信息，R1、R2 和 R3 都是通告自己的直连路由。R2 会将自己的路由表从端口 G0/0 和 G0/1 发送出去。以 3. 3. 3. 0/24 为例，R2 从端口 G0/0 发送给 R1 时，会将路由的度量值从 0 跳改为 1 跳，RIP 路由器将路由发送出去时会把跳数加 1，意思是要到达 3. 3. 3. 0/24 需要经过一个 RIP 路由器。R1 收到 R2 发出的路由更新后，发现自己的路由表没有 3. 3. 3. 0/24 这条路由，于是把这条路由添加到路由表中，路由的度量值为 1 跳，下一跳地址设置为路由器 R2 端口 G0/0 地址 2. 2. 2. 2。

R3 也会收到 R2 的路由更新，R2 也会收到 R1 和 R3 发送的路由更新。经过第一轮的路由通告和学习，R1 学习到 3. 3. 3. 0/24 的路由，R2 学习到 1. 1. 1. 0/24 和 3. 3. 3. 0/24 两条路由，R3 学习到 2. 2. 2. 0/24 的路由。

第一次交换路由信息后各路由器的路由表如图 2-13 所示。

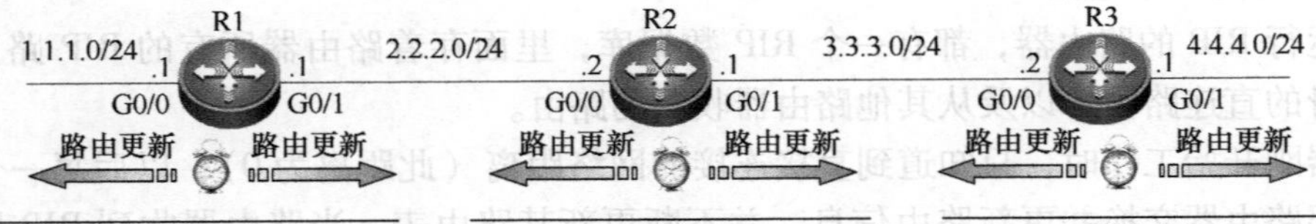

R1路由表

目标网络	下一跳	度量值
1.1.1.0/24	—	0
2.2.2.0/24	—	0
3.3.3.0/24	2.2.2.2	1

R2路由表

目标网络	下一跳	度量值
2.2.2.0/24	—	0
3.3.3.0/24	—	0
1.1.1.0/24	2.2.2.1	1
4.4.4.0/24	3.3.3.2	1

R3路由表

目标网络	下一跳	度量值
3.3.3.0/24	—	0
4.4.4.0/24	—	0
2.2.2.0/24	3.3.3.1	1

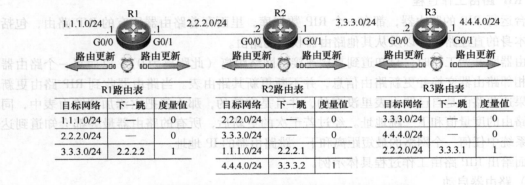

图 2-13　第一次交换路由信息后各路由器的路由表

（3）路由收敛

来到下一个更新周期时，所有路由器又会把自己的路由发送出去。R1 收到 R2 通告的路由，发现 4. 4. 4. 0/24 不在路由表中，R1 就把这条路由添加到路由表，度量值为 2 跳，表示 R1 到达 4. 4. 4. 0/24 需要经过两个路由器。另一边的 R3 也从 R2 学到了 1. 1. 1. 0/24 的路由。这样三台路由器就有了全网各个网段的路由，路由表也稳定下来，这个状态说明网络中的路由已经完成了收敛。网络收敛后，路由器还是会周期性地通告路由，确保路由的有效性。

路由收敛后各路由器的路由表如图 2-14 所示。

4. tracert 命令

tracert 命令是路由跟踪实用程序，用于确定 IP 数据包访问目标所采取的路径。tracert 命令使用 IP 生存时间（time to live，TTL）字段和互联网控制报文协议（internet control message protocol，ICMP）错误消息来确定从一个主机到网络上其他主机的路由。

tracert 命令通过向目标发送不同 IP TTL 值的 ICMP 回应数据包，由 tracert 命令诊断程序确定到目标所采取的路由。要求路径上的每个路由器在转发数据包之前至少将数据包上的 TTL 递减 1。数据包上的 TTL 减为 0 时，路由器应该将 ICMP 已超时的消息发回源系统。

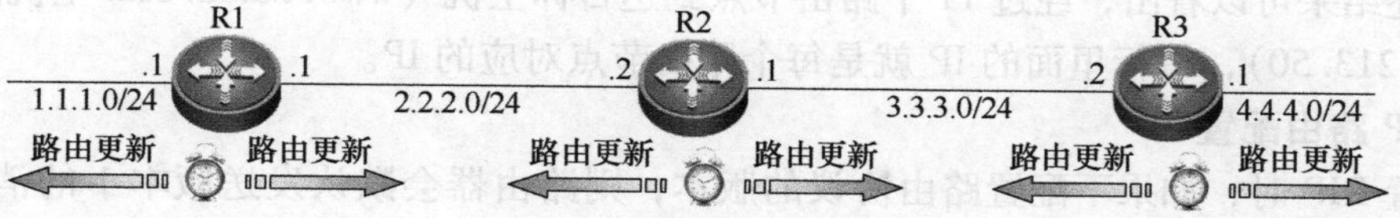

R1路由表

目标网络	下一跳	度量值
1.1.1.0/24	—	0
2.2.2.0/24	—	0
3.3.3.0/24	2.2.2.2	1
4.4.4.0/24	2.2.2.2	2

R2路由表

目标网络	下一跳	度量值
2.2.2.0/24	—	0
3.3.3.0/24	—	0
1.1.1.0/24	2.2.2.1	1
4.4.4.0/24	3.3.3.2	1

R3路由表

目标网络	下一跳	度量值
3.3.3.0/24	—	0
4.4.4.0/24	—	0
2.2.2.0/24	3.3.3.1	1
1.1.1.0/24	3.3.3.1	2

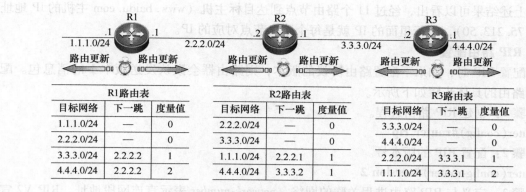

图 2-14　路由收敛后各路由器的路由表

tracert 命令先发送 TTL 为 1 的回应数据包，并随后的每次发送过程将 TTL 递增 1，直到目标响应或 TTL 达到最大值，从而确定路由。通过检查中间路由器发回的 ICMP 已超时的消息确定路由。

（1）tracert 命令参数的含义

```
tracert [-d] [-h maximum_hops] [-j computer-list] [-w timeout] target_name
-d:指定不将地址解析为计算机名。
-h maximum_hops :指定搜索目标的最大跃点数。
-j host-list:与主机列表一起的松散源路由(仅适用于 IPv4),指定沿 host-list 的稀疏源路由列表序进行转发;host-list 是以空格隔开的多个路由器 IP 地址,最多 9 个。
-w timeout:等待每个回复的超时时间(以 ms 为单位)。
target_name:目标计算机的名称或 IP 地址。
```

（2）tracert 命令 www.baidu.com 测试

```
C:\Documents and Settings\Administrator>tracert www.baidu.com
    Tracing route to www.baidu.com [119.75.213.50]
    over a maximum of 30 hops:
     1    6ms    4ms    4ms      192.168.73.1
     2   <1ms   <1ms   <1ms    192.168.100.100
     3   <1ms   <1ms   <1ms          10.1.1.14
     4    1ms    1ms   <1ms    222.185.254.193
     5    1ms     *     1ms       58.216.38.41
     6    3ms    4ms    3ms    222.185.173.237
     7   24ms   24ms   25ms       202.97.34.53
     8    4ms    3ms    3ms       202.97.41.81
     9   25ms   24ms   24ms     220.181.17.118
    10   25ms   25ms   25ms      220.181.16.50
    11   27ms   27ms     *       119.75.213.50
    12   27ms   27ms   27ms      119.75.213.50
Trace complete.
```

从上述结果可以看出，经过 11 个路由节点到达目标主机（www. baidu. com 主机的 IP 地址为 119. 75. 213. 50），每行里面的 IP 就是每个路由节点对应的 IP。

5. RIP 路由配置

在配置 RIP 时，如果不配置路由协议的版本，则路由器会默认发送版本 1 的消息包。配置 RIP 路由的具体步骤如下所示。

步骤 1：创建 RIP 路由进程。

router(config)#**router rip**

步骤 2：配置 RIP 的版本号。

router(config-router)#**version 2**

步骤 3：定义与 RIP 路由进程关联的网络。*network-number* 表示直连网段地址。RIP V2 宣告的是主类网络，即自然网段，但是 RIP V2 可以学习到非自然网段的路由，因为其协议报文中携带掩码信息。

router(config-router)#**network** *network-number*

步骤 4：关闭路由自动汇总。

router(config-router)#**no auto-summary**

2.4.1 任务一：RIP V2 路由配置（1）

【任务描述】

在路由器 RA、RB 与 RC 上配置 RIP V2 动态路由，实现全网互通。其网络拓扑结构如图 2-15 所示。

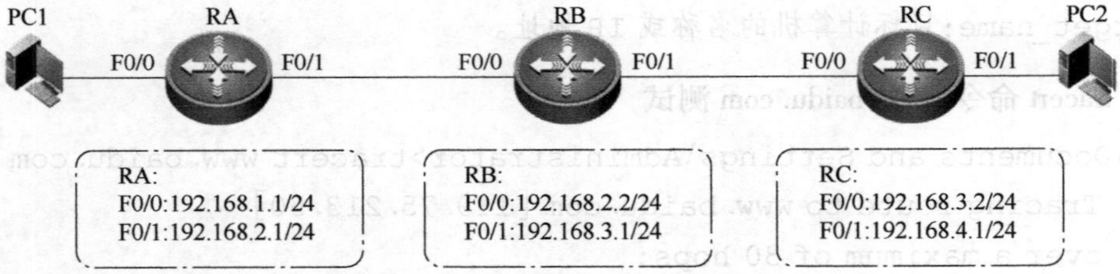

图 2-15 RIP V2 路由配置（1）的网络拓扑结构

【任务实施】

1. 配置路由器各接口的 IP 地址

（1）在路由器 RA 上配置 IP 地址

```
RA(config)#interface FastEthernet 0/0
RA(config-if-FastEthernet 0/0)#ip address 192.168.1.1 255.255.255.0
RA(config-if-FastEthernet 0/0)#no shutdown
RA(config-if-FastEthernet 0/0)#exit
RA(config)#interface FastEthernet 0/1
RA(config-if-FastEthernet 0/1)#ip address 192.168.2.1 255.255.255.0
RA(config-if-FastEthernet 0/1)#no shutdown
```

（2）在路由器 RB 上配置 IP 地址

```
RB(config)#interface FastEthernet 0/0
RB(config-if-FastEthernet 0/0)#ip address 192.168.2.2 255.255.255.0
RB(config-if-FastEthernet 0/0)#no shutdown
RB(config-if-FastEthernet 0/0)#exit
RB(config)#interface FastEthernet 0/1
RB(config-if-FastEthernet 0/1)#ip address 192.168.3.1 255.255.255.0
RB(config-if-FastEthernet 0/1)#no shutdown
```

（3）在路由器 RC 上配置 IP 地址

```
RC(config)#interface FastEthernet 0/0
RC(config-if-FastEthernet 0/0)#ip address 192.168.3.2 255.255.255.0
RC(config-if-FastEthernet 0/0)#no shutdown
RC(config-if-FastEthernet 0/0)#exit
RC(config)#interface FastEthernet 0/1
RC(config-if-FastEthernet 0/1)#ip address 192.168.4.1 255.255.255.0
RC(config-if-FastEthernet 0/1)#no shutdown
```

2. 配置 RIP 路由

（1）在路由器 RA 上配置 RIP 路由

```
RA(config)#router rip                          #启用 RIP 路由进程
RA(config-router)#version 2                    #定义 RIP 版本号
RA(config-router)#network 192.168.1.0          #宣告直连路由
RA(config-router)#network 192.168.2.0          #宣告直连路由
RA(config-router)#no auto-summary              #关闭自动汇总
```

（2）在路由器 RB 上配置 RIP 路由

```
RB(config)#router rip                          #启用 RIP 路由进程
RB(config-router)#version 2                    #定义 RIP 版本号
RB(config-router)#network 192.168.2.0          #宣告直连路由
RB(config-router)#network 192.168.3.0          #宣告直连路由
RB(config-router)#no auto-summary              #关闭自动汇总
```

（3）在路由器 RC 上配置 RIP 路由

```
RC(config)#router rip                          #启用 RIP 路由进程
RC(config-router)#version 2                    #定义 RIP 版本号
RC(config-router)#network 192.168.3.0          #宣告直连路由
RC(config-router)#network 192.168.4.0          #宣告直连路由
RC(config-router)#no auto-summary              #关闭自动汇总
```

3. 验证配置

（1）查看路由表

```
RA#show ip route                          #查看路由表

Codes:  C - connected,S - static,R - RIP,B - BGP
        O - OSPF,IA - OSPF inter area
        N1 - OSPF NSSA external type 1,N2 - OSPF NSSA external type 2
        E1 - OSPF external type 1,E2 - OSPF external type 2
        i - IS-IS,su - IS-IS summary,L1 - IS-IS level-1,L2 - IS-IS level-2
        ia - IS-IS inter area, * - candidate default

Gateway of last resort is no set
C     192.168.1.0/24 is directly connected,FastEthernet 0/0
C     192.168.1.1/32 is local host
C     192.168.2.0/24 is directly connected,FastEthernet 0/1
C     192.168.2.1/32 is local host
R     192.168.3.0/24 [120/1] via 192.168.2.2,00:03:54,FastEthernet 0/1
R     192.168.4.0/24 [120/2] via 192.168.2.2,00:01:08,FastEthernet 0/1
```

从路由器 RA 的路由表输出结果可以看到，网段 192.168.1.0/24 和 192.168.2.0/24 是 RA 的直连路由，网段 192.168.3.0/24 和 192.168.4.0/24 是通过 RIP 路由获取的。

（2）路由器 RA 进行连通性测试

```
RA#ping 192.168.1.1
Sending 5,100-byte ICMP Echoes to 192.168.1.1,timeout is 2 seconds:
< press Ctrl+C to break >
!!!!!
Success rate is 100 percent (5/5),round-trip min/avg/max=1/1/1 ms
RA#ping 192.168.4.1
Sending 5,100-byte ICMP Echoes to 192.168.4.1,timeout is 2 seconds:
< press Ctrl+C to break >
!!!!!
Success rate is 100 percent (5/5),round-trip min/avg/max=1/1/1 ms
```

从 ping 命令的测试结果可以看到，两端路由器接口的 IP 地址已经全部 ping 通，表明路由器 RA、RB 与 RC 通过 RIP V2 路由，已经实现全网互通。

（3）PC 上测试网络连通性

按图 2-15 所示连接拓扑，将 PC1 的 IP 地址设置为 192.168.1.2/24，默认网关设置为 192.168.1.1；将 PC2 的 IP 地址设置为 192.168.4.2/24，默认网关设置为 192.168.4.1。验证 PC1 和 PC2 之间 ping 测试情况，结果如下所示：

```
C:\>ping 192.168.4.2                            #PC1 能 ping 通 PC2

Pinging 192.168.4.2 with 32 bytes of data:
Reply from192.168.4.2:bytes=32 time<10ms TTL=128
Reply from 192.168.4.2:bytes=32 time<10ms TTL=128
Reply from 192.168.4.2:bytes=32 time<10ms TTL=128
Reply from 192.168.4.2:bytes=32 time<10ms TTL=128
Ping statistics for 192.168.4.2:
    Packets:Sent=4,Received=4,  Lost=0(0% loss),
Approximate round trip times in milli-seconds:
    Minimum=0ms,Maximum=0ms,Average=0ms
```

从 ping 命令的测试结果可以看到，PC1 可以 ping 通 PC2，表明在路由器 RA、RB、RC 上配置 RIP V2 动态路由，已经实现互通。

2.4.2　任务二：RIP V2 路由配置（2）

【任务描述】

在两台三层交换机 SW1 和 SW2 上配置 RIP V2 动态路由，实现全网互通。其中，交换机 SW1 与 SW2 相连端口 F0/10 开启三层端口功能实现互联，互联使用网段 192.168.1.0/30。四台测试主机 PC1、PC2、PC3、PC4 分别在子网 VLAN 10、VLAN 20、VLAN 30、VLAN 40 中。其网络拓扑结构如图 2-16 所示。

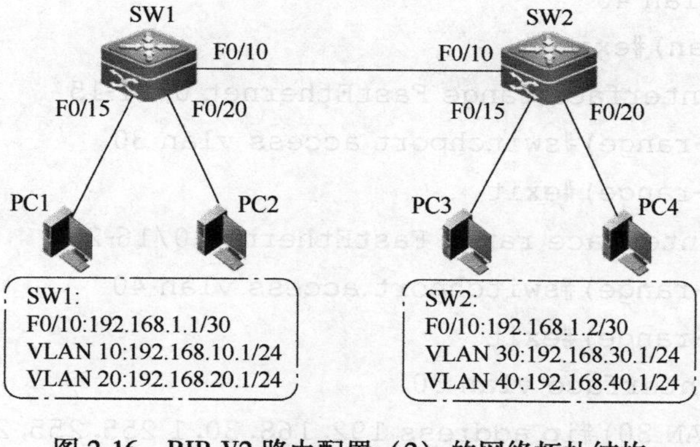

图 2-16　RIP V2 路由配置（2）的网络拓扑结构

【任务实施】

1. 在交换机上创建 VLAN、端口隔离、配置 SVI

（1）在交换机 SW1 上创建 VLAN、端口隔离、配置 SVI

```
SW1(config)#vlan 10
SW1(config-vlan)#exit
SW1(config)#vlan 20
SW1(config-vlan)#exit
```

```
SW1(config)#interface range FastEthernet 0/11-15
SW1(config-if-range)#switchport access vlan 10
SW1(config-if-range)#exit
SW1(config)#interface range FastEthernet 0/16-20
SW1(config-if-range)#switchport access vlan 20
SW1(config-if-range)#exit
SW1(config)#interface vlan 10
SW1(config-VLAN 10)#ip address 192.168.10.1 255.255.255.0
SW1(config-VLAN 10)#exit
SW1(config)#interface vlan 20
SW1(config-VLAN 20)#ip address 192.168.20.1 255.255.255.0
SW1(config-VLAN 20)#
SW1(config-VLAN 20)#exit
SW1(config)#interface FastEthernet 0/10
SW1(config-FastEthernet 0/10)#no switchport      #二层接口转化成三层接口
SW1(config-FastEthernet 0/10)#ip address 192.168.1.1 255.255.255.252
SW1(config-FastEthernet 0/10)#no shut
```

（2）在交换机 SW2 上创建 VLAN、端口隔离、配置 SVI

```
SW2(config)#vlan 30
SW2(config-vlan)#exit
SW2(config)#vlan 40
SW2(config-vlan)#exit
SW2(config)#interface range FastEthernet 0/11-15
SW2(config-if-range)#switchport access vlan 30
SW2(config-if-range)#exit
SW2(config)#interface range FastEthernet 0/16-20
SW2(config-if-range)#switchport access vlan 40
SW2(config-if-range)#exit
SW2(config)#interface vlan 30
SW2(config-VLAN 30)#ip address 192.168.30.1 255.255.255.0
SW2(config-VLAN 30)#exit
SW2(config)#interface vlan 40
SW2(config-VLAN 40)#ip address 192.168.40.1 255.255.255.0
SW2(config-VLAN 40)#exit
SW2(config)#interface FastEthernet 0/10
SW2(config-FastEthernet 0/10)#no switchport      #二层接口转化成三层接口
SW2(config-FastEthernet 0/10)#ip address 192.168.1.2 255.255.255.252
SW2(config-FastEthernet 0/10)#no shut
```

2. 配置 RIP 路由

（1）在交换机 SW1 上配置 RIP 路由

```
SW1(config)#router rip                          #启用 RIP 路由进程
SW1(config-router)#version 2                    #定义 RIP 版本号
SW1(config-router)#network 192.168.1.0          #宣告路由
SW1(config-router)#network 192.168.10.0         #宣告路由
SW1(config-router)#network 192.168.20.0         #宣告路由
SW1(config-router)#no auto-summary              #关闭自动汇总
```

（2）在交换机 SW2 上配置 RIP 路由

```
SW2(config)#router rip                          #启用 RIP 路由进程
SW2(config-router)#version 2                    #定义 RIP 版本号
SW2(config-router)#network 192.168.1.0          #宣告路由
SW2(config-router)#network 192.168.30.0         #宣告路由
SW2(config-router)#network 192.168.40.0         #宣告路由
SW2(config-router)#no auto-summary              #关闭自动汇总
```

3. 验证配置

（1）查看路由表

```
SW1#show ip route                          #查看路由表

Codes:  C - connected,S - static,R - RIP,B - BGP
        O - OSPF,IA - OSPF inter area
        N1 - OSPF NSSA external type 1,N2 - OSPF NSSA external type 2
        E1 - OSPF external type 1,E2 - OSPF external type 2
        i - IS-IS,su - IS-IS summary,L1 - IS-IS level-1,L2 - IS-IS level-2
        ia - IS-IS inter area, * - candidate default

Gateway of last resort is no set
C    192.168.1.0/30 is directly connected,FastEthernet 0/10
C    192.168.1.1/32 is local host
C    192.168.10.0/24 is directly connected,VLAN 10
C    192.168.10.1/32 is local host
C    192.168.20.0/24 is directly connected,VLAN 20
C    192.168.20.1/32 is local host
R     192.168.30.0/24 [120/1] via 192.168.1.2,00:02:17,FastEthernet
0/10
R     192.168.40.0/24 [120/1] via 192.168.1.2,00:02:17,FastEthernet
0/10
```

从查看三层交换机 SW1 的路由表输出结果可以看到，网段 192.168.1.0/30、192.168.10.0/

24、192.168.20.0/24 是 SW1 的直连路由，网段 192.168.30.0/24 和 192.168.40.0/24 是通过 RIP 路由获取的。

（2）连通性测试

按图 2-16 所示连接拓扑，将 PC1 的 IP 地址设置为 192.168.10.2/24，默认网关设置为 192.168.10.1；将 PC2 的 IP 地址设置为 192.168.20.2/24，默认网关设置为 192.168.20.1；将 PC3 的 IP 地址设置为 192.168.30.2/24，默认网关设置为 192.168.30.1；将 PC4 的 IP 地址设置为 192.168.40.2/24，默认网关设置为 192.168.40.1。验证 PC1 和 PC2、PC3、PC4 之间 ping 测试情况，结果如下所示：

① 测试 PC1 和 PC2 之间连通性。

```
C:\>ping 192.168.20.2                 #PC1 能 ping 通 PC2

192.168.3.2 with 32 bytes of data:
Reply from192.168.20.2:bytes=32 time<10ms TTL=128
Reply from 192.168.20.2:bytes=32 time<10ms TTL=128
Reply from 192.168.20.2:bytes=32 time<10ms TTL=128
Reply from 192.168.20.2:bytes=32 time<10ms TTL=128
Ping statistics for 192.168.20.2:
    Packets:Sent=4,Received=4,  Lost=0(0% loss),
Approximate round trip times in milli-secends:
    Minimum=0ms,Maximum=0ms,Average=0ms
```

② 测试 PC1 和 PC3 之间连通性。

```
C:\>ping 192.168.30.2                 #PC1 能 ping 通 PC3

Pinging 192.168.30.2 with 32 bytes of data:
Reply from192.168.30.2:bytes=32 time<10ms TTL=128
Reply from 192.168.30.2:bytes=32 time<10ms TTL=128
Reply from 192.168.30.2:bytes=32 time<10ms TTL=128
Reply from 192.168.30.2:bytes=32 time<10ms TTL=128
Ping statistics for 192.168.30.2:
    Packets:Sent=4,Received=4,  Lost=0(0% loss),
Approximate round trip times in milli-secends:
    Minimum=0ms,Maximum=0ms,Average=0ms
```

③ 测试 PC1 和 PC4 之间连通性。

```
C:\>ping 192.168.40.2                    #PC1 能 ping 通 PC4

Pinging 192.168.40.2 with 32 bytes of data:
Reply from192.168.40.2:bytes=32 time<10ms TTL=128
Reply from 192.168.40.2:bytes=32 time<10ms TTL=128
```

```
Reply from 192.168.40.2:bytes=32 time<10ms TTL=128
Reply from 192.168.40.2:bytes=32 time<10ms TTL=128
Ping statistics for 192.168.40.2:
    Packets:Sent=4,Received=4,  Lost=0(0% loss),
Approximate round trip times in milli-secends:
    Minimum=0ms,Maximum=0ms,Average=0ms
```

从 ping 命令的测试结果可以看到，PC1、PC2、PC3、PC4 之间已经实现互通，表明在交换机 SW1、SW2 上配置 RIP V2 动态路由，已经实现互通。

2.4.3 任务三：配置 RIP V2 路由实现局域网互通

【任务描述】

在三层交换机 SW1、SW2、SW3 上运行 RIP V2 路由实现局域网互通。SW1 为核心层交换机，SW2、SW3 为汇聚层交换机，通过合理的三层网络架构，实现用户接入网络的安全、快捷。为了管理方便，路由设备之间互联地址全部在网段 10.1.1.0/24，且各互联 IP 地址使用 30 位的子网掩码。四台主机 PC1、PC2、PC3、PC4 分别在子网 VLAN 10、VLAN 20、VLAN 30、VLAN 40 中。其网络拓扑结构如图 2-17 所示。

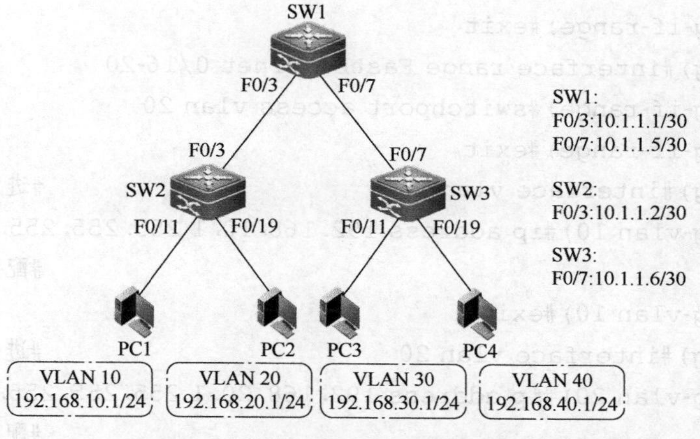

图 2-17 配置 RIP V2 路由实现局域网互通的网络拓扑结构

【任务实施】

1. 配置核心层交换机 SW1

（1）在交换机 SW1 上创建 VLAN、端口隔离、配置 SVI

```
SW1(config)#interface FastEthernet 0/3
SW1(config-FastEthernet 0/3)#no switchport
SW1(config-FastEthernet 0/3)#ip address 10.1.1.1 255.255.255.252
SW1(config-FastEthernet 0/3)#no shut
SW1(config-FastEthernet 0/3)#exit
SW1(config)#interface FastEthernet 0/7
SW1(config-FastEthernet 0/7)#no switchport
```

```
SW1(config-FastEthernet 0/7)#ip address 10.1.1.5 255.255.255.252
SW1(config-FastEthernet 0/7)#no shut
SW1(config-FastEthernet 0/7)#exit
```

（2）配置 RIP V2 路由

```
SW1(config)#router rip                          #启用 RIP 路由进程
SW1(config-router)#version 2                    #定义 RIP 版本号
SW1(config-router)#network 10.0.0.0#宣告直连路由
SW1(config-router)#no auto-summary #关闭自动汇总
```

2. 配置汇聚层交换机 SW2

（1）在交换机 SW2 上创建 VLAN、端口隔离、配置 SVI

```
SW2(config)#vlan 10                                          #创建 VLAN 10
SW2(config-vlan)#exit
SW2(config)#vlan 20                                          #创建 VLAN 20
SW2(config-vlan)#exit
SW2(config)#interface range FastEthernet 0/11-15
SW2(config-if-range)#switchport access vlan 10
SW2(config-if-range)#exit
SW2(config)#interface range FastEthernet 0/16-20
SW2(config-if-range)#switchport access vlan 20
SW2(config-if-range)#exit
SW2(config)#interface vlan 10                                #进入 VLAN 接口
SW2(config-vlan 10)#ip address 192.168.10.1 255.255.255.0
                                                             #配置接口 IP 地址
SW2(config-vlan 10)#exit
SW2(config)#interface vlan 20                                #进入 VLAN 接口
SW2(config-vlan 20)#ip address 192.168.20.1 255.255.255.0
                                                             #配置接口 IP 地址
SW2(config-vlan 20)#exit
SW2(config)#interface FastEthernet 0/3                       #进入接口模式
SW2(config-FastEthernet 0/3)#no switchport                   #转化成路由接口
SW2(config-FastEthernet 0/3)#ip address 10.1.1.2 255.255.255.252
SW2(config-FastEthernet 0/3)#no shut
```

（2）配置 RIP V2 路由

```
SW2(config)#router rip                          #启用 RIP 路由进程
SW2(config-router)#version 2                    #定义 RIP 版本号
SW2(config-router)#network 192.168.10.0         #宣告直连路由
SW2(config-router)#network 192.168.20.0         #宣告直连路由
```

```
SW2(config-router)#network 10.0.0.0                      #宣告直连路由
SW2(config-router)#no auto-summary                       #关闭自动汇总
```

3. 配置汇聚层交换机 SW3

（1）在交换机 SW3 上创建 VLAN、端口隔离、配置 SVI

```
SW3(config)#vlan 30                                          #创建 VLAN 30
SW3(config-vlan)#exit
SW3(config)#vlan 40                                          #创建 VLAN 40
SW3(config-vlan)#exit
SW3(config)#interface range FastEthernet 0/11-15
SW3(config-if-range)#switchport access vlan 30
SW3(config-if-range)#exit
SW3(config)#interface range FastEthernet 0/16-20
SW3(config-if-range)#switchport access vlan 40
SW3(config-if-range)#exit
SW3(config)#interface vlan 30                                #进入 VLAN 接口
SW3(config-vlan 30)#ip address 192.168.30.1 255.255.255.0
                                                             #配置接口 IP 地址
SW3(config-vlan 30)#exit
SW3(config)#interface vlan 40                                #进入 VLAN 接口
SW3(config-vlan 40)#ip address 192.168.40.1 255.255.255.0
                                                             #配置接口 IP 地址
SW3(config-vlan 40)#exit
SW3(config)#interface FastEthernet 0/7                       #进入接口模式
SW3(config-FastEthernet 0/7)#no switchport                   #转化成路由接口
SW3(config-FastEthernet 0/7)#ip address 10.1.1.6 255.255.255.252
SW3(config-FastEthernet 0/7)#no shut
```

（2）配置 RIP V2 路由

```
SW3(config)#router rip                          #启用 RIP 路由进程
SW3(config-router)#version 2                    #定义 RIP 版本号
SW3(config-router)#network 192.168.30.0         #宣告直连路由
SW3(config-router)#network 192.168.40.0         #宣告直连路由
SW3(config-router)#network 10.0.0.0             #宣告直连路由
SW3(config-router)#no auto-summary              #关闭自动汇总
```

4. 验证测试

（1）在交换机 SW1 上查看路由表

```
SW1(config)#show ip route

Codes:  C - connected,S - static,R - RIP,B - BGP
```

```
        O - OSPF,IA - OSPF inter area
        N1 - OSPF NSSA external type 1,N2 - OSPF NSSA external type 2
        E1 - OSPF external type 1,E2 - OSPF external type 2
        i - IS-IS,su - IS-IS summary,L1 - IS-IS level-1,L2 - IS-IS level-2
        ia - IS-IS inter area, * - candidate default

Gateway of last resort is no set
C     10.1.1.0/30 is directly connected,FastEthernet 0/3
C     10.1.1.1/32 is local host
C     10.1.1.4/30 is directly connected,FastEthernet 0/7
C     10.1.1.5/32 is local host
R     192.168.10.0/24 [120/1] via 10.1.1.2,00:08:02,FastEthernet 0/3
R     192.168.20.0/24 [120/1] via 10.1.1.2,00:07:58,FastEthernet 0/3
R     192.168.30.0/24 [120/1] via 10.1.1.6,00:01:11,FastEthernet 0/7
R     192.168.40.0/24 [120/1] via 10.1.1.6,00:01:11,FastEthernet 0/7
```

从交换机 SW1 的路由表的输出结果可以看到，网段 10.1.1.0/30 和 10.1.1.4/30 是三层交换机 SW1 的直连路由，网段 192.168.10.0/24、192.168.20.0/24、192.168.30.0/24 和 192.168.40.0/24 是通过 RIP V2 动态路由获取的。从路由表看到所有网段信息，表明三层交换机 SW1、SW2 与 SW3 之间已经实现了互通。

（2）在 PC1 上进行 ping 命令测试

按图 2-17 所示连接拓扑，将 PC1 的 IP 地址设置为 192.168.10.2/24，默认网关设置为 192.168.10.1；将 PC2 的 IP 地址设置为 192.168.20.2/24，默认网关设置为 192.168.20.1；将 PC3 的 IP 地址设置为 192.168.30.2/24，默认网关设置为 192.168.30.1；将 PC4 的 IP 地址设置为 192.168.40.2/24，默认网关设置为 192.168.40.1。验证 PC1 和 PC2、PC3、PC4 之间 ping 测试情况，结果如下所示：

① 测试 PC1 和 PC2 之间连通性。

```
C:\>ping 192.168.20.2                        #PC1 能 ping 通 PC2

192.168.3.2 with 32 bytes of data:
Reply from192.168.20.2:bytes=32 time<10ms TTL=128
Reply from 192.168.20.2:bytes=32 time<10ms TTL=128
Reply from 192.168.20.2:bytes=32 time<10ms TTL=128
Reply from 192.168.20.2:bytes=32 time<10ms TTL=128
Ping statistics for 192.168.20.2:
    Packets:Sent=4,Received=4,  Lost=0(0% loss),
Approximate round trip times in milli-secends:
    Minimum=0ms,Maximum=0ms,Average=0ms
```

② 测试 PC1 和 PC3 之间连通性。

```
C:\>ping 192.168.30.2                          #PC1 能 ping 通 PC3

Pinging 192.168.30.2 with 32 bytes of data:
Reply from192.168.30.2:bytes=32 time<10ms TTL=128
Reply from 192.168.30.2:bytes=32 time<10ms TTL=128
Reply from 192.168.30.2:bytes=32 time<10ms TTL=128
Reply from 192.168.30.2:bytes=32 time<10ms TTL=128
Ping statistics for 192.168.30.2:
    Packets:Sent=4,Received=4,  Lost=0(0% loss),
Approximate round trip times in milli-secends:
    Minimum=0ms,Maximum=0ms,Average=0ms
```

③ 测试 PC1 和 PC4 之间连通性。

```
C:\>ping 192.168.40.2                          #PC1 能 ping 通 PC4

Pinging 192.168.40.2 with 32 bytes of data:
Reply from192.168.40.2:bytes=32 time<10ms TTL=128
Reply from 192.168.40.2:bytes=32 time<10ms TTL=128
Reply from 192.168.40.2:bytes=32 time<10ms TTL=128
Reply from 192.168.40.2:bytes=32 time<10ms TTL=128
Ping statistics for 192.168.40.2:
    Packets:Sent=4,Received=4,  Lost=0(0% loss),
Approximate round trip times in milli-secends:
    Minimum=0ms,Maximum=0ms,Average=0ms
```

从 ping 命令的测试结果可以看到，PC1、PC2、PC3、PC4 之间已经实现互通，表明在交换机 SW1、SW2、SW3 上配置 RIP V2 动态路由，已经实现互通。

(3) 在 PC1 上使用 tracert 命令

① 在主机 PC1 上，输入 tracert 192.168.20.2 查看结果。

```
C:\Users\User>tracert 192.168.20.2

通过最多 30 个跃点跟踪到 192.168.20.2 的路由

1    1 ms    <1 毫秒<1 毫秒 192.168.10.1
2    <1 毫秒<1 毫秒<1 毫秒 192.168.20.2

跟踪完成。
```

从上述结果可以看出，经过 1 个路由节点到达目标主机。

② 在主机 PC1 上，输入 tracert 192.168.30.2 查看结果。

```
C:\Users\User>tracert 192.168.30.2

通过最多 30 个跃点跟踪到 192.168.30.2 的路由

1    1 ms    <1 毫秒<1 毫秒 192.168.10.1
2    1 ms    1 ms    1 ms  10.1.1.1
3    5 ms    9 ms    9 ms  10.1.1.6
4    <1 毫秒<1 毫秒<1 毫秒 192.168.30.2

跟踪完成。
```

从上述结果可以看出，经过 3 个路由节点到达目标主机。

【小结】

在 RIP 路由过程中，每个路由器仅和相邻的路由器交换信息。RIP 规定，不相邻的路由器之间不交换信息，路由器交换的信息是当前本路由器所知道的全部信息，即自己的路由表。按固定时间交换路由信息，如每隔 30s，然后路由器根据收到的路由信息更新路由表。

距离向量路由协议是基于留言的路由协议。也就是说，距离向量路由协议依靠邻居发给它的信息来做路由决策，而且路由器不需要保持完整的网络信息。

RIP 的每一个路由器虽然知道到所有网络的距离及下一跳路由器，但却不知道全网的拓扑结构，只有到了下一跳路由器，才能知道再下一跳应当怎样走。

通过 RIP 的学习，主要掌握 RIP V2 路由配置及 tracert 命令的使用。

2.5 OSPF 路由

【知识准备】

1. OSPF 概念

开放最短路径优先（open shortest path first，OSPF）协议是对链路状态路由协议的一种实现，仅在单一自治系统内部路由 IP 数据包，因此被分类为内部网关协议。

OSPF 协议采用链路状态技术，路由器互相发送直接相连的链路信息和它所拥有的到其他路由器的链路信息。每个 OSPF 路由器维护相同自治系统拓扑结构的数据库。从这个数据库里，可以构造出最短路径树来计算路由表。当拓扑结构发生变化时，利用 OSPF 协议能迅速重新计算出路径，而只产生少量的路由协议流量。

2. OSPF 协议的特点

1）向本自治系统中所有路由器发送信息。这里使用的是泛洪法，就是路由器通过所有输出端口向所有相邻的路由器发送信息；而每一个相邻路由器又再将此信息发往其所有的相邻路由器（但不再发给刚刚发来信息的那个路由器）。这样整个区域中所有路由器都得到了这个信息的一个副本。

2）发送的信息就是与本路由器相邻的所有路由器的链路状态。所谓链路状态，就是说明本路由器都和哪些路由器相邻，以及该链路的度量。

3）只有当链路状态发生变化时，路由器采用泛洪法向所有路由器发送此信息。而不像

RIP 那样，不管网络拓扑有无发生变化，路由器之间都要定期交换路由表的信息。

由于各路由器之间频繁的交换链路状态信息，因此所有的路由器最终都能建立一个链路状态数据库，这个数据库实际上就是全网的拓扑结构。这个链路状态数据库在全网范围内是一致的，每个路由器都有这个数据库，所以每个路由器都知道全网共有多少个路由器、哪些路由器是相连的以及代价是多少等情况。每一个路由器使用链路状态数据库中的数据，构造自己的路由表。

3. OSPF 路由器维护信息

为了能够做出更好的路由决策，OSPF 路由器必须维护以下信息：

1）邻居表（neighbor table），也称为邻接数据库（adjacency database）。邻居表存储了邻居路由器的信息，如果一个 OSPF 路由器和它的邻居路由器失去联系，它重新计算到达目标网络的路径。

2）拓扑表（topology table），也称为链路状态数据库（like state database，LSDB），OSPF 路由器通过链路状态通告（link state announcement，LSA）学习到其他的路由器和网络状况信息，LSA 存储在 LSDB 中。

3）路由表（routing table），也称为转发数据库（forwarding database），包含了到达目标网络的最近路径信息。

4. SPF 工作过程

最短路径优先（SPF）算法是 OSPF 协议的基础。SPF 算法有时也被称为迪杰斯特拉（Dijkstra）算法，这是因为 SPF 算法是迪杰斯特拉发明的。

SPF 算法将每一个路由器作为根（root）来计算其到每一个目的地路由器的距离，每一个路由器根据一个统一的数据库会计算出路由域的拓扑结构。该结构类似一棵树，在 SPF 算法中，被称为最短路径树。

X 节点根据 LSDB，计算到其他所有节点的最短路径树，如图 2-18 所示。

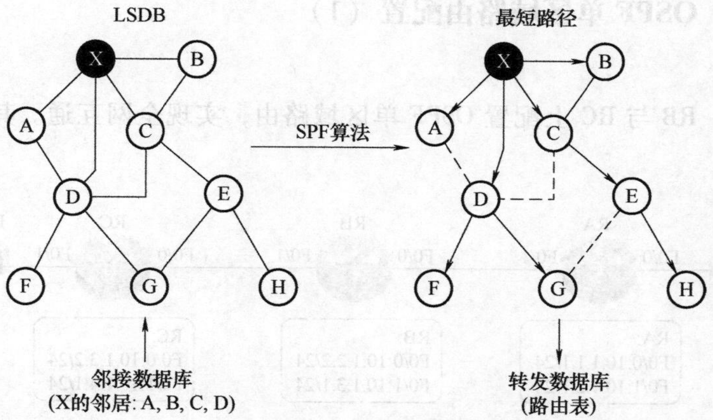

图 2-18 计算最短路径树

在 OSPF 协议中，最短路径树的树干长度，即 OSPF 路由器至每一个目的地路由器的距离，称为 OSPF 的花费 Cost，其算法为 Cost = 100×106/链路带宽。其中，链路带宽以 bit/s 来表示。也就是说，OSPF 的 Cost 与链路的带宽呈反比，带宽越高，Cost 越小，表示 OSPF 到目的地的距离越近。

所有路由器拥有相同的LSDB后，把自己放进SPF树的根里，然后根据每条链路的花费，选出花费最低的作为最佳路径，最后把最佳路径放进转发数据库（路由表）里。

5. 链路状态算法基本步骤

链路状态算法非常简单，可概括为以下四个步骤。

步骤1：当路由器初始化或网络结构发生变化时，路由器会产生LSA数据包。该数据包里包含路由器上所有相连链路，也有所有端口的状态信息。

步骤2：所有路由器会通过一种被称为泛洪的方法来交换链路状态数据。泛洪是指路由器将其LSA数据包传送给所有与其相邻的OSPF路由器，相邻路由器根据接收到的链路状态信息更新自己的数据库，并将该链路状态信息传送给与其相邻的路由器，直至稳定的一个过程。

步骤3：当网络重新稳定下来，即OSPF协议收敛完成时，所有的路由器会根据其各自LSDB计算出各自的路由表。该路由表中包含路由器到每一个可到达目的地的花费（cost），以及到达目的地所要转发的下一个路由器（next-hop）。

步骤4：当网络状态比较稳定时，网络中传递的链路状态信息是比较少的。

6. OSPF路由配置

配置OSPF路由时，主要涉及OSPF单区域配置、OSPF多区域配置。配置OSPF的具体步骤如下所示。

步骤1：创建OSPF路由进程。*process-id*表示进程号，只是在本路由器有效。

router(config)#**router ospf** [*process-id*]

步骤2：定义接口所属区域。*address*为网络地址，*inverse-mask*为子网掩码反码，*area-id*是区域编号。

router(config-router)#**network** *address inverse-mask* **area** *area-id*

步骤3：配置路由器ID。

router(config-router)#**router-id** *ip-address*

2.5.1 任务一：OSPF单区域路由配置（1）

【任务描述】

在路由器RA、RB与RC上配置OSPF单区域路由，实现全网互通。其网络拓扑结构如图2-19所示。

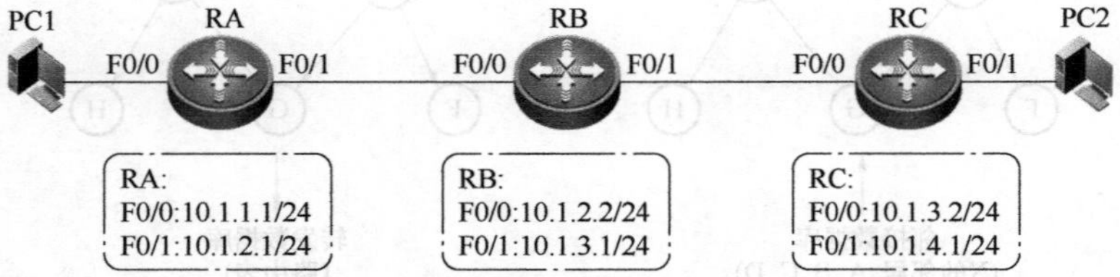

图2-19 OSPF单区域路由配置（1）的网络拓扑结构

【任务实施】

1. 配置路由器各接口的IP地址

（1）在路由器RA上配置IP地址

```
RA(config)#interface FastEthernet 0/0
```

```
RA(config-if-FastEthernet 0/0)#ip address 10.1.1.1 255.255.255.0
RA(config-if-FastEthernet 0/0)#no shutdown
RA(config-if-FastEthernet 0/0)#exit
RA(config)#interface FastEthernet 0/1
RA(config-if-FastEthernet 0/1)#ip address 10.1.2.1 255.255.255.0
RA(config-if-FastEthernet 0/1)#no shutdown
```

(2) 在路由器 RB 上配置 IP 地址

```
RB(config)#interface FastEthernet 0/0
RB(config-if-FastEthernet 0/0)#ip address 10.1.2.2 255.255.255.0
RB(config-if-FastEthernet 0/0)#no shutdown
RB(config)#interface FastEthernet 0/1
RB(config-if-FastEthernet 0/1)#ip address 10.1.3.1 255.255.255.0
RB(config-if-FastEthernet 0/1)#no shutdown
```

(3) 在路由器 RC 上配置 IP 地址

```
RC(config)#interface FastEthernet 0/0
RC(config-if-FastEthernet 0/0)#ip address 10.1.3.2 255.255.255.0
RC(config-if-FastEthernet 0/0)#no shutdown
RC(config-if-FastEthernet 0/0)#exit
RC(config)#interface FastEthernet 0/1
RC(config-if-FastEthernet 0/1)#ip address 10.1.4.1 255.255.255.0
RC(config-if-FastEthernet 0/1)#no shutdown
```

2. 配置 OSPF

(1) 在路由器 RA 上配置 OSPF 路由

```
RA(config)#router ospf 10                                   #启用 OSPF 路由进程
RA(config-router)#network 10.1.1.0 0.0.0.255 area 0        #宣告直连路由
RA(config-router)#network 10.1.2.0 0.0.0.255 area 0        #宣告直连路由
```

(2) 在路由器 RB 上配置 OSPF 路由

```
RB(config)#router ospf 10                                    #启用 OSPF 路由
                                                              进程
RB(config-router)#network 10.1.2.0   0.0.0.255 area 0       #宣告直连路由
RB(config-router)#network 10.1.3.0   0.0.0.255 area 0       #宣告直连路由
```

(3) 在路由器 RC 上配置 OSPF 路由

```
RC(config)#router ospf 10                                    #启用 OSPF 路由
                                                              进程
RC(config-router)#network 10.1.3.0   0.0.0.255 area 0       #宣告直连路由
RC(config-router)#network 10.1.4.0   0.0.0.255 area 0       #宣告直连路由
```

3. 验证测试

（1）查看路由表

```
RB(config)#show ip route

Codes:  C - connected,S - static,R - RIP,B - BGP
        O - OSPF,IA - OSPF inter area
        N1 - OSPF NSSA external type 1,N2 - OSPF NSSA external type 2
        E1 - OSPF external type 1,E2 - OSPF external type 2
        i - IS-IS,su - IS-IS summary,L1 - IS-IS level-1,L2 - IS-IS level-2
        ia - IS-IS inter area, * - candidate default
Gateway of last resort is no set
O     10.1.1.0/24 [110/2] via 10.1.2.1,00:02:48,FastEthernet 0/0
C     10.1.2.0/24 is directly connected,FastEthernet 0/0
C     10.1.2.2/32 is local host
C     10.1.3.0/24 is directly connected,FastEthernet 0/1
C     10.1.3.1/32 is local host
O     10.1.4.0/24 [110/2] via 10.1.3.2,00:01:24,FastEthernet 0/1
```

从 RB 的路由表可以看出，RB 通过 OSPF 学习到了网段 10.1.1.0/24 和 10.1.4.0/24 的路由信息。

（2）查看 OSPF 相关邻居信息

```
RB(config)#show ip ospf neighbor

OSPF process 10,2 Neighbors,2 is Full:
Neighbor ID     Pri   State          BFD State  Dead Time   Address
  Interface
10.1.2.1         1   Full/DR            -        00:00:39   10.1.2.1
  FastEthernet 0/0
10.1.4.1         1   Full/BDR           -        00:00:40   10.1.3.2
  FastEthernet 0/1
```

从显示信息可以看出，RB 与 RA 和 RC 建立了 FULL 的邻接关系。

（3）连通性测试

按图 2-19 所示连接拓扑，将 PC1 的 IP 地址设置为 10.1.1.2/24，默认网关设置为 10.1.1.1；将 PC2 的 IP 地址设置为 10.1.4.2/24，默认网关设置为 10.1.4.1。验证 PC1 和 PC2 之间 ping 测试情况，结果如下所示：

```
C:\Documents and Settings\Administrator>ping 10.1.4.2

Pinging 10.1.4.2 with 32 bytes of data:
```

```
Reply from 10.1.4.2:bytes=32 time<1ms TTL=63
Reply from 10.1.4.2:bytes=32 time<1ms TTL=63
Reply from 10.1.4.2:bytes=32 time<1ms TTL=63
Reply from 10.1.4.2:bytes=32 time<1ms TTL=63
Ping statistics for 10.1.4.2:
    Packets:Sent=4,Received=4,Lost=0 (0% loss),
Approximate round trip times in milli-seconds:
```

从 ping 命令的测试结果可以看到，PC1 可以 ping 通 PC2，表明在路由器 RA、RB、RC 上配置 OSPF 动态路由，已经实现互通。

2.5.2 任务二：OSPF 单区域路由配置（2）

【任务描述】

在两台三层交换机 SW1 和 SW2 上配置 OSPF 动态路由，实现全网互通。其中，交换机 SW1 与 SW2 相连端口开启三层端口功能，实现互联（路由设备之间的互联地址只需要 2 个 IP 地址，为了节约地址，所以设置子网掩码的位数为 30 位）。四台测试主机 PC1、PC2、PC3、PC4 分别在子网 VLAN 10、VLAN 20、VLAN 30、VLAN 40 中。其网络拓扑结构如图 2-20 所示。

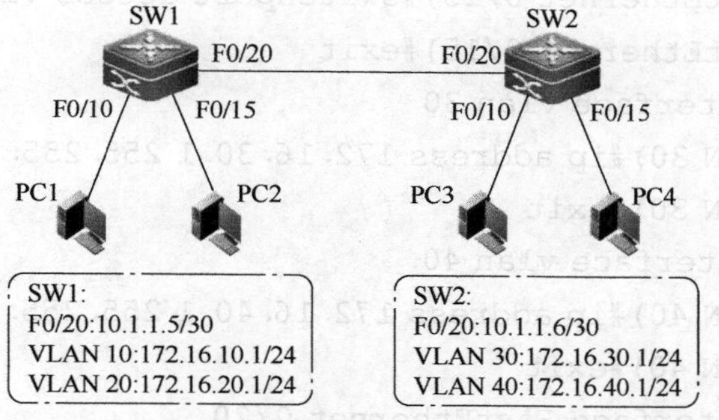

图 2-20 OSPF 单区域路由配置（2）的网络拓扑结构

【任务实施】

1. 在交换机上创建 VLAN、接口隔离、配置 SVI、配置接口 IP

（1）在交换机 SW1 上创建 VLAN、接口隔离、配置 SVI、配置接口 IP

```
SW1(config)#vlan 10
SW1(config)#vlan 20
SW1(config)#interface FastEthernet 0/10
SW1(config-FastEthernet 0/10)#switchport access vlan 10
SW1(config-FastEthernet 0/10)#exit
SW1(config)#interface FastEthernet 0/15
SW1(config-FastEthernet 0/15)#switchport access vlan 20
SW1(config-FastEthernet 0/15)#exit
SW1(config)#interface vlan 10
```

```
SW1(config-VLAN 10)#ip address 172.16.10.1 255.255.255.0
SW1(config-VLAN 10)#exit
SW1(config)#interface vlan 20
SW1(config-VLAN 20)#ip address 172.16.20.1 255.255.255.0
SW1(config-VLAN 20)#exit
SW1(config)#interface FastEthernet 0/20
SW1(config-FastEthernet 0/20)#no switchport      #二层接口转化成三层接口
SW1(config-FastEthernet 0/20)#ip address 10.1.1.5 255.255.255.252
SW1(config-FastEthernet 0/20)#no shut
```

（2）在交换机 SW2 上创建 VLAN、端口隔离、配置 SVI、配置接口 IP

```
SW2(config)#vlan 30
SW2(config)#vlan 40
SW2(config)#interface FastEthernet 0/10
SW2(config-FastEthernet 0/10)#switchport access vlan 30
SW2(config-FastEthernet 0/10)#exit
SW2(config)#interface FastEthernet 0/15
SW2(config-FastEthernet 0/15)#switchport access vlan 40
SW2(config-FastEthernet 0/15)#exit
SW2(config)#interface vlan 30
SW2(config-VLAN 30)#ip address 172.16.30.1 255.255.255.0
SW2(config-VLAN 30)#exit
SW2(config)#interface vlan 40
SW2(config-VLAN 40)#ip address 172.16.40.1 255.255.255.0
SW2(config-VLAN 40)#exit
SW2(config)#interface FastEthernet 0/20
SW2(config-FastEthernet 0/20)#no switchport      #二层接口转化成三层接口
SW2(config-FastEthernet 0/20)#ip address 10.1.1.6 255.255.255.252
SW2(config-FastEthernet 0/20)#no shut
```

2. 配置 OSPF 路由

（1）在交换机 SW1 上配置 OSPF 路由

```
SW1(config)#router ospf 10                                  #启用 OSPF 路由
                                                              进程
SW1(config-router)#network 10.1.1.4 0.0.0.3 area 0          #宣告直连路由
SW1(config-router)#network 172.16.10.0 0.0.0.255 area 0 #宣告直连路由
SW1(config-router)#network 172.16.20.0 0.0.0.255 area 0 #宣告直连路由
```

（2）在交换机 SW2 上配置 OSPF 路由

```
SW2(config)#router ospf 10                           #启用 OSPF 路由进程
```

```
SW2(config-router)#network 10.1.1.4 0.0.0.3 area 0          #宣告直连路由
SW2(config-router)#network 172.16.30.0 0.0.0.255 area 0     #宣告直连路由
SW2(config-router)#network 172.16.40.0 0.0.0.255 area 0     #宣告直连路由
```

3. 验证配置

(1) 查看路由表

```
SW1#show ip route                                  #查看路由表

Codes:  C - connected,S - static,R - RIP,B - BGP
        O - OSPF,IA - OSPF inter area
        N1 - OSPF NSSA external type 1,N2 - OSPF NSSA external type 2
        E1 - OSPF external type 1,E2 - OSPF external type 2
        i - IS-IS,su - IS-IS summary,L1 - IS-IS level-1,L2 - IS-IS level-2
        ia - IS-IS inter area, * - candidate default

Gateway of last resort is no set
C    10.1.1.4/30 is directly connected,FastEthernet 0/10
C    10.1.1.5/32 is local host
C    172.16.10.0/24 is directly connected,VLAN 10
C    172.16.10.1/32 is local host
C    172.16.20.0/24 is directly connected,VLAN 20
C    172.16.20.1/32 is local host
R    172.16.30.0/24 [120/1] via 172.16.10.2, 00: 02: 17, FastEthernet
0/20
R    172.16.40.0/24 [120/1] via 172.16.10.2, 00: 02: 17, FastEthernet
0/20
```

从查看交换机 SW1 的路由表输出结果可以看到，网段 10.1.1.4/30、172.16.10.0/24、172.16.20.0/24 是 SW1 的直连路由，网段 172.16.30.0/24 和 172.16.40.0/24 是通过 OSPF 路由获取的。

(2) 连通性测试

按图 2-20 所示连接拓扑，将 PC1 的 IP 地址设置为 172.16.10.2/24，默认网关设置为 172.16.10.1；将 PC2 的 IP 地址设置为 172.16.20.2/24，默认网关设置为 172.16.20.1；将 PC3 的 IP 地址设置为 172.16.30.2/24，默认网关设置为 172.16.30.1；将 PC4 的 IP 地址设置为 172.16.40.2/24，默认网关设置为 172.16.40.1。验证 PC1 和 PC2、PC3、PC4 之间 ping 测试情况，结果如下所示：

① 测试 PC1 和 PC2 之间连通性。

```
C:\>ping 172.16.20.2                      #PC1 能 ping 通 PC2

192.168.3.2 with 32 bytes of data:
```

```
Reply from 172.16.20.2:bytes=32 time<10ms TTL=128
Reply from 172.16.20.2:bytes=32 time<10ms TTL=128
Reply from 172.16.20.2:bytes=32 time<10ms TTL=128
Reply from 172.16.20.2:bytes=32 time<10ms TTL=128
Ping statistics for 172.16.20.2:
    Packets:Sent=4,Received=4,  Lost=0(0% loss),
Approximate round trip times in milli-secends:
    Minimum=0ms,Maximum=0ms,Average=0ms
```

② 测试 PC1 和 PC3 之间连通性。

```
C:\>ping 172.16.30.2                #PC1 能 ping 通 PC3

Pinging 172.16.30.2 with 32 bytes of data:
Reply from 172.16.30.2:bytes=32 time<10ms TTL=128
Reply from 172.16.30.2:bytes=32 time<10ms TTL=128
Reply from 172.16.30.2:bytes=32 time<10ms TTL=128
Reply from 172.16.30.2:bytes=32 time<10ms TTL=128
Ping statistics for 172.16.30.2:
    Packets:Sent=4,Received=4,  Lost=0(0% loss),
Approximate round trip times in milli-secends:
    Minimum=0ms,Maximum=0ms,Average=0ms
```

③ 测试 PC1 和 PC4 之间连通性。

```
C:\>ping 172.16.40.2                #PC1 能 ping 通 PC4

Pinging 172.16.40.2 with 32 bytes of data:
Reply from 172.16.40.2:bytes=32 time<10ms TTL=128
Reply from 172.16.40.2:bytes=32 time<10ms TTL=128
Reply from 172.16.40.2:bytes=32 time<10ms TTL=128
Reply from 172.16.40.2:bytes=32 time<10ms TTL=128
Ping statistics for 172.16.40.2:
    Packets:Sent=4,Received=4,  Lost=0(0% loss),
Approximate round trip times in milli-secends:
    Minimum=0ms,Maximum=0ms,Average=0ms
```

从 ping 命令的测试结果可以看到，PC1、PC2、PC3、PC4 之间已经实现互通，表明在交换机 SW1、SW2 上配置 OSPF 动态路由，已经实现互通。

2.5.3 任务三：配置 OSPF 动态路由实现局域网互通

【任务描述】

交换机 SW1 模拟核心层设备，交换机 SW2、SW3 模拟汇聚层设备，通过合理的三层网络架构，实现用户接入网络的安全、快捷。为了保障网络的稳定性和拓扑快速收敛，在 IP 选路中采用 OSPF 协议。

为了管理方便，路由设备之间互联地址全部在网段 10.1.1.0/24，且各互联 IP 地址使用 30 位的子网掩码。四台主机 PC1、PC2、PC3、PC4 分别在子网 VLAN 10、VLAN 20、VLAN 30、VLAN 40 中。其网络拓扑结构如图 2-21 所示。

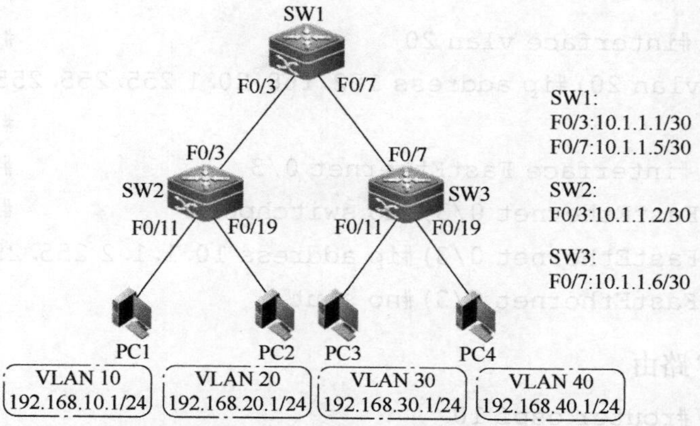

图 2-21　配置 OSPF 动态路由实现局域网互通的网络拓扑结构

【任务实施】

1. 配置核心层交换机 SW1

（1）在交换机 SW1 上创建 VLAN、端口隔离、配置 SVI

```
SW1(config)#interface FastEthernet 0/3
SW1(config-FastEthernet 0/3)#no switchport
SW1(config-FastEthernet 0/3)#ip address 10.1.1.1 255.255.255.252
SW1(config-FastEthernet 0/3)#no shut
SW1(config)#interface FastEthernet 0/7
SW1(config-FastEthernet 0/7)#no switchport
SW1(config-FastEthernet 0/7)#ip address 10.1.1.5 255.255.255.252
SW1(config-FastEthernet 0/7)#no shut
```

（2）配置 OSPF 路由

```
SW1(config)#router ospf 10                              #启用 OSPF 路由进程
SW1(config-router)#network 10.1.1.0 0.0.0.3 area 0      #宣告路由
SW1(config-router)#network 10.1.1.4 0.0.0.3 area 0      #宣告路由
```

2. 配置汇聚层交换机 SW2

（1）在交换机 SW2 上创建 VLAN、端口隔离、配置 SVI

```
SW2(config)#vlan 10                           #创建 VLAN 10
SW2(config)#vlan 20                           #创建 VLAN 20
SW2(config)#interface range FastEthernet 0/11-15
```

```
SW2(config-if-range)#switchport access vlan 10
SW2(config)#interface range FastEthernet 0/16-20
SW2(config-if-range)#switchport access vlan 20
SW2(config)#interface vlan 10                              #进入 VLAN 接口
SW2(config-vlan 10)#ip address 192.168.10.1 255.255.255.0
                                                           #配置接口 IP 地址
SW2(config)#interface vlan 20                              #进入 VLAN 接口
SW2(config-vlan 20)#ip address 192.168.20.1 255.255.255.0
                                                           #配置接口 IP 地址
SW2(config)#interface FastEthernet 0/3                     #进入接口模式
SW2(config-FastEthernet 0/3)#no switchport                 #转化成路由接口
SW2(config-FastEthernet 0/3)#ip address 10.1.1.2 255.255.255.252
SW2(config-FastEthernet 0/3)#no shut
```

（2）配置 OSPF 路由

```
SW2(config)#router ospf 10                                       #启用 OSPF 路
                                                                  由进程
SW2(config-router)#network 192.168.10.0 0.0.0.255 area 0  #宣告路由
SW2(config-router)#network 192.168.20.0 0.0.0.255 area 0  #宣告路由
SW2(config-router)#network 10.1.1.0 0.0.0.3 area 0        #宣告路由
```

3. 配置汇聚层交换机 SW3

（1）在交换机 SW3 上创建 VLAN、端口隔离、配置 SVI

```
SW3(config)#vlan 30                                    #创建 VLAN 30
SW3(config)#vlan 40                                    #创建 VLAN 40
SW3(config)#interface range FastEthernet 0/11-15
SW3(config-if-range)#switchport access vlan 30
SW3(config)#interface range FastEthernet 0/16-20
SW3(config-if-range)#switchport access vlan 40
SW3(config-if-range)#exit
SW3(config)#interface vlan 30                          #进入 VLAN 接口
SW3(config-vlan 30)#ip address 192.168.30.1 255.255.255.0
                                                       #配置接口 IP 地址
SW3(config-vlan 30)#exit
SW3(config)#interface vlan 40                          #进入 VLAN 接口
SW3(config-vlan 40)#ip address 192.168.40.1 255.255.255.0
                                                       #配置接口 IP 地址
SW3(config-vlan 40)#exit
SW3(config)#interface FastEthernet 0/7                 #进入接口模式
SW3(config-FastEthernet 0/7)#no switchport             #转化成路由接口
```

```
SW3(config-FastEthernet 0/7)#ip address 10.1.1.6 255.255.255.252
SW3(config-FastEthernet 0/7)#no shut
```

（2）配置 OSPF 路由

```
SW3(config)#router ospf 10                                     #启用 OSPF 路
                                                                由进程
SW3(config-router)#network 192.168.30.0 0.0.0.255 area 0      #宣告路由
SW3(config-router)#network 192.168.40.0 0.0.0.255 area 0      #宣告路由
SW3(config-router)#network 10.1.1.4 0.0.0.3 area 0            #宣告路由
```

4. 验证测试

（1）在交换机 SW1 上查看路由表

```
SW1#show ip route

Codes:  C - connected,S - static,R - RIP,B - BGP
        O - OSPF,IA - OSPF inter area
        N1 - OSPF NSSA external type 1,N2 - OSPF NSSA external type 2
        E1 - OSPF external type 1,E2 - OSPF external type 2
        i - IS-IS,su - IS-IS summary,L1 - IS-IS level-1,L2 - IS-IS level-2
        ia - IS-IS inter area,* - candidate default

Gateway of last resort is no set
C     10.1.1.0/30 is directly connected,FastEthernet 0/3
C     10.1.1.1/32 is local host
C     10.1.1.4/30 is directly connected,FastEthernet 0/7
C     10.1.1.5/32 is local host
O     192.168.10.0/24 [110/2] via 10.1.1.2,00:04:45,FastEthernet 0/3
O     192.168.20.0/24 [110/2] via 10.1.1.2,00:04:45,FastEthernet 0/3
O     192.168.30.0/24 [110/2] via 10.1.1.6,00:00:39,FastEthernet 0/7
O     192.168.40.0/24 [110/2] via 10.1.1.6,00:00:39,FastEthernet 0/7
```

从交换机 SW1 的路由表的输出结果可以看到，网段 10.1.1.0/30 和 10.1.1.4/30 是三层交换机 SW1 的直连路由，网段 192.168.10.0/24、192.168.20.0/24、192.168.30.0/24 和 192.168.40.0/24 是通过 OSPF 动态路由获取的。从路由表看到所有网段信息，这表明三层交换机 SW1、SW2 与 SW3 之间已经实现了互通。

（2）在 PC1 上进行 ping 命令测试

按图 2-21 所示连接拓扑，将 PC1 的 IP 地址设置为 192.168.10.2/24，默认网关设置为 192.168.10.1；将 PC2 的 IP 地址设置为 192.168.20.2/24，默认网关设置为 192.168.20.1；将 PC3 的 IP 地址设置为 192.168.30.2/24，默认网关设置为 192.168.30.1；将 PC4 的 IP 地址设置为 192.168.40.2/24，默认网关设置为 192.168.40.1。验证 PC1 和 PC2、PC3、PC4 之间 ping 测试情况，结果如下所示：

① 测试 PC1 和 PC2 之间连通性。

```
C:\>ping 192.168.20.2                  #PC1 能 ping 通 PC2

192.168.3.2 with 32 bytes of data:
Reply from 192.168.20.2:bytes=32 time<10ms TTL=128
Reply from 192.168.20.2:bytes=32 time<10ms TTL=128
Reply from 192.168.20.2:bytes=32 time<10ms TTL=128
Reply from 192.168.20.2:bytes=32 time<10ms TTL=128
Ping statistics for 192.168.20.2:
    Packets:Sent=4,Received=4,  Lost=0(0% loss),
Approximate round trip times in milli-secends:
    Minimum=0ms,Maximum=0ms,Average=0ms
```

② 测试 PC1 和 PC3 之间连通性。

```
C:\>ping 192.168.30.2                          #PC1 能 ping 通 PC3

Pinging 192.168.30.2 with 32 bytes of data:
Reply from 192.168.30.2:bytes=32 time<10ms TTL=128
Reply from 192.168.30.2:bytes=32 time<10ms TTL=128
Reply from 192.168.30.2:bytes=32 time<10ms TTL=128
Reply from 192.168.30.2:bytes=32 time<10ms TTL=128
Ping statistics for 192.168.30.2:
    Packets:Sent=4,Received=4,  Lost=0(0% loss),
Approximate round trip times in milli-secends:
    Minimum=0ms,Maximum=0ms,Average=0ms
```

③ 测试 PC1 和 PC4 之间连通性。

```
C:\>ping 192.168.40.2                    #PC1 能 ping 通 PC4

Pinging 192.168.40.2 with 32 bytes of data:
Reply from 192.168.40.2:bytes=32 time<10ms TTL=128
Reply from 192.168.40.2:bytes=32 time<10ms TTL=128
Reply from 192.168.40.2:bytes=32 time<10ms TTL=128
Reply from 192.168.40.2:bytes=32 time<10ms TTL=128
Ping statistics for 192.168.40.2:
    Packets:Sent=4,Received=4,  Lost=0(0% loss),
Approximate round trip times in milli-secends:
    Minimum=0ms,Maximum=0ms,Average=0ms
```

从 ping 命令的测试结果可以看到，PC1、PC2、PC3、PC4 之间已经实现互通，表明在交换机 SW1、SW2、SW3 上配置 OSPF 动态路由，已经实现互通。

（3）在 PC1 上进行 tracert 命令

① 在主机 PC1 上，输入 tracert 192. 168. 20. 2 查看结果

```
C:\Users\User>tracert 192.168.20.2

通过最多 30 个跃点跟踪到 192.168.20.2 的路由

1    1 ms    <1 毫秒<1 毫秒 192.168.10.1
2    <1 毫秒<1 毫秒<1 毫秒 192.168.20.2

跟踪完成。
```

从上述结果可以看出，经过 1 个路由节点到达目标主机。

② 在主机 PC1 上，输入 tracert 192. 168. 30. 2 查看结果

```
C:\Users\User>tracert 192.168.30.2

通过最多 30 个跃点跟踪到 192.168.30.2 的路由

1    1 ms    <1 毫秒<1 毫秒 192.168.10.1
2    1 ms    1 ms    1 ms  10.1.1.1
3    5 ms    9 ms    9 ms  10.1.1.6
4    <1 毫秒<1 毫秒<1 毫秒 192.168.30.2

跟踪完成。
```

从上述结果可以看出，经过 3 个路由节点到达目标主机。

2.5.4 任务四：OSPF 多区域路由配置

【任务描述】

在路由器 RA、RB 与 RC 上配置 OSPF 多区域路由，实现全网互通。其中，路由器 RA 的接口 F0/0 在区域 Area 0，接口 L0 和 L1 在区域 Area 1；路由器 RB 的接口 F0/0、F0/1、L0 和 L1 在区域 Area 0；路由器 RC 的接口 F0/0 在区域 Area 0，接口 L0、L1 在区域 Area 2。其网络拓扑结构如图 2-22 所示。

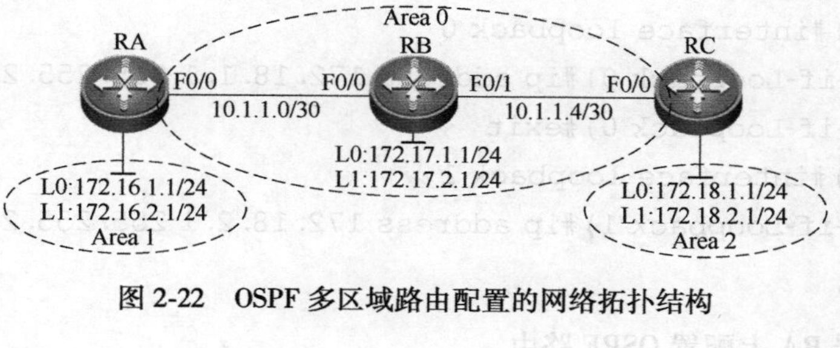

图 2-22　OSPF 多区域路由配置的网络拓扑结构

【任务实施】

1. 配置路由器各接口的 IP 地址

（1）在路由器 RA 上配置 IP 地址

```
RA(config)#interface FastEthernet 0/0
RA(config-if-FastEthernet 0/0)#ip address 10.1.1.1 255.255.255.252
RA(config-if-FastEthernet 0/0)#no shutdown
RA(config-if-FastEthernet 0/0)#exit
RA(config)#interface loopback 0
RA(config-if-Loopback 0)#ip address 172.16.1.1 255.255.255.0
RA(config-if-Loopback 0)#exit
RA(config)#interface loopback 1
RA(config-if-Loopback 1)#ip address 172.16.2.1 255.255.255.0
```

（2）在路由器 RB 上配置 IP 地址

```
RB(config)#interface FastEthernet 0/0
RB(config-if-FastEthernet 0/0)#ip address 10.1.1.2 255.255.255.252
RB(config-if-FastEthernet 0/0)#no shutdown
RB(config-if-FastEthernet 0/0)#exit
RB(config)#interface FastEthernet 0/1
RB(config-if-FastEthernet 0/1)#ip address 10.1.1.5 255.255.255.252
RB(config-if-FastEthernet 0/1)#no shutdown
RB(config-if-FastEthernet 0/1)#exit
RB(config)#interface loopback 0
RB(config-if-Loopback 0)#ip address 172.17.1.1 255.255.255.0
RB(config-if-Loopback 0)#exit
RB(config)#interface loopback 1
RB(config-if-Loopback 1)#ip address 172.17.2.1 255.255.255.0
```

（3）在路由器 RC 上配置 IP 地址

```
RC(config)#interface FastEthernet 0/1
RC(config-if-FastEthernet 0/1)#ip address 10.1.1.6 255.255.255.252
RC(config-if-FastEthernet 0/1)#no shutdown
RC(config-if-FastEthernet 0/1)#exit
RC(config)#interface loopback 0
RC(config-if-Loopback 0)#ip address 172.18.1.1 255.255.255.0
RC(config-if-Loopback 0)#exit
RC(config)#interface loopback 1
RC(config-if-Loopback 1)#ip address 172.18.2.1 255.255.255.0
```

2. 配置 OSPF

（1）在路由器 RA 上配置 OSPF 路由

```
RA(config)#router ospf 10                                     #启用 OSPF 路由进程
RA(config-router)#network 10.1.1.0 0.0.0.3 area 0             #宣告直连路由
RA(config-router)#network 172.16.1.0 0.0.0.255 area 1         #宣告直连路由
RA(config-router)#network 172.16.2.0 0.0.0.255 area 1         #宣告直连路由
```

（2）在路由器 RB 上配置 OSPF 路由

```
RB(config)#router ospf 10                                     #启用 OSPF 路由进程
RB(config-router)#network 10.1.1.0 0.0.0.3 area 0             #宣告直连路由
RB(config-router)#network 10.1.1.4 0.0.0.3 area 0             #宣告直连路由
RB(config-router)#network 172.17.1.0 0.0.0.255 area 0         #宣告直连路由
RB(config-router)#network 172.17.2.0 0.0.0.255 area 0         #宣告直连路由
```

（3）在路由器 RC 上配置 OSPF 路由

```
RC(config)#router ospf 10                                     #启用 OSPF 路由进程
RC(config-router)#network 10.1.1.4 0.0.0.3 area 0             #宣告直连路由
RC(config-router)#network 172.18.1.0 0.0.0.255 area 2         #宣告直连路由
RC(config-router)#network 172.18.2.0 0.0.0.255 area 2         #宣告直连路由
```

3. 验证测试

（1）在路由器 RA 上查看路由表

```
RA(config)#show ip route

Codes:  C - connected,S - static,R - RIP,B - BGP
        O - OSPF,IA - OSPF inter area
        N1 - OSPF NSSA external type 1,N2 - OSPF NSSA external type 2
        E1 - OSPF external type 1,E2 - OSPF external type 2
        i - IS-IS,su - IS-IS summary,L1 - IS-IS level-1,L2 - IS-IS level-2
        ia - IS-IS inter area, * - candidate default

Gateway of last resort is no set
C     10.1.1.0/30 is directly connected,FastEthernet 0/0
C     10.1.1.1/32 is local host
O     10.1.1.4/30 [110/2] via 10.1.1.2,00:03:54,FastEthernet 0/0
C     172.16.1.0/24 is directly connected,Loopback 0
C     172.16.1.1/32 is local host
C     172.16.2.0/24 is directly connected,Loopback 1
C     172.16.2.1/32 is local host
```

```
O     172.17.1.1/32 [110/1] via 10.1.1.2,00:03:38,FastEthernet 0/0
O     172.17.2.1/32 [110/1] via 10.1.1.2,00:03:33,FastEthernet 0/0
O IA 172.18.1.1/32 [110/2] via 10.1.1.2,00:00:59,FastEthernet 0/0
O IA 172.18.2.1/32 [110/2] via 10.1.1.2,00:00:59,FastEthernet 0/0
```

从RA的路由表可以看出，RA通过OSPF区域内路由学习到了网段172.17.1.1/32、172.17.2.1/32和10.1.1.4/30的路由信息，通过OSPF区域间路由学习到了网段172.18.1.1/32和172.18.2.1/32的路由信息。

（2）在路由器RB上查看路由表

```
RB(config)#show ip route

Codes:  C-connected,S-static,R-RIP,B-BGP
        O-OSPF,IA-OSPF inter area
        N1-OSPF NSSA external type 1,N2-OSPF NSSA external type 2
        E1-OSPF external type 1,E2-OSPF external type 2
        i-IS-IS,su-IS-IS summary,L1-IS-IS level-1,L2-IS-IS level-2
        ia-IS-IS inter area,*-candidate default

Gateway of last resort is no set
C     10.1.1.0/30 is directly connected,FastEthernet 0/0
C     10.1.1.2/32 is local host
C     10.1.1.4/30 is directly connected,FastEthernet 0/1
C     10.1.1.5/32 is local host
O IA 172.16.1.1/32 [110/1] via 10.1.1.1,00:04:18,FastEthernet 0/0
O IA 172.16.2.1/32 [110/1] via 10.1.1.1,00:04:18,FastEthernet 0/0
C     172.17.1.0/24 is directly connected,Loopback 0
C     172.17.1.1/32 is local host
C     172.17.2.0/24 is directly connected,Loopback 1
C     172.17.2.1/32 is local host
O IA 172.18.1.1/32 [110/1] via 10.1.1.6,00:01:31,FastEthernet 0/1
O IA 172.18.2.1/32 [110/1] via 10.1.1.6,00:01:31,FastEthernet 0/1
```

从RB的路由表可以看出，RB通过OSPF区域间路由学习到了网段172.16.1.1/32、172.16.2.1/32、172.18.1.1/32和172.18.2.1/32的路由信息。

（3）在路由器RC上查看路由表

```
RC(config)#show ip route

Codes:  C-connected,S-static,R-RIP,B-BGP
        O-OSPF,IA-OSPF inter area
        N1-OSPF NSSA external type 1,N2-OSPF NSSA external type 2
```

```
        E1-OSPF external type 1,E2-OSPF external type 2
        i-IS-IS,su-IS-IS summary,L1-IS-IS level-1,L2-IS-IS level-2
        ia-IS-IS inter area,*-candidate default

Gateway of last resort is no set
O     10.1.1.0/30 [110/2] via 10.1.1.5,00:00:03,FastEthernet 0/1
C     10.1.1.4/30 is directly connected,FastEthernet 0/1
C     10.1.1.6/32 is local host
O IA 172.16.1.1/32 [110/2] via 10.1.1.5,00:00:03,FastEthernet 0/1
O IA 172.16.2.1/32 [110/2] via 10.1.1.5,00:00:03,FastEthernet 0/1
O     172.17.1.1/32 [110/1] via 10.1.1.5,00:00:03,FastEthernet 0/1
O     172.17.2.1/32 [110/1] via 10.1.1.5,00:00:03,FastEthernet 0/1
C     172.18.1.0/24 is directly connected,Loopback 0
C     172.18.1.1/32 is local host
C     172.18.2.0/24 is directly connected,Loopback 1
C     172.18.2.1/32 is local host
```

从RC的路由表可以看出，RC通过OSPF区域内路由学习到了网段172.17.1.1/32、172.17.2.1/32和10.1.1.0/3的路由信息，RC通过OSPF区域间路由学习到了网段172.16.1.1/32和172.16.2.1/32的路由信息。

【小结】

链路状态路由协议和距离向量路由协议的一个重要区别：距离向量路由协议依靠邻居发给它的信息来做路由决策，而且路由器不需要保持完整的网络信息；运行了链路状态路由协议的路由器，则拥有完整的网络信息，而且每个路由器自己做出路由决策。

通过OSPF协议的学习，主要掌握OSPF单区域路由、OSPF多区域路由等配置与管理工作。

第3章 网络安全技术

3.1 ACL应用

【知识准备】

1. ACL概述

访问控制列表（access control lists，ACL）不但可以起到控制网络流量、流向的作用，而且在很大限度上起到保护网络设备、服务器的关键作用。

ACL是应用在路由器接口的指令列表。这些指令列表用来告诉路由器哪些数据包可以接收，哪些数据包需要拒绝接收。至于数据包是可以接收，还是拒绝接收，可以由类似源地址、目的地址、端口号等的特定指示条件来决定。

2. ACL工作原理

ACL语句有两个组件：一个是条件；另一个是操作。条件用于匹配数据包内容。当为条件找到匹配时，则会采取一个操作——允许或拒绝。

1）条件。条件基本是一个组规则，定义了要在数据包内容中查找什么来确定数据包是否匹配。

2）操作。当ACL语句条件与比较的数据包内容匹配时，可以允许或拒绝操作。当ACL语句找到一个匹配时，则不会再处理其他语句。

每条ACL语句最后都有一条隐式拒绝语句，这条语句的目的是丢弃数据包。如果处理了列表中的所有语句而没有指定匹配，不可见的隐式拒绝语句拒绝该数据包；由于在ACL语句组的最后是隐式拒绝，所以至少要有一个允许操作，否则所有数据包都会被拒绝。

语句的顺序很重要，约束性最强的语句应该放在列表的顶部，约束性最弱的语句应该放在列表的底部；在进行匹配的时候会自上而下逐条执行，匹配成功立即执行该语句的允许或拒绝。默认情况下，当将ACL语句添加到列表中时，它将被添加到列表的底部和最后。

3. ACL应用准则

在配置ACL时，经常会遇到将ACL放置在什么位置的问题。这个问题没有统一的说法，只能根据具体情况来判断，有两条准则可以帮助做出判断：

1）只过滤数据包源地址的ACL，应该放置在离目的地址尽可能近的地方。

2）过滤数据包的源地址和目的地址及其他信息的ACL，则应该放在离源地址尽可能近的地方。

4. ACL入栈示例

图3-1所示的入栈流程是将ACL应用到接口上的入栈方向的例子。当设备接口收到数据包时，首先确定ACL是否被应用到了该接口。如果没有，则正常地路由该数据包；如果有，

则处理 ACL，从第一条语句开始，将条件和数据包内容相比较。如果没有匹配，则处理列表中的下一条语句；如果匹配，则执行允许或拒绝的操作。如果整个列表中没有找到匹配的规则，则丢弃数据包。

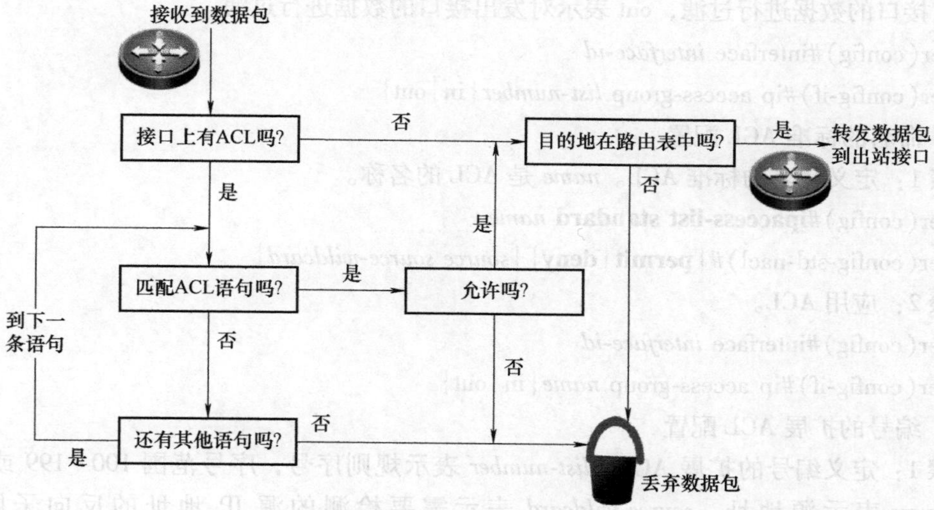

图 3-1　ACL 入栈流程图

5. ACL 出栈示例

图 3-2 所示的出栈流程是将 ACL 应用到接口上的出栈方向的例子。当设备收到数据包时，首先将数据包路由到输出接口，然后检查接口上是否应用到了 ACL。如果没有，将数据包排在队列中，发送到出站接口；否则，将数据包与 ACL 条目进行比较，如前所述。

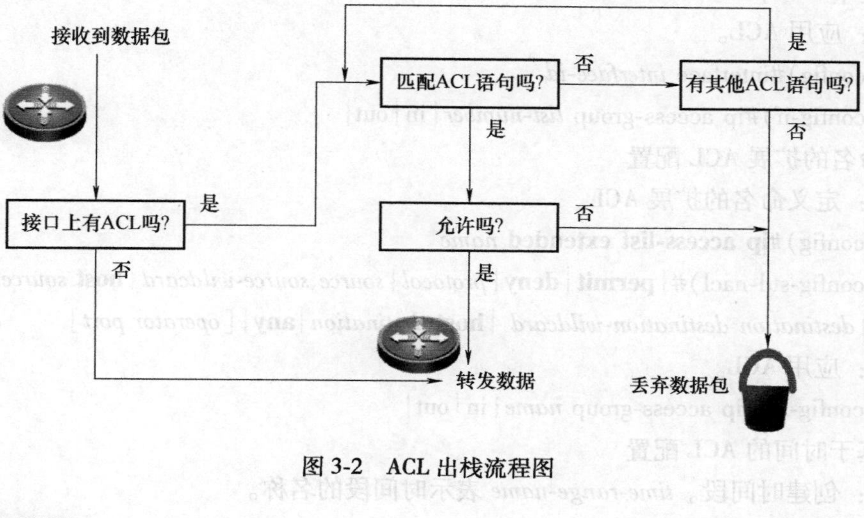

图 3-2　ACL 出栈流程图

6. ACL 配置

配置 ACL 应用时，主要涉及编号的标准 ACL 配置、命名的标准 ACL 配置、编号的扩展 ACL 配置、命名的扩展 ACL 配置和基于时间的 ACL 配置。

（1）编号的标准 ACL 配置

步骤 1：定义编号的标准 ACL。*list-number* 表示规则序号，序号范围是 1~99 或 1300~1399；

source 表示源地址；*source-wildcard* 表示需要检测的源 IP 地址的反向子网掩码。

router(config)#**access-list** *list-number*{**permit**|**deny**}{*source source-wildcard*}

步骤 2：应用 ACL。参数 {in|out} 表示在此接口上是对那个方向的数据进行过滤，in 表示对进入接口的数据进行过滤，out 表示对发出接口的数据进行过滤。

router(config)#interface *interface-id*

router(config-if)#ip access-group *list-number*{in|out}

（2）命名的标准 ACL 配置

步骤 1：定义命名的标准 ACL。*name* 是 ACL 的名称。

router(config)#**ipaccess-list standard** *name*

router(config-std-nacl)#{**permit**|**deny**}{*source source-wildcard*}

步骤 2：应用 ACL。

router(config)#interface *interface-id*

router(config-if)#ip access-group *name*{in|out}

（3）编号的扩展 ACL 配置

步骤 1：定义编号的扩展 ACL。*list-number* 表示规则序号，序号范围 100～199 或 2000～2699。*source* 表示源地址，*source-wildcard* 表示需要检测的源 IP 地址的反向子网掩码。*destination* 表示目的地址，*destination-wildcard* 表示需要检测的目的 IP 地址的反向子网掩码。**host** 表示一种精确的匹配，只指定一个特定主机，其屏蔽码为 0.0.0.0。**any** 是 0.0.0.0/255.255.255.255 的简写，即任何地址都匹配语句。*operator* 表示端口操作符，*port* 表示端口号。

router(config)#**access-list** *list-number*{**permit**|**deny**}*protocol*{*source source-wildcard*|**host** *source*|**any**}[*operator port*]{*destination destination-wildcard*|**host** *destination*|**any**}[*operator port*]

步骤 2：应用 ACL。

router(config)#interface *interface-id*

router(config-if)#ip access-group *list-number*{in|out}

（4）命名的扩展 ACL 配置

步骤 1：定义命名的扩展 ACL。

router(config)#**ip access-list extended** *name*

router(config-std-nacl)#{**permit**|**deny**}*protocol*{*source source-wildcard*|**host** *source*|**any**}[*operator port*]{*destination destination-wildcard*|**host** *destination*|**any**}[*operator port*]

步骤 2：应用 ACL。

router(config-if)#ip access-group *name*{in|out}

（5）基于时间的 ACL 配置

步骤 1：创建时间段。*time-range-name* 表示时间段的名称。

router(config)#**time-range** *time-range-name*

步骤 2：配置绝对时间段。**start** time date 表示时间段的起始时间，**end** time date 表示时间段的结束时间。在配置时间段时，可以只配置起始时间，或者只配置结束时间。

router(config-time-range)#**absolute**{**start** time date[**end** time date]|**end** time date}

步骤 3：配置周期时间段。*day-of-the-week* 表示一个星期内的一天或几天。*hh*:*mm* 表示时间。**weekdays** 表示周一至周五。**weekend** 表示周六到周日。**daily** 表示一周中的某一天。

router(config-time-range)#**periodic** *day-of-the-week hh*:*mm* to [*day-of-the-week*] *hh*:*mm*

router(config-time-range)#**periodic**{**weekdays**|**weekend**| **daily**}*hh*:*mm* to *hh*:*mm*

步骤 4：应用时间段。

配置完时间段后，在 ACL 规则中使用 time-range 参数引用时间段后才会生效，但是只有配置了 time-range 的规则才会在指定的时间段内生效，其他未引用时间段的规则将不受影响。

3.1.1　任务一：配置标准 ACL（1）

【任务描述】

要求网段 192.168.1.0 可以对网段 192.168.4.0 进行访问，但是网段 192.168.2.0 不可以对网段 192.168.4.0 进行访问。其网络拓扑结构如图 3-3 所示。

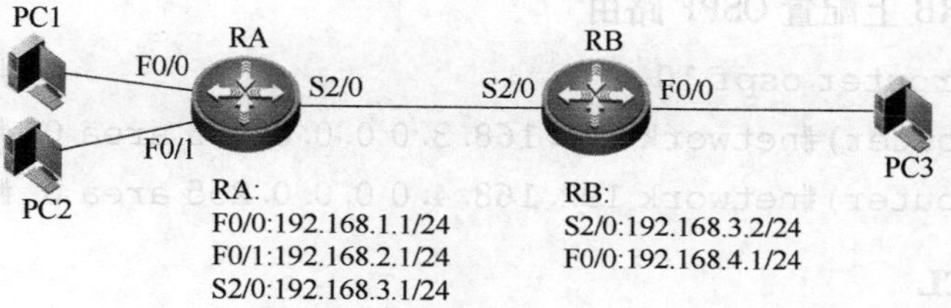

图 3-3　配置标准 ACL（1）的网络拓扑结构

【任务实施】

1. 配置路由器各接口的 IP 地址

（1）在路由器 RA 上配置 IP 地址

```
RA(config)#interface FastEthernet 0/0
RA(config-if-FastEthernet 0/0)#ip address 192.168.1.1 255.255.255.0
RA(config-if-FastEthernet 0/0)#no shutdown
RA(config-if-FastEthernet 0/0)#exit
RA(config)#interface FastEthernet 0/1
RA(config-if-FastEthernet 0/1)#ip address 192.168.2.1 255.255.255.0
RA(config-if-FastEthernet 0/1)#no shutdown
RA(config-if-FastEthernet 0/1)#exit
RA(config)#interface serial 2/0
RA(config-if-Serial 2/0)#ip address 192.168.3.1 255.255.255.0
RA(config-if-Serial 2/0)#clock rate 64000
RA(config-if-Serial 2/0)#no shutdown
```

（2）在路由器 RB 上配置 IP 地址

```
RB(config)#interface FastEthernet 0/0
RB(config-if-FastEthernet 0/0)#ip address 192.168.4.1 255.255.255.0
```

```
RB(config-if-FastEthernet 0/0)#no shutdown
RB(config-if-FastEthernet 0/0)#exit
RB(config)#interface serial 2/0
RB(config-if-Serial 2/0)#ip address 192.168.3.2 255.255.255.0
RB(config-if-Serial 2/0)#no shutdown
```

2. 在路由器 RA 与 RB 上配置路由

（1）在路由器 RA 上配置 OSPF 路由

```
RA(config)#router ospf 10                                    #启用 OSPF 路由进程
RA(config-router)#network 192.168.1.0 0.0.0.255 area 0  #宣告直连路由
RA(config-router)#network 192.168.2.0 0.0.0.255 area 0  #宣告直连路由
RA(config-router)#network 192.168.3.0 0.0.0.255 area 0  #宣告直连路由
```

（2）在路由器 RB 上配置 OSPF 路由

```
RB(config)#router ospf 10                                    #启用 OSPF 路由进程
RB(config-router)#network 192.168.3.0 0.0.0.255 area 0  #宣告直连路由
RB(config-router)#network 192.168.4.0 0.0.0.255 area 0  #宣告直连路由
```

3. 配置标准 ACL

```
RB(config)#access-list 10 permit 192.168.1.0 0.0.0.255
RB(config)#access-list 10 deny 192.168.2.0 0.0.0.255
#访问列表 access-list 10 permit 192.168.1.0 0.0.0.255 表示允许 192.168.1.0
网段数据包通过,access-list 10 deny 192.168.2.0 0.0.0.255 表示不允许 192.168.2.0
网段数据包通过
```

4. 应用 ACL

```
RB(config)#interface FastEthernet 0/0
RB(config-if-FastEthernet 0/0)#ip access-group 10 out   #接口应用 ACL
```

5. 连通性测试

按图 3-3 所示连接拓扑，将 PC1 的 IP 地址设置为 192.168.1.2/24，默认网关设置为 192.168.1.1；将 PC2 的 IP 地址设置为 192.168.2.2/24，默认网关设置为 192.168.2.1；将 PC3 的 IP 地址设置为 192.168.4.2/24，默认网关设置为 192.168.4.1。

（1）验证 PC1 和 PC3 之间 ping 测试情况

```
C:\>ping 192.168.4.2                                    #PC1 能 ping 通 PC3

Pinging 192.168.4.2 with 32 bytes of data:
Reply from 192.168.4.2:bytes=32 time<10ms TTL=128
Reply from 192.168.4.2:bytes=32 time<10ms TTL=128
Reply from 192.168.4.2:bytes=32 time<10ms TTL=128
Reply from 192.168.4.2:bytes=32 time<10ms TTL=128
```

```
Ping statistics for 192.168.4.2:
    Packets:Sent=4,Received=4,  Lost=0(0% loss),
Approximate round trip times in milli-secends:
    Minimum=0ms,Maximum=0ms,Average=0ms
```

测试结果说明，网段 192.168.1.0 可以对网段 192.168.4.0 进行访问。

（2）验证 PC2 和 PC3 之间 ping 测试情况

```
C:\>ping 192.168.4.2                                    #PC2 不能 ping 通 PC3

Pinging 192.168.4.2 with 32 bytes of data:
Request timed out.
Request timed out.
Request timed out.
Request timed out.
Ping statistics for 192.168.4.2:
    Packets:Sent=4,Received=0,  Lost=4(100% loss),
Approximate round trip times in milli-secends:
    Minimum=0ms,Maximum=0ms,Average=0ms
```

测试结果说明，网段 192.168.2.0 不可以对网段 192.168.4.0 进行访问。

3.1.2　任务二：配置标准 ACL（2）

【任务描述】

要求 PC1 能够对 PC3 进行访问，但是 PC2 不能对 PC3 进行访问。其网络拓扑结构如图 3-4 所示。

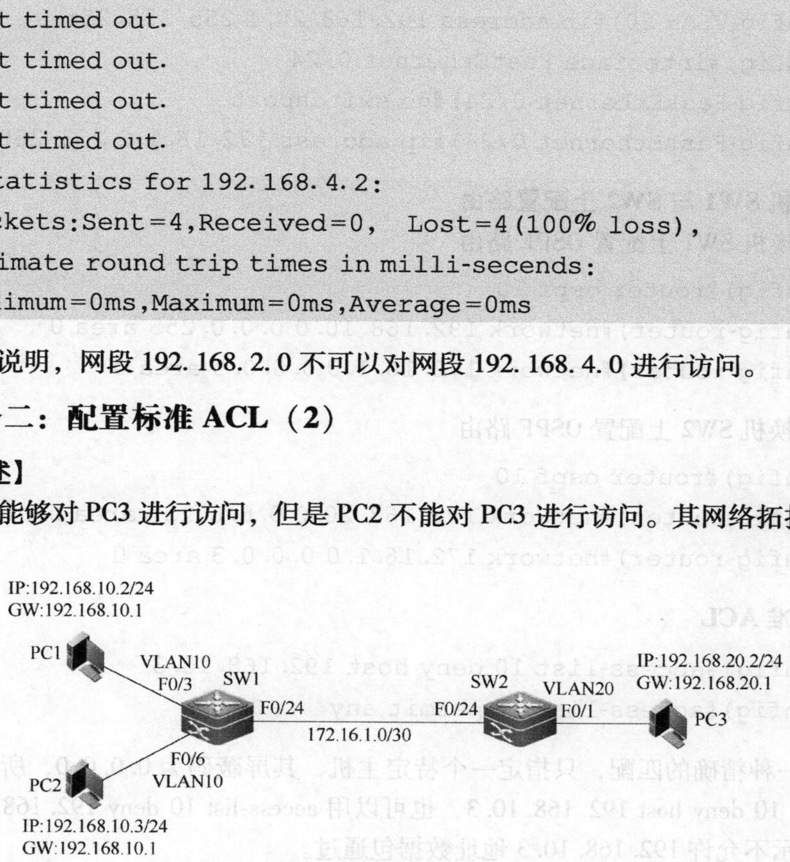

图 3-4　配置标准 ACL（2）的网络拓扑结构

【任务实施】

1. 配置交换机各接口的 IP 地址

（1）在交换机 SW1 上配置 IP 地址

```
SW1(config)#vlan 10
SW1(config)#interface range FastEthernet 0/3-6
SW1(config-if-range)#switchport access vlan 10
SW1(config)#interface vlan 10
```

```
SW1(config-VLAN 10)#ip address 192.168.10.1 255.255.255.0
SW1(config)#interface FastEthernet 0/24
SW1(config-FastEthernet 0/24)#no switchport
SW1(config-FastEthernet 0/24)#ip address 172.16.1.1 255.255.255.252
```

（2）在交换机 SW2 上配置 IP 地址

```
SW2(config)#vlan 20
SW2(config)#interface range FastEthernet 0/1-5
SW2(config-if-range)#switchport access vlan 20
SW2(config)#interface vlan 20
SW2(config-VLAN 20)#ip address 192.168.20.1 255.255.255.0
SW2(config)#interface FastEthernet 0/24
SW2(config-FastEthernet 0/24)#no switchport
SW2(config-FastEthernet 0/24)#ip address 172.16.1.2 255.255.255.252
```

2. 在交换机 SW1 与 SW2 上配置路由

（1）在交换机 SW1 上配置 OSPF 路由

```
SW1(config)#router ospf 10
SW1(config-router)#network 192.168.10.0 0.0.0.255 area 0
SW1(config-router)#network 172.16.1.0 0.0.0.3 area 0
```

（2）在交换机 SW2 上配置 OSPF 路由

```
SW2(config)#router ospf 10
SW2(config-router)#network 192.168.20.0 0.0.0.255 area 0
SW2(config-router)#network 172.16.1.0 0.0.0.3 area 0
```

3. 配置标准 ACL

```
SW2(config)#access-list 10 deny host 192.168.10.3
SW2(config)#access-list 10 permit any
```

host 表示一种精确的匹配，只指定一个特定主机，其屏蔽码为 0.0.0.0，所以访问列表可以用 access-list 10 deny host 192.168.10.3，也可以用 access-list 10 deny 192.168.10.3 0.0.0.0 语句替换，表示不允许 192.168.10.3 地址数据包通过。

any 是 0.0.0.0 255.255.255.255 的简写，即任何地址都匹配语句，所以访问列表可以用 access-list 10 permit any，也可以用 access-list 10 permit 0.0.0.0 255.255.255.255 语句替换，表示允许所有数据包通过。

4. 应用 ACL

```
SW2(config)#interface VLAN 20                    #进入 VLAN 20 虚拟接口
SW2(config-VLAN 20)#ip access-group 10 out       #接口应用 ACL
```

5. 连通性测试

按图 3-4 所示连接拓扑，将 PC1 的 IP 地址设置为 192.168.10.2/24，默认网关设置为

192.168.10.1；将 PC2 的 IP 地址设置为 192.168.10.3/24，默认网关设置为 192.168.10.1；将 PC3 的 IP 地址设置为 192.168.20.2/24，默认网关设置为 192.168.20.1。

（1）验证 PC1 和 PC3 之间 ping 测试情况

```
C:\>ping 192.168.20.2                                    #PC1 能 ping 通 PC3

Pinging 192.168.20.2 with 32 bytes of data:
Reply from 192.168.20.2:bytes=32 time<10ms TTL=128
Reply from 192.168.20.2:bytes=32 time<10ms TTL=128
Reply from 192.168.20.2:bytes=32 time<10ms TTL=128
Reply from 192.168.20.2:bytes=32 time<10ms TTL=128
Ping statistics for 192.168.20.2:
    Packets:Sent=4,Received=4,  Lost=0(0% loss),
Approximate round trip times in milli-secends:
    Minimum=0ms,Maximum=0ms,Average=0ms
```

测试结果说明，PC1 可以访问 PC3。

（2）验证 PC2 和 PC3 之间 ping 测试情况

```
C:\>ping 192.168.20.2

Pinging 192.168.20.2 with 32 bytes of data:
Request timed out.
Request timed out.
Request timed out.
Request timed out.
Ping statistics for 192.168.20.2:
    Packets:Sent=4,Received=0,  Lost=4(100% loss),
Approximate round trip times in milli-secends:
    Minimum=0ms,Maximum=0ms,Average=0ms
```

测试结果说明，PC2 不可以访问 PC3。

3.1.3 任务三：配置扩展 ACL

【任务描述】

在某校园网络中，网段 192.168.3.0 为服务器群用户。要求网段 192.168.1.0 不可以对 WWW 服务进行访问，网段 192.168.2.0 不可以对 FTP 服务进行访问，所有校园网络用户都不可以 ping 测试服务器，其他访问不受影响。其网络拓扑结构如图 3-5 所示。

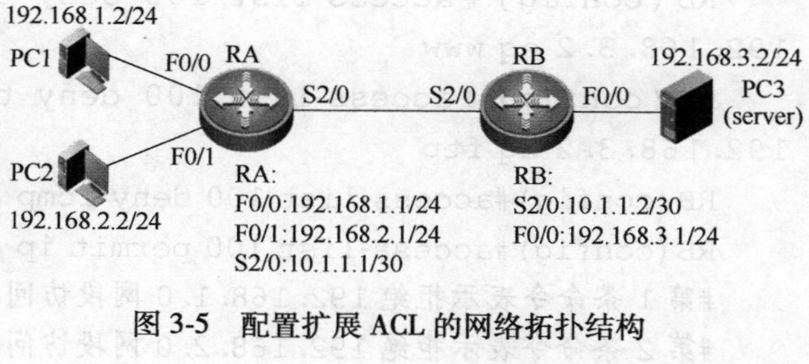

图 3-5 配置扩展 ACL 的网络拓扑结构

【任务实施】

1. 配置路由器各接口的 IP 地址

（1）在路由器 RA 上配置 IP 地址

```
RA(config)#interface FastEthernet 0/0
RA(config-if-FastEthernet 0/0)#ip address 192.168.1.1 255.255.255.0
RA(config-if-FastEthernet 0/0)#no shutdown
RA(config-if-FastEthernet 0/0)#exit
RA(config)#interface FastEthernet 0/1
RA(config-if-FastEthernet 0/1)#ip address 192.168.2.1 255.255.255.0
RA(config-if-FastEthernet 0/1)#no shutdown
RA(config-if-FastEthernet 0/1)#exit
RA(config)#interface serial 2/0
RA(config-if-Serial 2/0)#ip address 10.1.1.1 255.255.255.252
RA(config-if-Serial 2/0)#no shutdown
RA(config-if-Serial 2/0)#clock rate 64000
```

（2）在路由器 RB 上配置 IP 地址

```
RB(config)#interface FastEthernet 0/0
RB(config-if-FastEthernet 0/0)#ip address 192.168.3.1 255.255.255.0
RB(config-if-FastEthernet 0/0)#no shutdown
RB(config-if-FastEthernet 0/0)#exit
RB(config)#interface serial 2/0
RB(config-if-Serial 2/0)#ip address 10.1.1.2 255.255.255.252
RB(config-if-Serial 2/0)#no shutdown
```

2. 在路由器 RA 与 RB 上配置路由

（1）在路由器 RA 上配置路由

```
RA(config)#ip route 192.168.3.0 255.255.255.0 10.1.1.2
```

（2）在路由器 RB 上配置路由

```
RB(config)#ip route 192.168.1.0 255.255.255.0 10.1.1.1
RB(config)#ip route 192.168.2.0 255.255.255.0 10.1.1.1
```

3. 配置扩展 ACL

```
RB(config)#access-list 100 deny tcp 192.168.1.0 0.0.0.255 host 192.168.3.2 eq www
RB(config)#access-list 100 deny tcp 192.168.2.0 0.0.0.255 host 192.168.3.2 eq ftp
RB(config)#access-list 100 deny icmp any host 192.168.3.2
RB(config)#access-list 100 permit ip any any
#第 1 条命令表示拒绝 192.168.1.0 网段访问 PC3 的 WWW 服务
#第 2 条命令表示拒绝 192.168.2.0 网段访问 PC3 的 FTP 服务
```

```
#第 3 条命令表示拒绝任何地址访问 PC3 的 ping 服务
#第 4 条命令表示允许任何数据包通过,第一个 any 代表源地址,第二个 any 代表目的地址
```

4. 应用 ACL

```
RB(config)#interface FastEthernet 0/0
RB(config-if-FastEthernet 0/0)#ip access-group 100 out   #接口应用 ACL
```

5. 验证测试

按图 3-5 所示连接拓扑，将 PC1 的 IP 地址设置为 192.168.1.2/24，默认网关设置为 192.168.1.1；将 PC2 的 IP 地址设置为 192.168.2.2/24，默认网关设置为 192.168.2.1；将 PC3 的 IP 地址设置为 192.168.3.2/24，默认网关设置为 192.168.3.1。在服务器 PC3 上安装好 FTP 服务和 WWW 服务，然后在主机 PC1 和 PC2 上 ping 测试 PC3，并且分别访问 FTP 服务和 WWW 服务，观察效果。

（1）验证主机 PC1 和服务器 PC3 之间 ping 测试情况

```
C:\>ping 192.168.3.2

Pinging 192.168.3.2 with 32 bytes of data:
Request timed out.
Request timed out.
Request timed out.
Request timed out.
Ping statistics for 192.168.3.2:
    Packets:Sent=4,Received=0,  Lost=4(100% loss),
Approximate round trip times in milli-seconds:
    Minimum=0ms,Maximum=0ms,Average=0ms
```

测试结果说明，PC1 和 PC3 之间不能 ping 通。

（2）主机 PC1 访问服务器 PC3 的 FTP 服务和 WWW 服务（见图 3-6 和图 3-7）

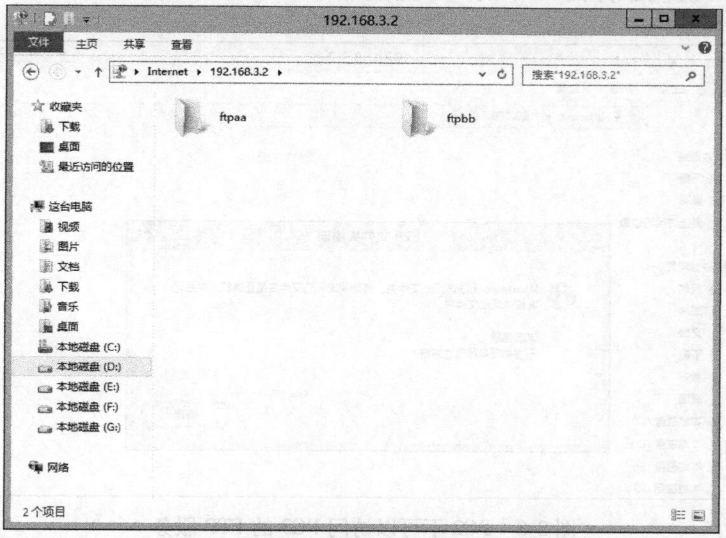

图 3-6　PC1 访问 PC3 的 FTP 服务

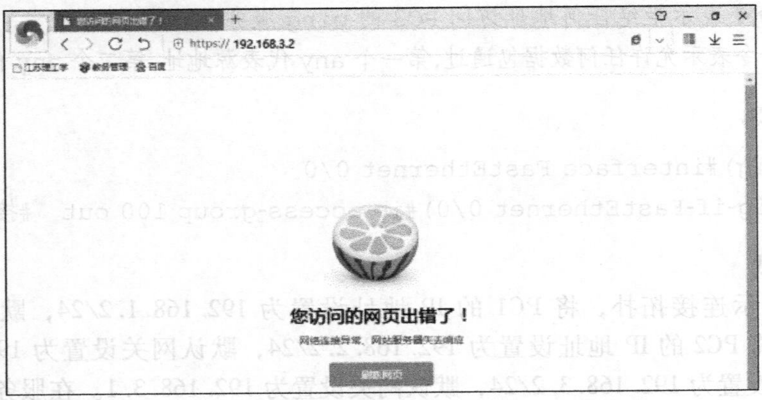

图 3-7　PC1 不可以访问 PC3 的 WWW 服务

从测试结果可以看出，PC1 可以访问 PC3 的 FTP 服务，不可以访问 PC3 的 WWW 服务。

（3）验证主机 PC2 和服务器 PC3 之间 ping 测试情况

```
C:\Documents and Settings\Administrator>ping 192.168.3.2

正在 Ping 192.168.3.2 具有 32 字节的数据：
PING:传输失败。General failure.
PING:传输失败。General failure.
PING:传输失败。General failure.
PING:传输失败。General failure.

192.168.3.2 的 Ping 统计信息：
数据包：已发送=4,已接收=0,丢失=4(100% 丢失)
```

测试结果说明，PC2 和 PC3 之间不能 ping 通。

（4）主机 PC2 访问服务器 PC3 的 FTP 服务和 WWW 服务（见图 3-8 和图 3-9）

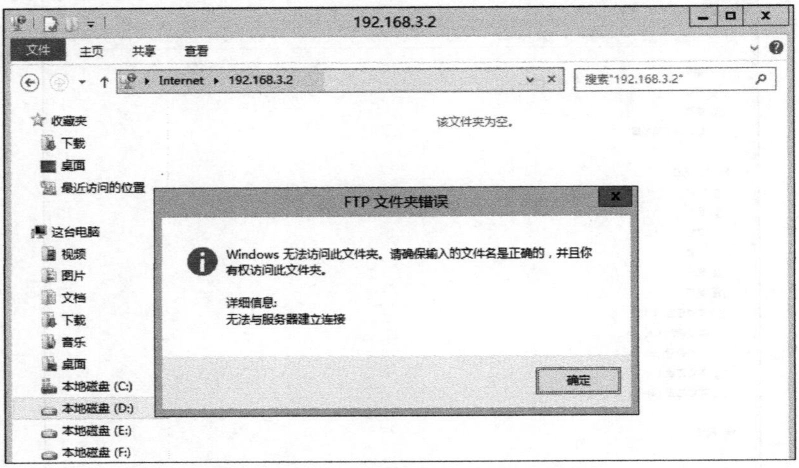

图 3-8　PC2 不可以访问 PC3 的 FTP 服务

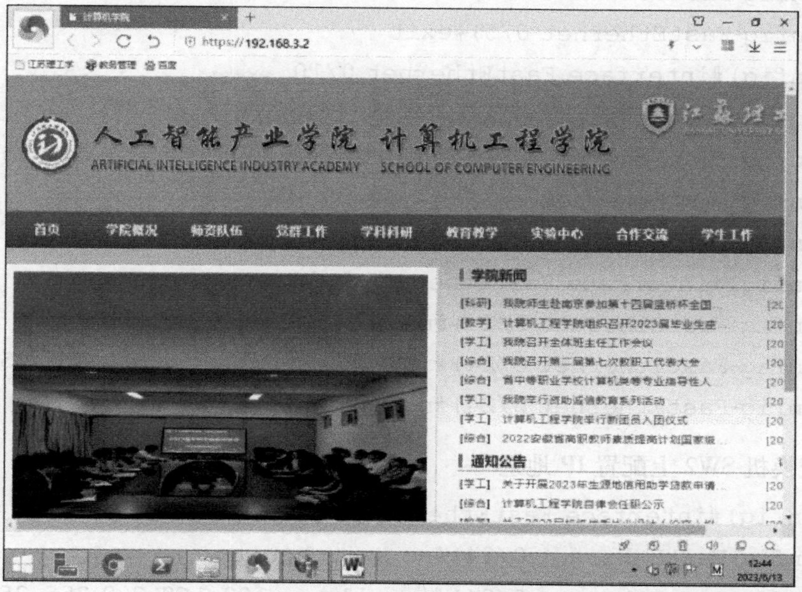

图 3-9 PC2 访问 PC3 的 WWW 服务

从测试结果可以看出，PC2 可以访问服务器 PC3 的 WWW 服务，不可以访问服务器 PC3 的 FTP 服务。

3.1.4 任务四：配置基于时间的 ACL

【任务描述】

在某校园网络中，要求网段 192.168.2.0 只有在上班时间（周一至周五 08：00～17：00）才可以对 WWW 服务和 FTP 服务进行访问，其他访问不受影响。其网络拓扑结构如图 3-10 所示。

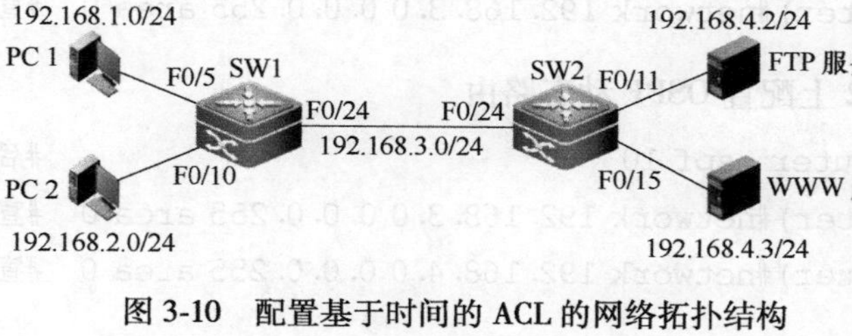

图 3-10 配置基于时间的 ACL 的网络拓扑结构

【任务实施】

1. 配置三层交换机各接口的 IP 地址

（1）在交换机 SW1 上配置 IP 地址

```
SW1(config)#interface FastEthernet 0/5
SW1(config-FastEthernet 0/5)#no switchport
SW1(config-FastEthernet 0/5)#ip address 192.168.1.1 255.255.255.0
```

```
SW1(config-FastEthernet 0/5)#no shutdown
SW1(config-FastEthernet 0/5)#exit
SW1(config)#interface FastEthernet 0/10
SW1(config-FastEthernet 0/10)#no switchport
SW1(config-FastEthernet 0/10)#ip address 192.168.2.1 255.255.255.0
SW1(config-FastEthernet 0/10)#no shutdown
SW1(config-FastEthernet 0/10)#exit
SW1(config)#interface FastEthernet 0/24
SW1(config-FastEthernet 0/24)#no switchport
SW1(config-FastEthernet 0/24)#ip address 192.168.3.1 255.255.255.0
SW1(config-FastEthernet 0/24)#no shutdown
```

（2）在交换机 SW2 上配置 IP 地址

```
SW2(config)#interface FastEthernet 0/24
SW2(config-FastEthernet 0/24)#no switchport
SW2(config-FastEthernet 0/24)#ip address 192.168.3.2 255.255.255.0
SW2(config-FastEthernet 0/24)#no shutdown
SW2(config-FastEthernet 0/24)#exit
SW2(config)#interface vlan 1
SW2(config-VLAN 1)#ip address 192.168.4.1 255.255.255.0
```

2. 在三层交换机 SW1 与 SW2 上配置路由

（1）在交换机 SW1 上配置 OSPF 动态路由

```
SW1(config)#router ospf 10                                  #启用 OSPF 路由进程
SW1(config-router)#network 192.168.1.0 0.0.0.255 area 0    #宣告直连路由
SW1(config-router)#network 192.168.2.0 0.0.0.255 area 0    #宣告直连路由
SW1(config-router)#network 192.168.3.0 0.0.0.255 area 0    #宣告直连路由
```

（2）交换机在 SW2 上配置 OSPF 动态路由

```
SW2(config)#router ospf 10                                  #启用 OSPF 路由进程
SW2(config-router)#network 192.168.3.0 0.0.0.255 area 0    #宣告直连路由
SW2(config-router)#network 192.168.4.0 0.0.0.255 area 0    #宣告直连路由
```

3. 配置时间段

```
SW2(config)#time-range week                                 #创建时间访问列表
SW2(config-time-range)#periodic weekdays 08:00 to 17:00    #定义周期时间
```

4. 配置 ACL

```
SW2(config)#access-list 100 permit tcp 192.168.2.0 0.0.0.255 host
192.168.4.2 eq ftp time-range week
```

```
SW2(config)# access-list 100 permit tcp 192.168.2.0 0.0.0.255 host
192.168.4.3 eq www time-range week
#上面 2 条命令都是创建访问列表,并应用时间限制。表示在应用时间内,允许网段
192.168.2.0 访问 FTP 服务和 WWW 服务
SW2(config)# access-list 100 deny tcp 192.168.2.0 0.0.0.255 host 192.168.4.2
SW2(config)# access-list 100 deny tcp 192.168.2.0 0.0.0.255 host 192.168.4.3
#上面 2 条命令表示在应用时间外,不允许网段 192.168.2.0 访问 FTP 服务和 WWW
服务
SW2(config)# access-list 100 permit ip any any
#配置访问列表,允许不匹配上述规则的所有数据包通过
```

5. 应用 ACL

```
SW2(config)#interface range FastEthernet 0/24
SW2(config-if-range)#ip access-group 100in
```

6. 验证测试

在上班时间，PC1 和 PC2 都可以访问服务器的 FTP 服务和 WWW 服务；在下班时间，PC1 可以访问服务器的 FTP 服务和 WWW 服务，PC2 不可以访问服务器的 FTP 服务和 WWW 服务。

【小结】

通过 ACL 应用的学习，主要掌握标准 ACL、扩展 ACL 和基于时间的 ACL 等配置与管理工作。

ACL 的主要动作为允许（permit）和拒绝（deny）。主要的应用方法是入栈（in）应用和出栈（out）应用。

ACL 最直接的功能是包过滤。通过接入控制列表可以在路由器、三层交换机上进行网络安全属性配置，可以实现对进入路由器、三层交换机的输入数据流进行过滤。

3.2 NAT 技术

【知识准备】

1. NAT 简介

网络地址转换（network address translation，NAT）属接入广域网（WAN）技术，是一种将私有（保留）地址转化为合法 IP 地址的转换技术，它被广泛应用于各种类型因特网（Internet）接入方式和各种类型的网络中。原因很简单，NAT 不仅完美地解决了 IP 地址不足的问题，而且还能够有效地避免来自网络外部的攻击，隐藏并保护网络内部的计算机。

2. NAT 的方式

NAT 的实现方式有三种，即静态转换（static NAT）、动态转换（dynamic NAT）和网络地址端口转换（network address port translation，NAPT）。NAPT 又分为静态 NAPT 和动态 NAPT。

（1）静态转换

静态转换是指将内部网络的私有 IP 地址转换为公有 IP 地址，IP 地址对是一对一的，是一成不变的，某个私有 IP 地址只转换为某个公有 IP 地址。借助静态转换，可以实现外部网络对内部网络中某些特定设备（如服务器）的访问。

如图 3-11 所示，静态 NAT 的 5 个步骤如下：

1）主机 A 要与主机 B 进行通信，它使用私有地址 10.1.1.1 作为源地址向主机 B 发送报文。

2）NAT 路由器从主机 A 收到报文后检查 NAT 表，发现需要将该报文的源地址进行转换。

3）NAT 路由器根据 NAT 表将内部本地 IP 地址 10.1.1.1 转换为内部全局 IP 地址 172.2.2.2，然后转发报文。

4）主机 B 接收到报文后，使用内部全局 IP 地址 172.2.2.2 作为目标地址来应答主机 A。

5）NAT 路由器收到主机 B 发回的报文后，再根据 NAT 表将该内部全局 IP 地址 172.2.2.2 转换回本地 IP 地址 10.1.1.1，并将报文转发给主机 A，后者收到报文后继续会话。

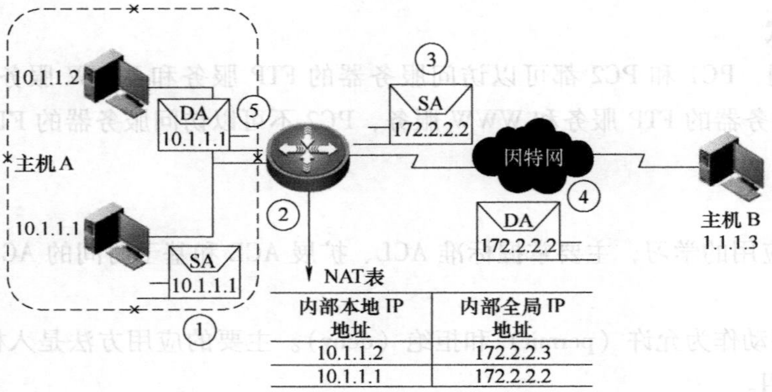

图 3-11　静态 NAT 工作过程

（2）动态转换

动态转换是指将内部网络的私有 IP 地址转换为公用 IP 地址时，IP 地址是不确定的，是随机的，所有被授权访问上因特网的私有 IP 地址可随机转换为任何指定的合法 IP 地址。也就是说，只要指定哪些内部地址可以进行转换，以及用哪些合法地址作为外部地址时，就可以进行动态转换。动态转换可以使用多个合法外部地址集，当 ISP 提供的合法 IP 地址略少于网络内部的计算机数量时，可以采用动态转换的方式。

如图 3-12 所示，动态 NAT 的 5 个步骤如下：

1）主机 A 要与主机 B 进行通信，它使用私有地址 10.1.1.1 作为源地址向主机 B 发送报文。

2）NAT 路由器从主机 A 收到报文后检查 NAT 表，发现需要将该报文的源地址进行转换，从 NAT 地址池中选择一个未被使用的内部全局 IP 地址 172.2.2.2 用于转换。

3）NAT 路由器将内部本地 IP 地址 10.1.1.1 转换为内部全局 IP 地址 172.2.2.2，然后转发报文，并创建一条动态 NAT 表项。

4）主机 B 接收报文后，使用内部全局 IP 地址 172.2.2.2 作为目的地址来应答主机 A。

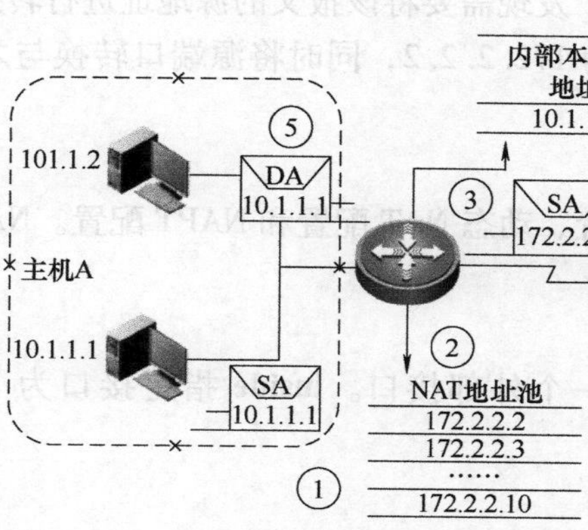

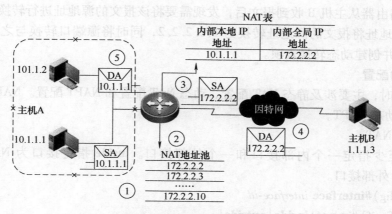

图 3-12　动态 NAT 工作过程

5）NAT 路由器收到主机 B 发回的报文后，再根据 NAT 表将该内部全局 IP 地址 172.2.2.2 转换回本地 IP 地址 10.1.1.1，并将报文转发给主机 A，后者收到报文后继续会话。

（3）NAPT

NAPT 把内部地址映射到外部网络的一个 IP 地址的不同端口上。内部网络的所有主机均可共享一个合法外部 IP 地址实现对因特网的访问，从而可以最大限度地节约 IP 地址资源。同时，又可隐藏网络内部的所有主机，有效避免来自因特网的攻击。因此，目前网络中应用最多的就是 NAPT 方式。NAPT 与动态地址 NAT 不同，它将内部连接映射到外部网络中的一个单独的 IP 地址上，同时在该地址上加上一个由 NAT 设备选定的端口号。

如图 3-13 所示，主机 A 与主机 D 通信、主机 B 与主机 C 通信时，NAPT 的 4 个步骤如下：

1）主机 A 要与主机 D 进行通信，它使用私有地址 10.1.1.1 作为源地址向主机 D 发送报文，报文的源端口号为 1027，目的端口为 25。

2）NAT 路由器从主机 A 收到报文后，发现需要将该报文的源地址进行转换，并使用外部接口的全局 IP 地址将报文的源地址转换为 172.2.2.2，同时将源端口转换为 1280，并创建动态转换表项。

3）主机 B 要与主机 C 进行通信，它使用私有地址 10.1.1.2 作为源地址向主机 D 发送报文，报文的源端口号为 1600，目的端口为 25。

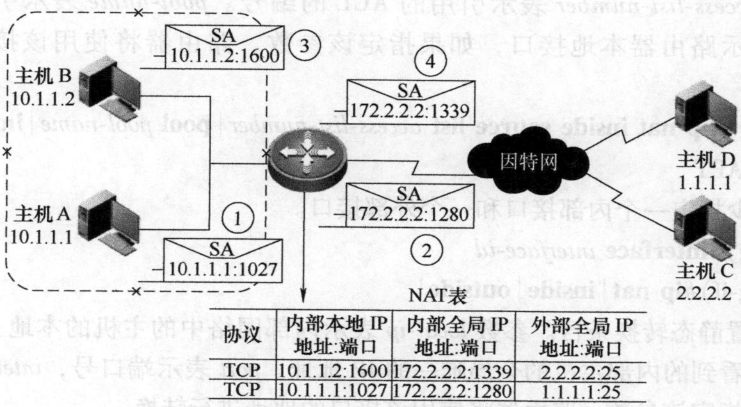

图 3-13　NAPT 工作过程

4）NAT 路由器从主机 B 收到报文后，发现需要将该报文的源地址进行转换，并使用外部接口的全局 IP 地址将报文的源地址转换为 172.2.2.2，同时将源端口转换与之前不同的一个端口号 1339，并创建动态转换表项。

3. NAT 的配置

配置 NAT 时，主要涉及静态 NAT 配置、动态 NAT 配置和 NAPT 配置。NAPT 配置可分为静态 NAPT 和动态 NAPT。

（1）静态 NAT

步骤 1：至少指定一个内部接口和一个外部接口。**inside** 指定接口为 NAT 内部接口，**outside** 为 NAT 外部接口。

router(config)#**interface** *interface-id*

router(config-if)#**ip nat**{**inside**|**outside**}

步骤 2：配置静态转换条目。参数 *local-ip* 表示内部网络中的主机的本地 IP 地址。*global-ip* 表示外部主机看到的内部主机的全局唯一的 IP 地址。*interface* 表示路由器本地接口，如果指定该参数，路由器将使用该接口的地址进行转换。

router(config)#**ip nat inside source static** *local-ip*{*global-ip*|**interface** *interface*}

（2）动态 NAT

步骤 1：至少指定一个内部接口和一个外部接口。

router(config)#**interface** *interface-id*

router(config-if)#**ip nat**{**inside**|**outside**}

步骤 2：定义 IP 的 ACL，以明确哪些报文将进行 NAT。

router(config)#**access-list** *access-list-number*{**permit**|**deny**}

步骤 3：定义地址池，用于转换地址。*pool-name* 表示地址池的名称，*start-ip* 表示地址池包含的范围中第一个 IP 地址。*end-ip* 表示地址池包含的范围中最后一个 IP 地址。*netmask* 表示地址池中的地址所属网络的子网掩码。*prefix-length* 表示地址池中的地址所属于网络的子网掩码有多少值为 1。

router(config)#**ip nat pool** *pool-name start-ip end-ip*{**netmask** *netmask* |**prefix-length** *prefix-length*}

步骤 4：配置动态转换条目。将符合 ACL 条件的内部本地地址转换到地址池中的内部全局地址。*access-list-number* 表示引用的 ACL 的编号。*pool-name* 表示引用地址池的名称。*interface* 表示路由器本地接口，如果指定该参数，路由器将使用该接口的地址进行转换。

router(config)#**ip nat inside source list** *access-list-number*{**pool** *pool-name*|**interface** *interface*}

（3）静态 NAPT

步骤 1：至少指定一个内部接口和一个外部接口。

router(config)#**interface** *interface-id*

router(config-if)#**ip nat**{**inside**|**outside**}

步骤 2：配置静态转换条目。参数 *local-ip* 表示内部网络中的主机的本地 IP 地址。*global-ip* 表示外部主机看到的内部主机的全局唯一的 IP 地址。*port* 表示端口号，*interface* 表示路由器本地接口，如果指定该参数，路由器将使用该接口的地址进行转换。

router(config)#**ip nat inside source static** *local-ip port*{*global-ip*|**interface** *interface*}*port*

（4）动态 NAPT

步骤 1：至少指定一个内部接口和一个外部接口。

router(config)#**interface** *interface-id*

router(config-if)#**ip nat**{**inside**|**outside**}

步骤 2：定义 IP 的 ACL，以明确哪些报文将进行 NAT。

router(config)#**access-list** *access-list-number*{**permit**|**deny**}

步骤 3：定义地址池，用于转换地址。

router(config)#**ip nat pool** *pool-name start-ip end-ip* **netmask** *netmask*

步骤 4：配置动态转换条目。在配置 NAPT 中，必须使用 **overload** 关键字，这样路由器才会将源端口也进行转换，来达到地址超载的目的。如果不指定 **overload**，路由器将执行动态 NAT。**interface** 表示基于网络出口地址转换，路由器出口 IP 地址作为 NAT 的地址，此时可省略步骤 3。

router(config)#**ip nat inside source list** *access-list-number*{**pool** *pool-name*|**interface** *interface*}**overload**

3.2.1 任务一：配置静态 NAT

【任务描述】

局域网内地址为 192.168.100.4 和 192.168.100.6 的两台服务器对外网进行发布，使用的公共 IP 地址分别为 70.1.1.4 和 70.1.1.6。考虑包括安全在内的诸多因素，希望对外部隐藏内部网络。其网络拓扑结构如图 3-14 所示。

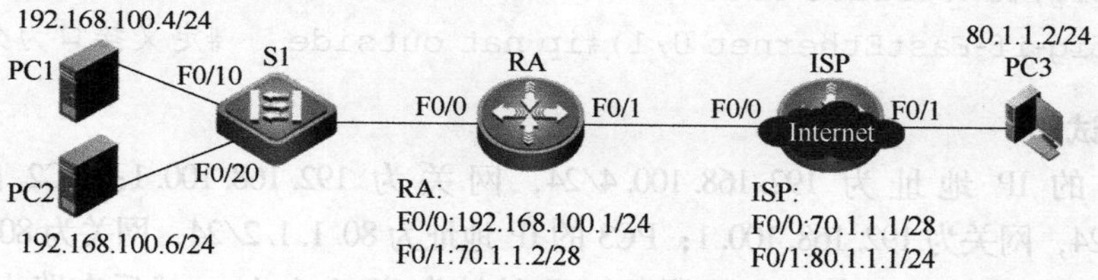

图 3-14 配置静态 NAT 的网络拓扑结构

【任务实施】

1. 在路由器上配置 IP 地址和 IP 路由选择

（1）在路由器 RA 上配置 IP 地址

```
RA(config)#interface FastEthernet 0/0
RA(config-if-FastEthernet 0/0)#ip address 192.168.100.1 255.255.255.0
RA(config-if-FastEthernet 0/0)#no shutdown
RA(config-if-FastEthernet 0/0)#exit
RA(config)#interface FastEthernet 0/1
RA(config-if-FastEthernet 0/1)#ip address 70.1.1.2 255.255.255.240
RA(config-if-FastEthernet 0/1)#no shutdown
```

（2）在路由器 ISP 上配置 IP 地址

```
ISP(config)#interface FastEthernet 0/0
ISP(config-if-FastEthernet 0/0)#ip address 70.1.1.1 255.255.255.240
```

```
ISP(config-if-FastEthernet 0/0)#no shutdown
ISP(config-if-FastEthernet 0/0)#exit
ISP(config)# interface FastEthernet 0/1
ISP(config-if-FastEthernet 0/0)#ip address 80.1.1.1 255.255.255.0
ISP(config-if-FastEthernet 0/0)#no shutdown
```

（3）在路由器 RA 上配置默认路由

```
RA(config)#ip route 0.0.0.0 0.0.0.0 70.1.1.1        #配置访问外网默认路由
```

2. 配置静态 NAT

```
RA(config)#ip nat inside source static 192.168.100.4 70.1.1.4
RA(config)#ip nat inside source static 192.168.100.6 70.1.1.6
```

配置静态 NAT，将内部地址和外部地址进行一对一的转换，将内网服务器发布到互联网，实现外网对内网服务器资源的访问。

3. 指定一个内部接口和一个外部接口

```
RA(config)#interface FastEthernet 0/0
RA(config-if-FastEthernet 0/0)#ip nat inside       #定义接口为内部接口
RA(config-if-FastEthernet 0/0)#exit
RA(config)#interface FastEthernet 0/1
RA(config-if-FastEthernet 0/1)#ip nat outside      #定义接口为外部接口
```

4. 验证测试

设置 PC1 的 IP 地址为 192.168.100.4/24，网关为 192.168.100.1；PC2 的 IP 地址为 192.168.100.6/24，网关为 192.168.100.1；PC3 的 IP 地址为 80.1.1.2/24，网关为 80.1.1.1。

（1）在 PC3 上访问 PC1 的 WWW 服务（IP 地址为 70.1.1.4），然后在路由器 RA 上观察 NAT 效果

```
RA#show ip nat translations
Pro Inside global     Inside local       Outside local      Outside global
tcp 70.1.1.4:80       192.168.100.4:80   80.1.1.2:57103     80.1.1.2:57103
```

（2）在 PC3 上访问 PC2 的 FTP 服务（IP 地址为 70.1.1.6），然后在路由器 RA 上观察 NAT 效果

```
RA#show ip nat translations
Pro Inside global     Inside local       Outside local      Outside global
tcp 70.1.1.6:21       192.168.100.6:21   80.1.1.2:57096     80.1.1.2:57096
```

（3）在 PC3 上 ping 测试 PC1，然后在路由器 RA 上观察 NAT 效果

```
RA#show ip nat translations
Pro Inside global     Inside local       Outside local     Outside global
icmp70.1.1.4:1        192.168.100.4:1    80.1.1.2          80.1.1.2
```

从测试结果可以看出，PC3 可以访问服务器 PC1 的 WWW 服务，PC3 可以访问服务器 PC2 的 FTP 服务，PC1 和 PC3 之间能够 ping 通。

3.2.2 任务二：配置静态 NAPT

【任务描述】

局域网内 WWW 服务器（192.168.100.39）对外网进行发布，使用的公共 IP 地址为 100.1.1.3。考虑包括安全在内的诸多因素，希望对外部隐藏内部网络。其网络拓扑结构如图 3-15 所示。

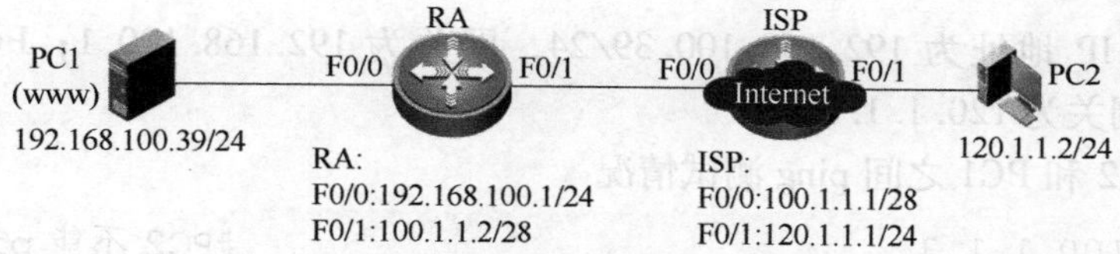

图 3-15 配置静态 NAPT 的网络拓扑结构

【任务实施】

1. 在路由器上配置 IP 地址和 IP 路由选择

（1）在路由器 RA 上配置 IP 地址

```
RA(config)#interface FastEthernet 0/0
RA(config-if-FastEthernet 0/0)#ip address 192.168.100.1 255.255.255.0
RA(config-if-FastEthernet 0/0)#no shutdown
RA(config-if-FastEthernet 0/0)#exit
RA(config)#interface FastEthernet 0/1
RA(config-if-FastEthernet 0/1)#ip address 100.1.1.2 255.255.255.240
RA(config-if-FastEthernet 0/1)#no shutdown
```

（2）在路由器 ISP 上配置 IP 地址

```
ISP(config)#interface FastEthernet 0/0
ISP(config-if-FastEthernet 0/0)#ip address 100.1.1.1 255.255.255.240
ISP(config-if-FastEthernet 0/0)#no shutdown
ISP(config-if-FastEthernet 0/0)#exit
ISP(config)# interface FastEthernet 0/1
ISP(config-if-FastEthernet 0/0)#ip address 120.1.1.1 255.255.255.0
ISP(config-if-FastEthernet 0/0)#no shutdown
```

（3）在路由器 RA 上配置默认路由

```
RA(config)#ip route 0.0.0.0 0.0.0.0 100.1.1.1   #配置访问外网默认路由
```

2. 配置静态 NAPT

```
RA(config)#ip nat inside source static 192.168.100.39 80 100.1.1.3 80
```

配置静态 NAPT，将内部地址和端口映射到外部网络的一个地址和端口上，主要是将内网服务器发布到互联网，实现外网对内网服务器资源的访问。

3. 指定一个内部接口和一个外部接口

```
RA(config)#interface FastEthernet 0/0
RA(config-if-FastEthernet 0/0)#ip nat inside                #定义接口为内部接口
RA(config-if-FastEthernet 0/0)#exit
RA(config)#interface FastEthernet 0/1
RA(config-if-FastEthernet 0/1)#ip nat outside               #定义接口为外部接口
```

4. 验证测试

设置 PC1 的 IP 地址为 192.168.100.39/24，网关为 192.168.100.1；PC2 的 IP 地址为 120.1.1.2/24，网关为 120.1.1.1。

（1）验证 PC2 和 PC1 之间 ping 测试情况

```
C:\>ping 100.1.1.3                                     #PC2 不能 ping 通 PC1

Pinging 100.1.1.3 with 32 bytes of data:
Request timed out.
Request timed out.
Request timed out.
Request timed out.
Ping statistics for 100.1.1.3:
    Packets:Sent=4,Received=0,  Lost=4(100% loss),
Approximate round trip times in milli-secends:
    Minimum=0ms,Maximum=0ms,Average=0ms
```

从上述测试结果可以看出，PC2 不能 ping 通 PC1。

（2）在 PC2 上访问 PC1 的 WWW 服务，然后在路由器 RA 上观察 NAT 效果

```
RA#show ip nat translations
Pro Inside global     Inside local          Outside local       Outside global
tcp 100.1.1.3:80      192.168.100.39:80     120.1.1.2:51160     80.1.1.2:51160
```

从上述测试结果可以看出，PC2 可以访问服务器 PC1 的 WWW 服务。

3.2.3 任务三：配置动态 NAPT

【任务描述】

由于 IPv4 地址不足，ISP 提供商只为某企业提供了广域网的接口地址，地址为 72.1.1.2/30，需要该企业内部能够使用接口 IP 地址访问因特网，考虑安全在内的诸多因素，希望对外部隐藏内部网络。其网络拓扑结构如图 3-16 所示。

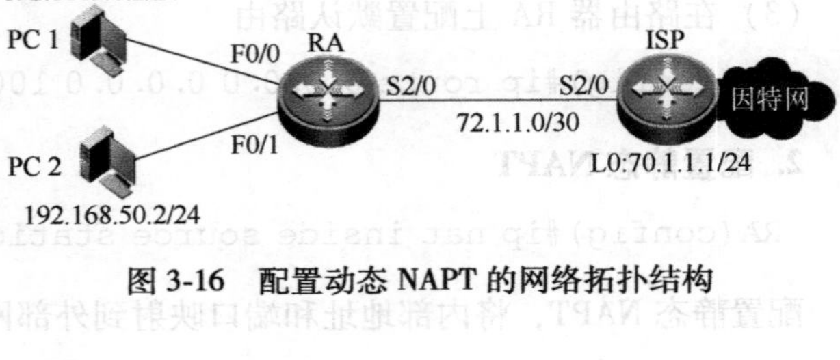

图 3-16 配置动态 NAPT 的网络拓扑结构

【任务实施】

1. 在路由器上配置 IP 地址和 IP 路由选择

（1）在路由器 RA 上配置 IP 地址

```
RA(config)#interface FastEthernet 0/0
RA(config-if-FastEthernet 0/0)#ip address 192.168.40.1 255.255.255.0
RA(config-if-FastEthernet 0/0)#no shutdown
RA(config-if-FastEthernet 0/0)#exit
RA(config)#interface FastEthernet 0/1
RA(config-if-FastEthernet 0/1)#ip address 192.168.50.1 255.255.255.0
RA(config-if-FastEthernet 0/1)#no shutdown
RA(config-if-FastEthernet 0/1)#exit
RA(config)#interface serial 2/0
RA(config-if-Serial 2/0)#ip address 72.1.1.2 255.255.255.252
RA(config-if-Serial 2/0)#clock rate 64000
RA(config-if-Serial 2/0)#no shutdown
```

（2）在路由器 ISP 上配置 IP 地址

```
ISP(config)#interface serial 2/0
ISP(config-if-Serial 2/0)#ip address 72.1.1.1 255.255.255.252
ISP(config-if-Serial 2/0)#no shutdown
ISP(config-if-Serial 2/0)#exit
ISP(config)#interface loopback 0
ISP(config-if-Loopback 0)#ip address 70.1.1.1 255.255.255.0
```

（3）在路由器 RA 上配置默认路由

```
RA(config)#ip route 0.0.0.0 0.0.0.0 72.1.1.1
```

2. 指定一个内部接口和一个外部接口

```
RA(config)#interface range FastEthernet 0/0-1
RA(config-if-range)#ip nat inside
RA(config-if-range)#exit
RA(config)#interface serial 2/0
RA(config-if-Serial 2/0)#ip nat outside
```

3. 配置动态 NAPT

```
RA(config)#access-list 10 permit any
RA(config)#ip nat pool aaa 72.1.1.1 72.1.1.1 netmask 255.255.255.0
RA(config)#ip nat inside source list 10 pool aaa overload
#本任务中路由器出口 IP 地址作为 NAT 转换地址,所以第 2 和第 3 条命令也可以用 ip
nat inside source list 10 interface serial 2/0 overload
```

4. 验证测试

设置 PC1 的 IP 地址为 192.168.40.2/24，网关为 192.168.40.1；PC2 的 IP 地址为 192.168.50.2/24，网关为 192.168.50.1。

（1）在 PC1 上 ping 测试 ISP 上 L0 接口地址 70.1.1.1，然后在路由器 RA 上观察 NAT 效果

```
RA#show ip nat translations
Pro Inside global      Inside local        Outside local     Outside global
icmp72.1.1.2:512       192.168.40.2:512    70.1.1.1          70.1.1.1
```

（2）在 PC2 上 ping 测试 ISP 上 L0 接口地址 70.1.1.1，然后在路由器 RA 上观察 NAT 效果

```
RA#show ip nat translations
Pro Inside global      Inside local        Outside local     Outside global
icmp72.1.1.2:519       192.168.50.2:519    70.1.1.1          70.1.1.1
```

【小结】

通过 NAT 的学习，主要掌握静态 NAT、动态 NAT、NAPT 的配置与管理工作。

NAT 包括多种类型，它们之间的操作方式存在一些差别。静态 NAT 需要手工预先配置转换条目，并且是一对一的转换，即一个内部地址与一个外部地址唯一进行绑定。NAPT 不仅对 IP 地址信息进行转换，而且对端口号也进行转换。

在 NAPT 中，NAT 设备通过使用一个或多个外部地址与不同的端口号来映射一个内部地址，最大限度地减少了公有地址的使用数量。通过 NAPT，企业只通过一个公有地址就可以实现内部网络中多个设备与因特网的连接。

3.3 端口安全

【知识准备】

1. 交换机端口安全概述

交换机端口的安全机制是工作在交换机二层端口上的一个安全特性。交换机端口安全主要有以下几个功能：

1）只允许特定 MAC 地址的设备接入到网络中，从而防止用户将非法或未授权的设备接入网络。

2）限制端口接入的设备数量，防止用户将过多的设备接入到网络中。

当一个端口被设置为安全端口后，交换机将检查从此端口接收到的帧的源 MAC 地址，并检查在此安全端口配置的最大安全地址数。如果安全地址数没有超过配置的最大值，交换机会检查安全地址表。若此帧的源 MAC 地址没有被包含在安全地址表中，那么交换机将自动学习此 MAC 地址，并将它加入到安全地址表中，标记为安全地址，进行后续转发。

2. 端口安全配置

交换机端口安全配置主要涉及安全地址个数、违规策略等。配置端口安全步骤如下。

步骤 1：开启端口安全。

switch（config-if）**#switchport port-security**

步骤 2：配置最大安全地址个数。*number* 表示最大安全地址个数。

switch(config-if)#**switchport port-security maximum** *number*

步骤 3：配置静态安全地址绑定。*mac-address* 表示绑定的 MAC 地址。

switch(config-if)#**switchport port-security mac-address** *mac-address*

步骤 4：配置地址老化时间。如果此命令指定了关键字 **static**，那么老化时间也将应用到手工配置的安全地址。默认情况下，老化时间只应用于动态学习的安全地址，手工配置的安全地址是永远存在的。

switch(config-if)#**switchport port-security aging**{**time** *time*|**static**}

步骤 5：配置地址违规的操作行为。关键字 **protect** 表示地址违规发生时，交换机将丢弃接收到的帧，但是交换机将不会通知违规的产生；关键字 **restrict** 表示地址违规发生时，交换机不但丢弃接收的帧，而且发送一个 SNMP Trap 报文；关键字 **shutdown** 表示地址违规发生时，交换机将丢弃接收到的帧，发送一个 SNMP Trap 报文，而且将端口关闭。

switch(config-if)#**switchport port-security violation**{**protect** | **restrict**|**shutdown**}

任务：配置端口安全

【任务描述】

在交换机上启用端口安全特性，配置 PC1 的 MAC 地址为安全地址，PC1 所连接的端口 F0/1 最大地址个数为 1，当产生地址违例时关闭端口。其网络拓扑结构如图 3-17 所示。

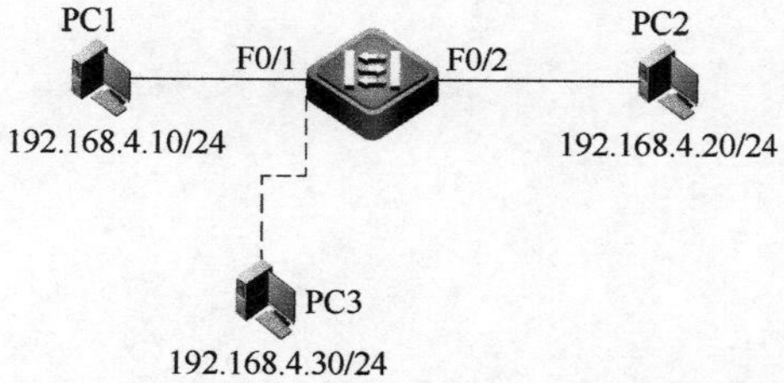

图 3-17　配置端口安全的网络拓扑结构

【任务实施】

1. 启用端口安全特性

```
switch(config)#interface FastEthernet 0/1
switch(config-F0/1)#switchport port-security            #启用端口安全
```

2. 配置 PC1 的 MAC 地址为安全地址

```
switch(config-F0/1)#switchport port-security mac-address 0001.0001.0001
                                                        #配置安全地址
```

3. 配置最多允许一个安全地址，即保证只有 PC1 可以接入到此端口

```
switch(config-F0/1)#switchport port-security maximum 1
                                                        #最大连接个数为 1
```

4. 配置违例产生方式

```
switch(config-F0/1)#switchport port-security violation shutdown
                                                        #如果违规则关闭端口
```

5. 验证测试

将 PC3 接入到端口 F0/1，并且设置 IP 地址为 192.168.4.30。在 PC3 上 ping PC2 的 IP 地址，无法 ping 通，交换机会关闭端口，出现下列违例提示：

```
Ruijie(config)#*Jan  8 15:23:55:% LINEPROTO-5-UPDOWN:Line protocol
on Interface FastEthernet 0/1,changed state to up.
  *Jan  8 15:23:56:% PORT_SECURITY-2-PSECURE_VIOLATION:Security viola-
tion occurre
  d,caused by MAC address 1c7e.e55a.f4a4 on port F0/1.
  *Jan  8 15:23:58:% LINK-3-UPDOWN:Interface F0/1,changed state to
down.
  *Jan  8 15:23:58:% LINEPROTO-5-UPDOWN:Line protocol on Interface
FastEthernet 0/1,changed state to down.
```

由于 PC3 的 MAC 地址不是所配置的安全地址，而且由于端口最多允许 1 个安全 MAC 地址，所以当端口收到 PC3 发送的数据帧时，产生了端口违规现象，端口被关闭。

【小结】

通过端口安全的学习，主要掌握端口安全的默认配置及违例产生方式、端口安全地址、安全地址老化时间等配置与管理工作。

第4章

网络服务应用与性能优化

4.1 远程登录（telnet）服务

【知识准备】

1. 远程登录概述

远程登录是指用户使用 telnet 命令，使自己的计算机暂时成为远程主机的一个仿真终端的过程。仿真终端等效于一个非智能的机器，它只负责把用户输入的每个字符传递给主机，再将主机输出的每个信息回显在屏幕上。

telnet 服务是进行远程登录的标准协议和主要方式，它为用户提供了在本地计算机上完成远程主机工作的能力。为了便于管理、提高工作效率，需要在局域网中互联的网络设备上开启 telnet 服务。

2. 配置交换机与路由器远程登录

配置交换机与路由器的 telnet 服务，主要涉及交换机的远程登录、路由器的远程登录及限制对路由器的 VTY 访问。

（1）配置交换机的远程登录

步骤1：配置 enable 密码。*encrypted-password* 口令字符串表示 enable 密码。

switch(config)#**enable password** *encrypted-password*

步骤2：进入线程配置模式。

switch(config-line)#**line vty 0 4**

步骤3：配置 telnet 密码。*encrypted-password* 口令字符串表示 telnet 密码。

switch(config-line)#**password** *encrypted-password*

步骤4：启用 line 线路保护，开启 telnet 的用户名密码验证。

switch(config-line)#**login**

（2）配置路由器的远程登录

步骤1：配置 enable 密码。*encrypted-password* 口令字符串表示 enable 密码。

router(config)#**enable password** *encrypted-password*

步骤2：进入线程配置模式。

router(config-line)#**line vty 0 4**

步骤3：配置 telnet 密码。*encrypted-password* 口令字符串表示 telnet 密码。

router(config-line)#**password** *encrypted-password*

步骤4：启用 line 线路保护，开启 telnet 的用户名密码验证。

switch(config-line)#**login**

(3) 配置限制对路由器的 VTY 访问

步骤 1：配置 ACL。

router(config)#**access-list** *list-number*{**permit**|**deny**}{*source source-wildcard*}

步骤 2：进入线程配置模式，限制对路由器的 VTY 访问。

router(config-line)#**line vty 0 4**

router(config-line)#**access-class** *list-number* **in**

4.1.1 任务一：交换机的远程登录

【任务描述】

要求在二层交换机 SW1 上配置远程登录，网络管理员可以用 telnet 方式登录配置。其网络拓扑结构如图 4-1 所示。

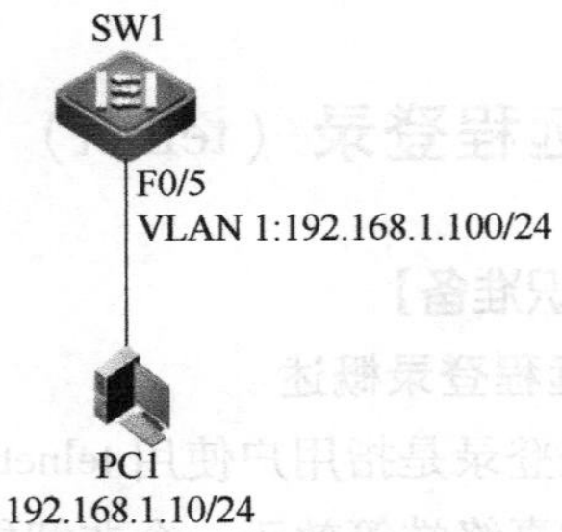

图 4-1 交换机的远程登录的网络拓扑结构

【任务实施】

1. 配置二层交换机远程登录

(1) 在交换机 SW1 上配置管理 IP 地址

```
SW1(config)#interface vlan 1
SW1(config-VLAN 1)#ip address 192.168.1.100 255.255.255.0
```

(2) 在二层交换机 SW1 上配置远程登录

```
SW1(config)#enable password 123456        #配置 enable 密码
SW1(config)#line vty 0 4                  #进入线程配置模式
SW1(config-line)#password 123456          #配置 telnet 密码
SW1(config-line)#login                    #启用 telnet 的用户名密码验证
```

2. 使用 telnet 服务进行远程登录验证

按图 4-1 所示连接拓扑，设置主机 PC1 的 IP 地址为 192.168.1.10/24，在主机 PC1 上用 telnet 命令远程登录二层交换机 SW1 的管理 IP 地址 192.168.1.100 进行测试，如图 4-2 所示。

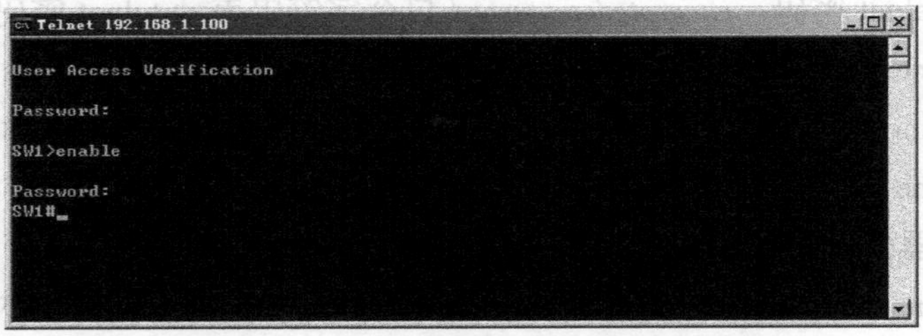

图 4-2 二层交换机远程登录配置

根据提示输入 telnet 密码和 enable 密码，输入的密码都为 123456，就可以进入到交换机的特权模式。特别注意的是，密码输入的时候，屏幕不显示出来，输入正确，回车即可。

4.1.2 任务二：路由器的远程登录

【任务描述】

要求在 RA 与 RB 路由器上配置远程登录，网络管理员可以远程以 telnet 方式登录配置。其中路由器 RB 只允许 192. 168. 1. 6/24 用户可以进行 telnet 远程访问。其网络拓扑结构如图 4-3 所示。

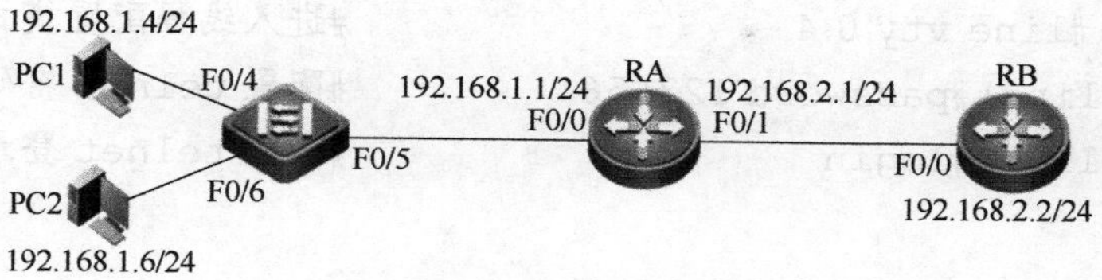

图 4-3　路由器的远程登录的网络拓扑结构

【任务实施】

1. 路由器基本配置

（1）在路由器 RA 上配置管理 IP 地址

```
RA(config)#interface FastEthernet 0/0
RA(config-if-FastEthernet 0/0)#ip address 192.168.1.1 255.255.255.0
RA(config-if-FastEthernet 0/0)#no shutdown
RA(config-if-FastEthernet 0/0)#exit
RA(config)#interface FastEthernet 0/1
RA(config-if-FastEthernet 0/1)#ip address 192.168.2.1 255.255.255.0
RA(config-if-FastEthernet 0/1)#no shutdown
```

（2）在路由器 RB 上配置管理 IP 地址

```
RB(config)#interface FastEthernet 0/0
RB(config-if-FastEthernet 0/0)#ip address 192.168.2.2 255.255.255.0
RB(config-if-FastEthernet 0/0)#no shutdown
```

2. 配置路由，实现 RA 与 RB 之间的互通

（1）在路由器 RA 上配置路由

```
RA(config)#router ospf 10                                   #启用路由进程
RA(config-router)#network 192.168.1.0 0.0.0.255 area 0      #宣告直连路由
RA(config-router)#network 192.168.2.0 0.0.0.255 area 0      #宣告直连路由
```

（2）在路由器 RB 上配置路由

```
RB(config)#router ospf 10                                   #启用路由进程
RB(config-router)#network 192.168.2.0 0.0.0.255 area 0      #宣告直连路由
```

3. 在 RA 与 RB 上配置 telnet

（1）在路由器 RA 上配置 telnet

```
RA(config)#enable password 123456          #配置 enable 密码
RA(config)#line vty 0 4                    #进入线程配置模式
RA(config-line)#password 123456            #配置 telnet 密码
RA(config-line)#login                      #设置 telnet 登录时身份验证
```

（2）在路由器 RB 上配置 telnet

```
RB(config)#enable password 123456          #配置 enable 密码
RB(config)#line vty 0 4                    #进入线程配置模式
RB(config-line)#password 123456            #配置 telnet 密码
RB(config-line)#login                      #设置 telnet 登录时身份验证
```

4. 配置 ACL

```
RB(config)#access-list 10 permit host 192.168.1.6    #配置访问列表
RB(config)#line vty 0 4                               #进入线程配置模式
RB(config-line)#access-class 10 in                    #进行 VTY 访问限制
```

5. 验证测试

按图 4-3 所示连接拓扑，将 PC1 的 IP 地址设置为 192.168.1.4/24，网关设置为 192.168.1.1；将 PC2 的 IP 地址设置为 192.168.1.6/24，网关设置为 192.168.1.1；分别远程登录路由器 RA 与 RB，观察效果。

（1）在 PC1 和 PC2 上远程登录路由器 RA（见图 4-4）

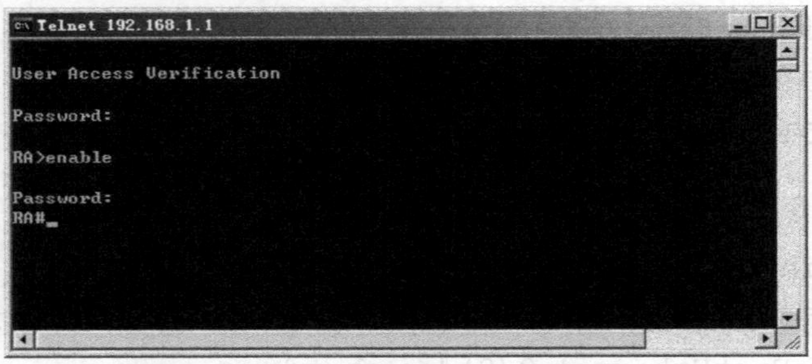

图 4-4　在 PC1 和 PC2 上远程登录路由器 RA

根据提示输入 telnet 密码和 enable 密码，输入的密码都为 123456，就可以进入到路由器的特权模式。要特别注意的是，密码输入的时候，屏幕不显示出来，输入正确，回车即可。

（2）在 PC1 上远程登录路由器 RB（见图 4-5）

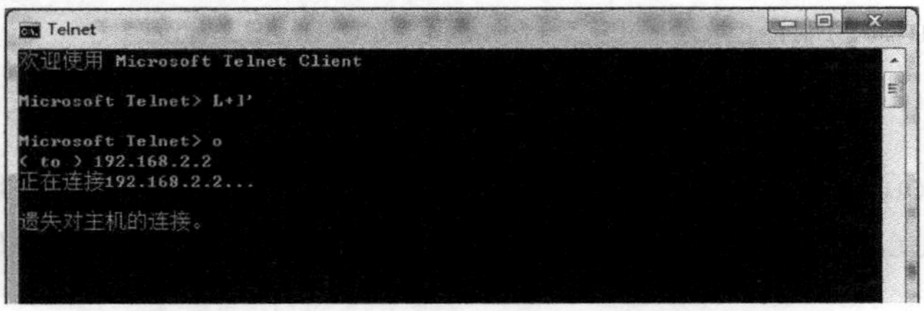

图 4-5　在 PC1 上远程登录路由器 RB

根据提示输入 telnet 密码和 enable 密码，输入的密码都为 123456，提示无法远程登录，说明 VTY 访问限制已经起作用。

（3）在 PC2 上远程登录路由器 RB（见图 4-6）

根据提示输入 telnet 密码和 enable 密码，输入的密码都为 123456，就可以进入路由器的特权模式。

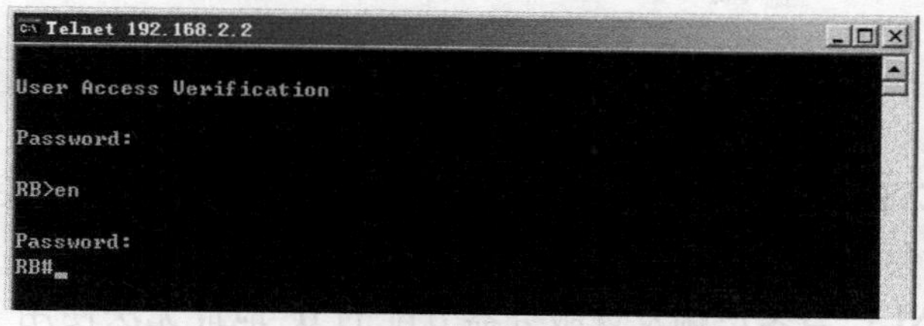

图 4-6　在 PC2 上远程登录路由器 RB

【小结】

通过交换机与路由器远程登录的学习，主要掌握交换机的远程登录、路由器的远程登录、VTY 访问限制等配置与管理工作。

4.2　DHCP 服务

【知识准备】

1. DHCP 概述

动态主机配置协议（dynamic host configuration protocol，DHCP）是一个局域网的网络协议，使用 UDP 工作。通常被应用在大型的局域网络环境中，主要作用是集中管理、分配 IP 地址，使网络环境中的主机动态获得 IP 地址、Gateway 地址、DNS 地址等信息，并能够提升地址的使用率。

DHCP 采用客户端/服务器模型，主机地址的动态分配任务由网络主机驱动。当 DHCP 服务器接收到来自网络主机申请地址的信息时，会向网络主机发送相关的地址配置等信息，以实现网络主机地址信息的动态配置。

默认情况下，路由器隔离广播包，不会将收到的广播包从一个子网发送到另一个子网。当 DHCP 服务器和客户端不在同一个子网时，充当客户端默认网关的路由器将广播包发送到 DHCP 服务器所在的子网，这一功能就称为 DHCP 中继（DHCP Relay）。

2. IP 分配方式

在 DHCP 的工作原理中，DHCP 服务器提供了三种 IP 分配方式：自动分配（automatic allocation）、手动分配和动态分配（dynamic allocation）。

1）自动分配是当 DHCP 客户端第一次成功地从 DHCP 服务器获取一个 IP 地址后，就永久的使用这个 IP 地址。

2）手动分配是由 DHCP 服务器管理员专门指定 IP 地址。

3）动态分配是当客户端第一次从 DHCP 服务器获取到 IP 地址后，并非永久使用该地址，每次使用完后，DHCP 客户端就需要释放这个 IP，供其他客户端使用。

3. 租约过程

客户端从 DHCP 服务器获得 IP 地址的过程叫作 DHCP 的租约过程。IP 地址的有效使用时间段称为租用期，租用期满之前，客户端必须向 DHCP 服务器请求继续租用。服务器接受请求后才能继续使用，否则无条件放弃。

4. DHCP 的报文种类及作用

1）DHCP DISCOVER：客户端开始 DHCP 过程的第一个报文，是请求 IP 地址和其他配置参数的广播报文。

2）DHCP OFFER：服务器对 DHCP DISCOVER 报文的响应，是包含有效 IP 地址及配置的单播（或广播）报文。

3）DHCP REQUEST：客户端对 DHCP OFFER 报文的响应，表示接受相关配置。客户端续延 IP 地址租期时也会发出该报文。

4）DHCP DECLINE：当客户端发现服务器分配的 IP 地址无法使用（如 IP 地址冲突时），将发出此报文，通知服务器禁止使用该 IP 地址。

5）DHCP ACK：服务器对客户端的 DHCP REQUEST 报文的确认响应报文。客户端收到此报文后，才真正获得了 IP 地址和相关的配置信息。

6）DHCP NAK：服务器对客户端的 DHCP REQUEST 报文的拒绝响应报文。客户端收到此报文后，会重新开始新的 DHCP 过程。

7）DHCP RELEASE：客户端主动释放服务器分配的 IP 地址。当服务器收到此报文后，则回收该 IP 地址，并可以将其分配给其他的客户端。

8）DHCP INFORM：客户端获得 IP 地址后，发送此报文请求获取服务器的其他一些网络配置信息，如 DNS 等。

5. DHCP 功能

1）保证任何 IP 地址在同一时刻只能由一台 DHCP 客户机所使用。

2）DHCP 应当可以给用户分配永久固定的 IP 地址。

3）DHCP 应当可以同用其他方法获得 IP 地址的主机共存（如手工配置 IP 的主机）。

4）DHCP 服务器应当向现有的 BOOTP 客户端提供服务。

6. 配置 DHCP

配置 DHCP 服务时，主要涉及 DHCP 地址池配置和 DHCP 中继配置。

（1）配置 DHCP 地址池

步骤 1：启用 DHCP 服务器。

router(config)#**service dhcp**

步骤 2：创建 DHCP 地址池。参数 *pool-name* 表示地址池的名称。

router(config)#**ip dhcp pool** *pool-name*

步骤 3：配置地址池范围和掩码。*network-number* 表示网络地址。*mask* 表示子网掩码。

router(dhcp-config)#**network** *network-number mask*

步骤 4：配置地址租约。*days* 表示租期的时间，以天为单位。*hours* 表示租期的时间，以小时为单位。定义小时数前必须定义天数。*minutes* 表示租期的时间，以分钟为单位，定义分钟数前必须定义天数和小时数。**infinite** 表示没有限制的租期。

router(dhcp-config)#**lease**{*days*[*hours*[*minutes*]]|**infinite**}

步骤 5：配置默认网关。*address* 表示默认网关。

router(dhcp-config)#**default-router** *address*

步骤 6：配置 DNS。可以配置多个服务器地址，最多配置 8 个。

router(dhcp-config)#**dns-server** *address*1[*address*2…*address*8]

（2）配置静态地址绑定

步骤 1：配置静态地址。*mask* 表示子网掩码，如果不指定将使用默认的子网掩码。

router(dhcp-config)#**host** *address*[*mask*]

步骤 2：配置客户端硬件地址。

router(dhcp-config)#**hardware-address** *hardware-address*

步骤 3：配置客户端 ID。

（3）配置排除地址

配置排除地址时，*start-address* 和 *end-address* 分别表示排除地址范围的起始地址和结束地址。

router(config)#**ip dhcp excluded-address** [*start-address end-address*]

（4）配置 DHCP 中继代理

步骤 1：启用 DHCP 服务器。

router(config)#**service dhcp**

步骤 2：配置 DHCP 中继代理。*address* 表示中继地址，即 DHCP 服务器的地址。

router(config)#**ip helper-address** *address*

4.2.1　任务一：配置 DHCP 服务

【任务描述】

要求在三层交换机 SW1 上配置 DHCP 服务，分别为 VLAN 10 和 VLAN 20 用户分配 IP 地址，需要为主机配置默认网关和 DNS。VLAN 10 的地址为 192.168.10.1/24，VLAN 20 的地址为 192.168.20.1/24，DNS 的地址为 68.1.1.6。其网络拓扑结构如图 4-7 所示。

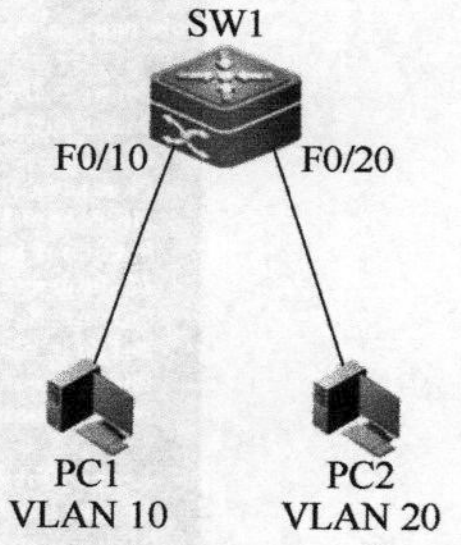

图 4-7　配置 DHCP 服务的网络拓扑结构

【任务实施】

1. 交换机 SW1 配置

（1）在交换机 SW1 上创建 VLAN 和 SVI

```
SW1(config)#vlan 10
SW1(config)#vlan 20
SW1(config)#interface FastEthernet 0/10
SW1(config-if)#switchport access vlan 10
SW1(config)#interface FastEthernet 0/20
SW1(config-if)#switchport access vlan 20
SW1(config)#interface vlan 10
SW1(config-VLAN 10)#ip address 192.168.10.1 255.255.255.0
SW1(config)#interface vlan 20
SW1(config-VLAN 20)#ip address 192.168.20.1 255.255.255.0
```

（2）配置 DHCP 地址池

```
SW1(config)#service dhcp                                  #启用 DHCP 服务
SW1(config)#ip dhcp pool vlan 10                          #设定地址池名称
SW1(dhcp-config)#network 192.168.10.0 255.255.255.0      #配置 DHCP 地址池
SW1(dhcp-config)#dns-server 68.1.1.6                      #配置 DNS 地址
```

```
SW1(dhcp-config)#default-router 192.168.10.1              #配置网关
SW1(config)#ip dhcp pool vlan 20                          #设定地址池名称
SW1(dhcp-config)#network 192.168.20.0 255.255.255.0       #配置 DHCP 地址池
SW1(dhcp-config)#dns-server 68.1.1.6                      #配置 DNS 地址
SW1(dhcp-config)#default-router 192.168.20.1              #配置网关
```

2. 验证测试

（1）主机 PC1 自动获取 IP 地址测试

将 PC1 连接到交换机 SW1 的端口 F0/10，来获取 IP 地址。本地连接中地址配置选项设置为“自动获取 IP 地址”，在 DOS 命令行配置界面使用命令 ipconfig/all 查看主机 IP，如图 4-8 所示，可以看到主机通过自动获取 IP 的方式得到指定 VLAN 10 的 IP。

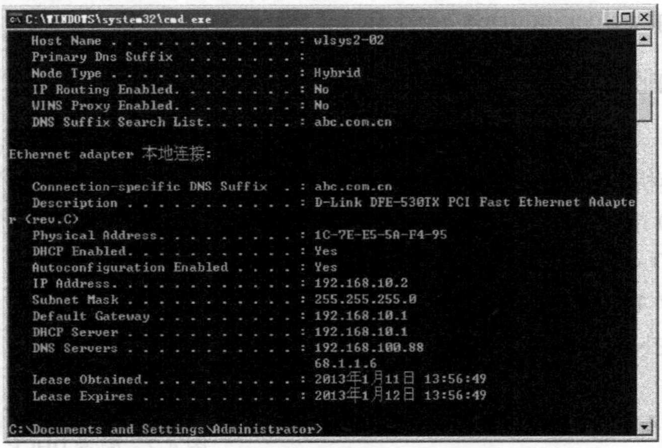

图 4-8 设置 PC1 自动获取 IP 地址

（2）主机 PC2 自动获取 IP 地址测试

将 PC2 连接到交换机 SW1 的端口 F0/20，来获取 IP 地址。本地连接中地址配置选项设置为“自动获取 IP 地址”，在 DOS 命令行配置界面使用命令 ipconfig/all 查看主机 IP，如图 4-9 所示，可以看到主机通过自动获取 IP 的方式得到指定 VLAN 20 的 IP。

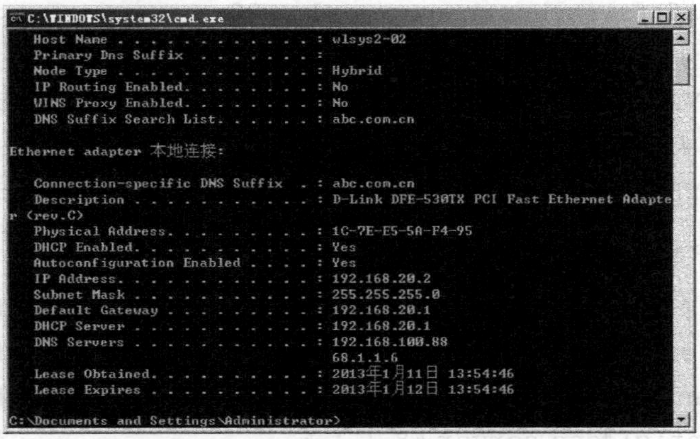

图 4-9 设置 PC2 自动获取 IP 地址

4.2.2 任务二：配置 DHCP 中继代理

【任务描述】

使用 Windows 服务器部署 DHCP 服务，分别为 VLAN 10 和 VLAN 20 用户分配 IP 地址，需要为主机配置默认网关和 DNS。其中 VLAN 30 是服务器群，为静态指定的 IP 地址，服务群中 DHCP 服务器的地址为 192.168.30.100。公网提供的 DNS 为 68.1.1.6。由于 DHCP 客户端和 DHCP 服务器不在同一个子网，为了使客户端能够成功获得 IP 地址，需要使用 DHCP 中继代理。其网络拓扑结构如图 4-10 所示。

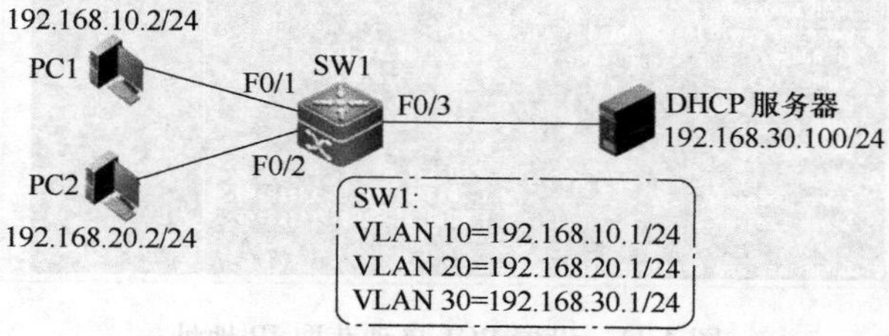

图 4-10 配置 DHCP 中继代理的网络拓扑结构

【任务实施】

1. 在交换机 SW1 上创建 VLAN 和 SVI

```
SW1(config)#vlan 10
SW1(config)#vlan 20
SW1(config)#vlan 30
SW1(config)#interface FastEthernet 0/1
SW1(config-FastEthernet 0/1)#switchport access vlan 10
SW1(config)#interface FastEthernet 0/2
SW1(config-FastEthernet 0/2)#switchport access vlan 20
SW1(config)#interface FastEthernet 0/3
SW1(config-FastEthernet 0/3)#switchport access vlan 30
SW1(config)#interface vlan 10
SW1(config-vlan 10)#ip address 192.168.10.1 255.255.255.0
SW1(config)#interface vlan 20
SW1(config-vlan 20)#ip address 192.168.20.1 255.255.255.0
SW1(config)#interface vlan 30
SW1(config-vlan 30)#ip address 192.168.30.1 255.255.255.0
```

2. 配置 DHCP 中继代理

```
SW1(config)#service dhcp                              #启用 DHCP 服务
SW1(config)#ip helper-address 192.168.30.100          #配置 DHCP 中继
```

3. 验证测试

（1）主机 PC1 自动获取 IP 地址测试

将 PC1 连接到交换机 SW1 的端口 F0/1，来获取 IP 地址。本地连接中地址配置选项设置为“自动获取 IP 地址”，在 DOS 命令行配置界面使用命令 ipconfig/all 查看主机 IP，如图 4-11 所示，可以看到主机通过自动获取 IP 的方式得到指定 VLAN 10 的 IP。

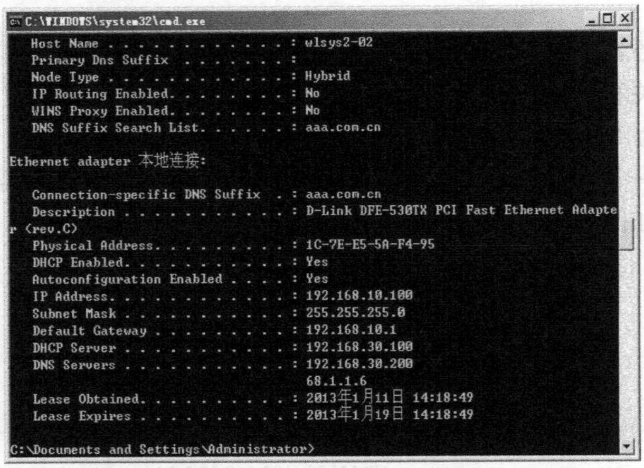

图 4-11 设置 PC1 自动获取 IP 地址

（2）主机 PC2 自动获取 IP 地址测试

将 PC2 连接到交换机 SW1 的 F0/2 端口，来获取 IP 地址。本地连接中地址配置选项设置为“自动获取 IP 地址”，在 DOS 命令行配置界面使用命令 ipconfig/all 查看主机 IP，如图 4-12 所示，可以看到主机通过自动获取 IP 的方式得到指定 VLAN 20 的 IP。

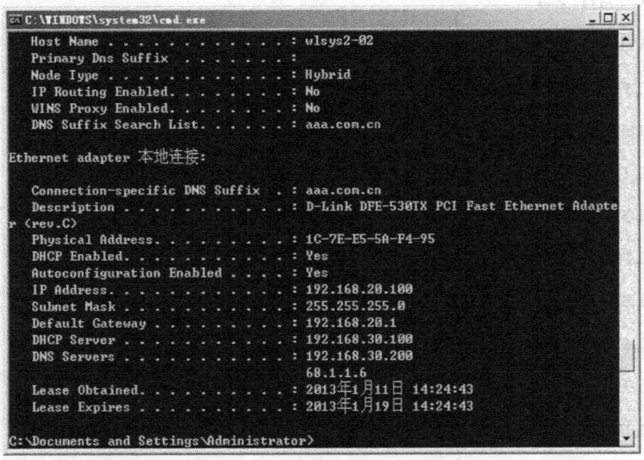

图 4-12 设置 PC2 自动获取 IP 地址

【小结】

通过 DHCP 服务的学习，主要掌握 DHCP 地址和 DHCP 中继代理等配置与管理工作。

4.3 端口聚合技术

【知识准备】

1. 端口聚合技术概述

端口聚合技术是指可以把多个物理端口捆绑在一起而形成的一个简单逻辑端口。这个逻辑端口被称为聚合端口（aggregate port，AP）。AP 由多个物理成员聚合而成，是链路带宽扩展的一个重要途径，其标准为 IEEE 802.3ad。

对于二层交换端口来说，AP 可以将多个端口的带宽叠加起来使用，扩展了链路带宽。此外，通过 AP 发送的帧还将在所有成员端口上进行流量平衡。如果 AP 中的一条成员链路失效，AP 会自动将这个链路上的流量转移到其他有效的成员链路上，提高了连接的可靠性，这就是 IEEE 802.3ad 标准具有的自动链路冗余备份的功能。

2. 端口聚合流量平衡

AP 会根据报文的 MAC 地址或 IP 地址进行流量平衡，即把流量平均分配到 AP 的成员链路中去。流量平衡可以根据源 MAC 地址、目标 MAC 地址、源 IP 地址或目标 IP 地址进行设置。

源 MAC 地址进行流量平衡时，会根据报文的源 MAC 地址把报文平均分配到各个链路中。不同的主机，转发的链路不同；同一台主机的报文，从同一条链路转发。

目标 MAC 地址进行流量平衡时，会根据报文的目标 MAC 地址把报文平均分配到各个链路中。同一目标主机的报文，从同一条链路转发。

源 IP 地址或目标 IP 地址流量平衡，是根据报文的源 IP 地址或目标 IP 地址进行流量分配的。不同的源 IP 地址和目标 IP 报文通过不同的端口转发，同一源 IP 地址和目标 IP 报文通过相同的链路转发。该流量平衡方式一般用于三层 AP。在此流量平衡模式下，收到的如果是二层报文，则自动根据源 MAC 地址和目标 MAC 地址来进行流量平衡。

3. 端口聚合配置

端口聚合技术主要涉及二层端口聚合、三层端口聚合及配置流量平衡。

（1）配置二层端口聚合

步骤1：创建 AP。*aggregate-port-number* 为 AP 号。

switch(config)#**interface aggregateport** *aggregate-port-number*

步骤2：选择端口，进入接口配置模式，指定要加入 AP 的物理端口范围。

switch(config)#**interface range** *port-range*

步骤3：将该端口加入一个 AP。

switch(config-if-range)#**port-group** *aggregate-port-number*

（2）配置三层端口聚合

步骤1：创建 AP。

switch(config)#**interface aggregateport** *aggregate-port-number*

步骤2：将该端口设置为三层模式。

switch(config-if)#**no switchport**

步骤3：给该端口设置 IP 地址和子网掩码。

switch(config-if)#**ip address** *ip-address mask*

（3）配置流量平衡

设置 AP 的流量平衡，选择使用的算法。*dst-mac* 表示根据输入报文的目标 MAC 地址进行流量分配。*src-mac* 表示根据输入报文的源 MAC 地址进行流量分配。*src-dst-mac* 表示根据源 MAC 与目标 MAC 进行流量分配。*dst-ip* 表示根据输入报文的目标 IP 地址进行流量分配。*src-ip* 表示根据输入报文的源 IP 地址进行流量分配。*ip* 表示根据源 IP 和目标 IP 进行流量分配。

switch(config)#**aggregateport load-balance**{*dst-mac/src-mac/src-dst-mac/dst-ip/src-ip/ip*}

4.3.1　任务一：配置二层端口聚合

【任务描述】

在两台二层交换机 SW1 和 SW2 之间的冗余链路上实现端口聚合，且在 AP 上实现基于目标 MAC 地址的流量负载均衡。其网络拓扑结构如图 4-13 所示。

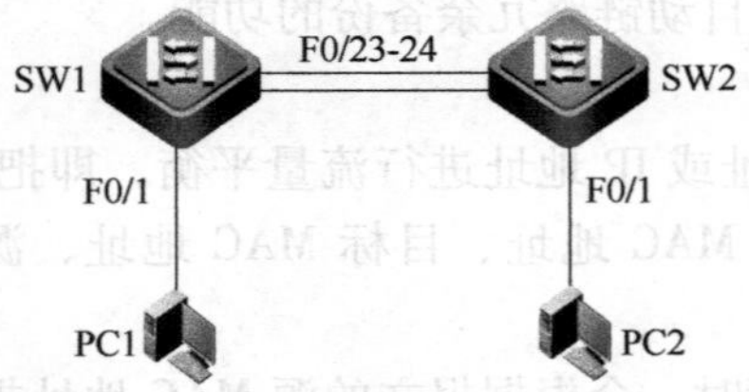

图 4-13　配置二层端口聚合的网络拓扑结构

【任务实施】

1. 在交换机 SW1 上创建 AP，并设置为 Trunk 模式

```
SW1(config)#interface aggregateport 1                 #创建 AP1
SW1(config-AggregatePort 1)#exit
SW1(config)#interface range FastEthernet 0/23-24      #进入一组接口
SW1(config-if-range)#port-group 1                     #将接口配置成 AP 的成
                                                       员端口
SW1(config-if-range)#exit
SW1(config)#interface aggregateport 1                 #进入 AP 模式
SW1(config-AggregatePort 1)#switchport mode trunk    #将 AP 配置为干道模式
```

2. 在交换机 SW2 上创建 AP，并设置为 Trunk 模式

```
SW2(config)#interface aggregateport 1                 #创建 AP1
SW2(config-AggregatePort 1)#exit
SW2(config)#interface range FastEthernet 0/23-24      #进入一组接口
SW2(config-if-range)#port-group 1                     #将接口配置成 AP 的成
                                                       员端口
SW2(config-if-range)#exit
SW2(config)#interface aggregateport 1                 #进入 AP 模式
SW2(config-AggregatePort 1)#switchport mode trunk    #将 AP 配置为干道模式
```

3. 在交换机 SW1 的 AP 上配置流量平衡

```
SW1(config)#aggregateport load-balance ?         #查看流量负载均衡的方式
dst-ip       Destination IP address
  dst-mac       Destination MAC address
  src-dst-ip    Source and destination IP address
  src-dst-mac   Source and destination MAC address
  src-ip        Source IP address
```

```
  src-mac       Source MAC address
SW1(config)#aggregateport load-balance dst-mac #配置基于目标 MAC 地址流
                                                    量平衡
```

4. 在交换机 SW2 的 AP 上配置流量平衡

```
SW2(config)#aggregateport load-balance dst-mac
                                   #配置基于目标 MAC 地址流量平衡
```

5. 查看 AP 成员信息

```
SW1#show aggregatePort summary
AggregatePort    MaxPorts    SwitchPort    Mode     Ports
--------------------------------------------------------------------
Ag1              8           Enabled       TRUNK    F0/23,F0/24
```

从 show 命令输出结果可以看出，AP1 包含端口 F0/23、F0/24，最多可以有 8 个端口聚合。

6. 在交换机 SW1 上查 AP 流量负载平衡方式

```
SW1#show aggregatePort load-balance
Load-balance:Destination MAC
```

4.3.2　任务二：配置三层端口聚合

【任务描述】

两台三层交换机 SW1 和 SW2 之间的冗余链路上实现三层端口聚合，以增加网络骨干链路的带宽，且实现基于源 IP 地址的流量负载均衡。PC1 和 PC2 分别属于 VLAN 10 和 VLAN 30。其网络拓扑结构如图 4-14 所示。

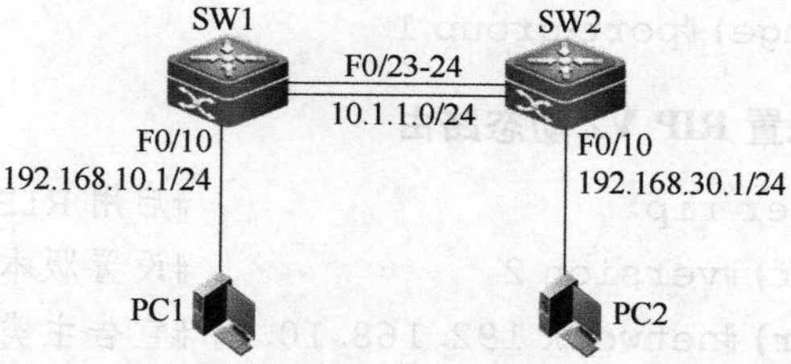

图 4-14　配置三层端口聚合的网络拓扑结构

【任务实施】

1. 在交换机 SW1 上创建 VLAN、配置 SVI

```
SW1(config)#vlan 10
SW1(config-vlan)#exit
SW1(config)#interface FastEthernet 0/10
SW1(config-FastEthernet 0/10)#switchport access vlan 10
SW1(config-FastEthernet 0/10)#exit
```

```
SW1(config)#interface vlan 10
SW1(config-vlan 10)#ip address 192.168.10.1 255.255.255.0
```

2. 在交换机 SW1 上创建三层 AP

```
SW1(config)#interface aggregateport 1                   #进入 AP 模式
SW1(config-AggregatePort 1)#no switchport               #启用三层功能
SW1(config-AggregatePort 1)#ip address 10.1.1.1 255.255.255.252
SW1(config-AggregatePort 1)#no shutdown
SW1(config)#interface range FastEthernet 0/23-24        #进入一组接口
SW1(config-if-range)#no switchport                      #启用三层功能
SW1(config-if-range)#port-group 1                       #将接口配置成 AP 的成
                                                         员端口
```

3. 在交换机 SW2 上创建 VLAN、配置 SVI

```
SW2(config)#interface FastEthernet 0/10
SW2(config-FastEthernet 0/10)#switchport access vlan 30
SW2(config)#interface vlan 30
SW2(config-vlan 30)#ip address 192.168.30.1 255.255.255.0
```

4. 在交换机 SW2 上创建 AP

```
SW2(config)#interface aggregateport 1
SW2(config-AggregatePort 1)#no switchport
SW2(config-AggregatePort 1)#ip address 10.1.1.2 255.255.255.252
SW2(config-AggregatePort 1)#no shutdown
SW2(config)#interface range FastEthernet 0/23-24
SW2(config-if-range)#no switchport
SW2(config-if-range)#port-group 1
```

5. 在交换机 SW1 上配置 RIP V2 动态路由

```
SW1(config)#router rip                      #启用 RIP 路由功能
SW1(config-router)#version 2                #设置版本为 2
SW1(config-router)#network 192.168.10.0     #宣告主类路由
SW1(config-router)#network 10.0.0.0         #宣告主类路由
SW1(config-router)#no auto-summary          #关闭自动汇总
```

6. 在交换机 SW2 上配置 RIP V2 动态路由

```
SW2(config)#router rip                      #启用 RIP 路由功能
SW2(config-router)#version 2                #设置版本为 2
SW2(config-router)#network 10.0.0.0         #宣告主类路由
SW2(config-router)#network 192.168.30.0     #宣告主类路由
SW2(config-router)#no auto-summary          #关闭自动汇总
```

7. 验证测试

```
SW1#show ip route

Codes:  C-connected,S-static,R-RIP,B-BGP
     O-OSPF,IA-OSPF inter area
     N1-OSPF NSSA external type 1,N2-OSPF NSSA external type 2
     E1-OSPF external type 1,E2-OSPF external type 2
     i-IS-IS,su-IS-IS summary,L1-IS-IS level-1,L2-IS-IS level-2
     ia-IS-IS inter area, *-candidate default

Gateway of last resort is no set
C    10.1.1.0/30 is directly connected,AggregatePort 1
C    10.1.1.1/32 is local host
C    192.168.10.0/24 is directly connected,VLAN 10
C    192.168.10.1/32 is local host
R    192.168.30.0/24 [120/1] via 10.1.1.2,00:00:04,AggregatePort 1
```

8. 在交换机 SW1 的 AP 上配置流量负载均衡

```
SW1(config)#aggregateport load-balance src-ip   #配置基于源地址流量平衡
```

9. 在交换机 SW2 的 AP 上配置流量负载均衡

```
SW2(config)#aggregateport load-balance src-ip   #配置基于源地址流量平衡
```

10. 查看端口聚合的配置

（1）在交换机 SW1 上查 AP 流量负载平衡方式

```
SW1#show aggregatePort load-balance
Load-balance:Source IP
```

（2）在交换机 SW1 上查 AP 成员信息

```
SW1#show aggregatePort summary
AggregatePort     MaxPorts     SwitchPort Mode     Ports
-------------     ----------   --------------      ---------------
Ag1               8            Disabled            F0/23,F0/24
```

从 show 命令输出结果可以看出，AP1 包含端口 F0/23、F0/24，最多可以有 8 个端口聚合。

11. 验证测试

在交换机 SW1 上长时间 ping 交换机 SW2 上 VLAN 30 地址，然后断开 AP 中的 F0/23 端口，观察效果。

```
SW1#ping 192.168.30.1 ntimes 200
Sending 200,100-byte ICMP Echoes to 192.168.30.1,timeout is 2 seconds:
```

```
< press Ctrl+C to break >
!!!!!!!!!!!!!!!!!!!!!!!!!!!!!!!!!!!!!!!!!!!!!!!!!!!!!!!!!!!!!!!!!!!!!!!!!!!!!!!!!!!!!
!!!!!!!!!!!!!!!
!!!!!!!!!!!!!!!!!!!!!!!!!!!!!!!!!!!!!!!!!!!!!!!!!!!!!!!!!!!.!!!!!!!!!!!!!!!!!!!!!!!!!
!!!!!!!!!!!!!!!
Success rate is 99 percent (199/200),round-trip min/avg/max = 1/1/10 ms
```

此时发现有一个丢包。说明在负载均衡方式下，同一对源地址和目标地址之间的流量只从一个物理端口转发，一个端口断开时会将流量切换到另一个端口上，引起了链路短暂的中断。

【小结】

通过端口聚合技术的学习，主要掌握二层端口聚合、三层端口聚合及基于端口聚合的流量负载均衡等配置与管理工作。

默认情况下，一个 AP 是一个二层的 AP。如果要配置一个三层 AP，则需要使用 no switchport 命令将其设置为三层端口。

4.4 MSTP 技术

【知识准备】

1. MSTP 简介

多生成树协议（MSTP）是把 IEEE 802.1w 的快速生成树协议（RSTP）算法扩展而得到的。采用 MSTP，能够通过干道（trunk）建立多个生成树，关联 VLAN 到相关的生成树进程，每个生成树进程具备单独于其他进程的拓扑结构；MSTP 提供了多个数据转发路径和负载均衡，提高了网络容错能力，因为一个进程（转发路径）的故障不会影响其他进程（转发路径）。

在交换式网络中使用生成树协议（STP），可以将有环路的物理拓扑变成无环路的逻辑拓扑，为网络提供了安全机制，使冗余拓扑中汇总不会产生交换环路问题。

2. MSTP 基本配置

步骤 1：开启 STP。

switch(config)#**spanning-tree**

步骤 2：配置生成树模式为 MSTP。

switch(config)#**spanning-tree mode mstp**

步骤 3：进入 MSTP 配置模式。

switch(config)#**spanning-tree mst configuration**

步骤 4：配置 VLAN 与生成树实例的映射关系。*instance-id* 表示实例名称。

switch(config-mst)#**instance** *instance-id* **vlan** *vlan-range*

步骤 5：配置 MST 区域的配置名称。*name* 表示区域的名称。

switch(config-mst)#**name** *name*

步骤 6 配置 MST 区域的修正号，参数的取值范围是 0~65535，默认值为 0。

switch(config-mst)#**revision** *number*

任务：配置 MSTP

【任务描述】

利用 MSTP 除了可以实现网络中的冗余链路外，还能够在实现网络冗余和可靠性的同时实现负载均衡。在图 4-15 所示的网络拓扑结构中，PC1 在 VLAN 10 中，PC2 在 VLAN 20 中，PC3 在 VLAN 30 中，PC4 在 VLAN 40 中。

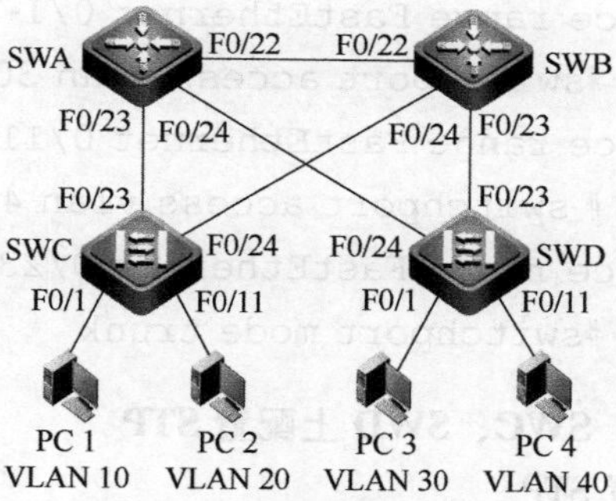

图 4-15　配置 MSTP 的网络拓扑结构

【任务实施】

1. 在交换机 SWA、SWB、SWC、SWD 上完成 VLAN 划分及 Trunk 配置

（1）在交换机 SWA 上创建 VLAN、配置 Trunk

```
SWA(config)#vlan 10
SWA(config)#vlan 20
SWA(config)#vlan 30
SWA(config)#vlan 40
SWA(config)#interface range FastEthernet 0/22-24
SWA(config-if-range)#switchport mode trunk
```

（2）在交换机 SWB 上创建 VLAN、配置 Trunk

```
SWB(config)#vlan 10
SWB(config)#vlan 20
SWB(config)#vlan 30
SWB(config)#vlan 40
SWB(config)#interface range FastEthernet 0/22-24
SWB(config-if-range)#switchport mode trunk
```

（3）在交换机 SWC 上创建 VLAN、配置 Trunk

```
SWC(config)#vlan 10
SWC(config)#vlan 20
SWC(config)#interface range FastEthernet 0/1-10
SWC(config-if-range)#switchport access vlan 10
SWC(config)#interface range FastEthernet 0/11-20
SWC(config-if-range)# switchport access vlan 20
```

```
SWC(config)#interface range FastEthernet 0/23-24
SWC(config-if-range)#switchport mode trunk
```

(4) 在交换机 SWD 上创建 VLAN、配置 Trunk

```
SWD(config)#vlan 30
SWD(config)#vlan 40
SWD(config)#interface range FastEthernet 0/1-10
SWD(config-if-range)#switchport access vlan 30
SWD(config)#interface range FastEthernet 0/11-20
SWD(config-if-range)# switchport access vlan 40
SWD(config)#interface range FastEthernet 0/23-24
SWD(config-if-range)#switchport mode trunk
```

2. 在交换机 SWA、SWB、SWC、SWD 上配置 STP

(1) 在交换机 SWA 上配置 STP

```
SWA(config)#spanning-tree                    #开启 STP
SWA(config)#spanning-tree mode mstp          #配置协议类型为 MSTP
```

(2) 在交换机 SWB 上配置 STP

```
SWB(config)#spanning-tree                    #开启 STP
SWB(config)#spanning-tree mode mstp          #配置协议类型为 MSTP
```

(3) 在交换机 SWC 上配置 STP

```
SWC(config)#spanning-tree                    #开启 STP
SWC(config)#spanning-tree mode mstp          #配置协议类型为 MSTP
```

(4) 在交换机 SWD 上配置 STP

```
SWD(config)#spanning-tree                    #开启 STP
SWD(config)#spanning-tree mode mstp          #配置协议类型为 MSTP
```

3. 在交换机 SWA、SWB、SWC、SWD 上配置 MSTP

(1) 在交换机 SWA 上配置 MSTP

```
SWA(config)#spanning-tree mst 1 priority 4096
#配置交换机在实例 1 中的优先级为 4096,使其在 instance 1 中成为根
SWA(config)#spanning-tree mst configuration      #进入 MSTP 配置模式
SWA(config-mst)#instance 1 vlan 10,20            #配置实例 1 关联 VLAN 10
                                                  和 VLAN 20
SWA(config-mst)#instance 2 VLAN 30,40            #配置实例 2 关联 VLAN 30
                                                  和 VLAN 40
SWA(config-mst)#name region1                     #配置域名称
SWA(config-mst)#revision 1                       #配置修订号
```

（2）在交换机 SWB 上配置 MSTP

```
SWB(config)#spanning-tree mst 2 priority 4096
#配置交换机在实例 2 中的优先级为 4096,使其在 instance 2 中成为根
SWB(config)#spanning-tree mst configuration              #进入 MSTP 配置模式
SWB(config-mst)#instance 1 vlan 10,20                    #配置实例 1 关联 VLAN 10
                                                          和 VLAN 20
SWB(config-mst)#instance 2 vlan 30,40                    #配置实例 2 关联 VLAN 30
                                                          和 VLAN40
SWB(config-mst)#name region1                             #配置域名称
SWB(config-mst)#revision 1                               #配置修订号
```

（3）在交换机 SWC 上配置 MSTP

```
SWC(config)#spanning-tree mst configuration              #进入 MSTP 配置模式
SWC(config-mst)#instance 1 vlan 10,20                    #配置实例 1 关联 VLAN 10
                                                          和 VLAN 20
SWC(config-mst)#instance 2 vlan 30,40                    #配置实例 2 关联 VLAN 30
                                                          和 VLAN 40
SWC(config-mst)#name region1                             #配置域名称
SWC(config-mst)#revision 1                               #配置修订号
```

（4）在交换机 SWD 上配置 MSTP

```
SWD(config)#spanning-tree mst configuration              #进入 MSTP 配置模式
SWD(config-mst)#instance 1 vlan 10,20                    #配置实例 1 关联 VLAN 10
                                                          和 VLAN 20
SWD(config-mst)#instance 2 vlan 30,40                    #配置实例 2 关联 VLAN 30
                                                          和 VLAN 40
SWD(config-mst)#name region1                             #配置域名称
SWD(config-mst)#revision 1                               #配置修订号
```

4. 查看交换机 MSTP 选举结果

（1）在交换机 SWA 上查看 MSTP 选举结果

```
SWA#show spanning-tree mst 1
MST 1 vlans mapped:10,20
BridgeAddr:001a.a9bc.7ca2
Priority:4096
TimeSinceTopologyChange:0d:0h:1m:10s
TopologyChanges:17
DesignatedRoot:1001.001a.a9bc.7ca2
RootCost:0
RootPort:0
```

从上述 show 命令输出结果可以看出交换机 SWA 为实例 1 中的根交换机。

（2）在交换机 SWB 上查看 MSTP 选举结果

```
SWB#show spanning-tree mst 2
MST 2 vlans mapped:30,40
BridgeAddr:001a. a97f. ef11
Priority:4096
TimeSinceTopologyChange:0d:0h:2m:35s
TopologyChanges:6
DesignatedRoot:1002. 001a. a97f. ef11
RootCost:0
RootPort:0
```

从上述 show 命令输出结果可以看出交换机 SWB 为实例 2 中的根交换机。

（3）在交换机 SWC 上查看实例 1 中 MSTP 选举结果

```
SWC#show spanning-tree mst 1
MST 1 vlans mapped:10,20
BridgeAddr:00d0. f8ff. 4728
Priority:32768
TimeSinceTopologyChange:0d:1h:28m:27s
TopologyChanges:0
DesignatedRoot:1001001AA9BC7CA2
RootCost:200000
RootPort:F0/23
```

从上述 show 命令输出结果可以看出，在实例 1 中，交换机 SWC 的端口 F0/23 为根端口，因此 VLAN 10 和 VLAN 20 的数据经端口 F0/23 转发。

（4）在交换机 SWC 上查看实例 2 中 MSTP 选举结果

```
SWC#show spanning-tree mst 2
MST 2 vlans mapped:30,40
BridgeAddr:00d0. f8ff. 4728
Priority:32768
TimeSinceTopologyChange:0d:1h:28m:33s
TopologyChanges:0
DesignatedRoot:1002001AA97FEF11
RootCost:200000
RootPort:F0/24
```

从上述 show 命令输出结果可以看出，在实例 2 中，交换机 SWC 的端口 F0/24 为根端口，因此 VLAN 30 和 VLAN 40 的数据经端口 F0/24 转发。

【小结】

MSTP 引入了 MST 区域和实例的概念。在 MSTP 中，每个实例都将计算出一个独立的生成树。可以将一个或多个VLAN映射到一个实例中，这样不同的VLAN之间将存在不同的选举结果，从而避免了连通性丢失的问题，并起到对流量负载分担的作用。

4.5　PBR

【知识准备】

1. PBR简介

策略路由（policy-basid routing，PBR）是一种比基于目标网络进行路由更加灵活的数据包路由转发机制。策略路由是一种入站机制，用于入站报文。通过使用基于策略的路由选择，能够根据数据包的源地址、目标地址、源端口、目标端口和协议类型让报文选择不同的路径。

使用PBR时，路由器将通过路由图决定如何对需要路由的数据包进行处理，路由图决定了一个数据包的下一跳转发路由器。应用PBR，必须要指定PBR使用的路由图，并且要创建路由图。一个路由图由很多条策略组成，每个策略都定义了一个或多个的匹配规则和对应操作。

一个接口应用PBR后，路由器将对该接口接收到的所有包进行检查。路由器接收到报文后，首先根据预先设定的策略对报文进行匹配，如果匹配到一条策略，就根据该策略制定的方式对报文进行转发；如果没有匹配到任何策略，路由器将按照通常的路由转发进行处理，使用路由表中的条目对报文进行路由。

2. 配置PBR

配置基于策略的路由的选择步骤如下。

步骤1：配置route-map命令。*route-map-name*表示route-map的名称。**permit**表示如果报文符合该子句中的匹配条件，则报文将被进行策略路由。**deny**表示如果报文符合该子句中的匹配条件，则报文将不进行策略路由，而进行正常的转发。*sequence-number*表示route-map子句的编号。route-map中各子句按照编号的顺序执行。

router(config)#**route-map** *route-map-name* [**permit**|**deny**][*sequence-number*]

步骤2：配置match命令。*access-list-number*|*name*表示ACL编号或名称，用于匹配入站报文。

router(config-route-map)#**match ip address**{*access-list-number*|*name*}

步骤3：配置set命令。*ip-address*用于指定报文前往目的地路径中相邻下一跳路由器的地址。*interface*用于指定报文被转发的本地出口。

router(config-route-map)#**set ip next-hop**{*ip-address*}

router(config-route-map)#**set interface** *interface*

步骤4：在接口上配置PBR。

router(config-if)#**ip policy route-map** *route-map-name*

4.5.1　任务一：配置基于源地址的PBR

【任务描述】

在交换机SW1上配置基于源地址的策略路由，实现将源地址192.168.2.11/24的用户报文转发到交换机SW2的接口F0/15，将源地址为192.168.2.22/24的用户报文转发到交换机SW2的接口F0/19。其网络拓扑结构如图4-16所示。

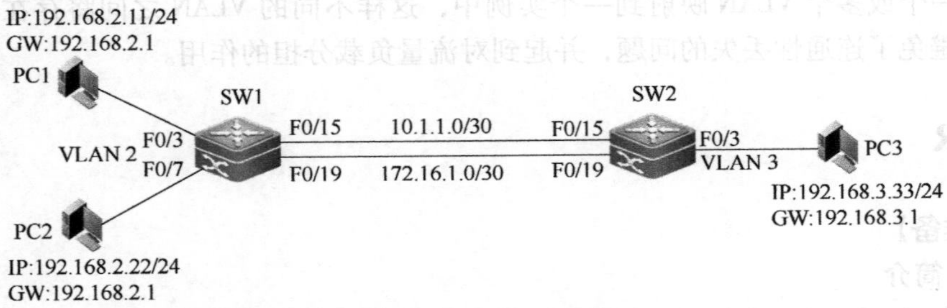

图 4-16　配置基于源地址的 PBR 的网络拓扑结构

【任务实施】

1. 配置路由器各接口的 IP 地址

（1）在交换机 SW1 上配置 IP 地址

```
SW1(config)#interface FastEthernet 0/15
SW1(config-FastEthernet 0/15)#no switchport
SW1(config-FastEthernet 0/15)#ip address 10.1.1.1 255.255.255.252
SW1(config-FastEthernet 0/15)#no shutdown
SW1(config-FastEthernet 0/15)#exit
SW1(config)#interface FastEthernet 0/19
SW1(config-FastEthernet 0/19)#no switchport
SW1(config-FastEthernet 0/19)#ip address 172.16.1.1 255.255.255.252
SW1(config-FastEthernet 0/19)#no shutdown
SW1(config-FastEthernet 0/19)#exit
SW1(config)#vlan 2
SW1(config-vlan)#exit
SW1(config)#interface range FastEthernet 0/3-7
SW1(config-if-range)#switchport access vlan 2
SW1(config-if-range)#exit
SW1(config)#interface vlan 2
SW1(config-VLAN 2)#ip address 192.168.2.1 255.255.255.0
```

（2）在交换机 SW2 上配置 IP 地址

```
SW2(config)#interface FastEthernet 0/15
SW2(config-FastEthernet 0/15)#no switchport
SW2(config-FastEthernet 0/15)#ip address 10.1.1.2 255.255.255.252
SW2(config-FastEthernet 0/15)#no shutdown
SW2(config-FastEthernet 0/15)#exit
SW2(config)#interface FastEthernet 0/19
SW2(config-FastEthernet 0/19)#no switchport
SW2(config-FastEthernet 0/19)#ip address 172.16.1.2 255.255.255.252
```

```
SW2(config-FastEthernet 0/19)#no shutdown
SW2(config-FastEthernet 0/19)#exit
SW2(config)#vlan 3
SW2(config-vlan)#exit
SW2(config)#interface range FastEthernet 0/3-7
SW2(config-if-range)#switchport access vlan 3
SW2(config)#interface vlan 3
SW2(config-VLAN 3)#ip address 192.168.3.1 255.255.255.0
```

2. 配置 RIP 路由

（1）在交换机 SW1 上配置 RIP 路由

```
SW1(config)#router rip
SW1(config-router)#version 2
SW1(config-router)#network 10.0.0.0
SW1(config-router)#network 172.16.0.0
SW1(config-router)#network 192.168.2.0
SW1(config-router)#no auto-summary
```

（2）在交换机 SW2 上配置 RIP 路由

```
SW2(config)#router rip
SW2(config-router)#version 2
SW2(config-router)#network 10.0.0.0
SW2(config-router)#network 172.16.0.0
SW2(config-router)#network 192.168.3.0
SW2(config-router)#no auto-summary
```

3. 配置 PBR

```
RA(config)#access-list 11 permit host 192.168.2.11
RA(config)#access-list 12 permit host 192.168.2.22
RA(config)#route-map aaa permit 10                #配置名为 aaa 的 route-map
RA(config-route-map)#match ip address 11           #匹配列表 11 数据执行下面动作
RA(config-route-map)#set ip next-hop 10.1.1.2      #设置下一跳地址为 10.1.2.2
RA(config-route-map)#exit
RA(config)#route-map aaa permit 20                #配置名为 aaa 的 route-map
RA(config-route-map)#match ip address 12           #匹配列表 12 数据执行下面动作
RA(config-route-map)#set ip next-hop 172.16.1.2 #设置下一跳地址为 10.1.3.2
```

4. 在报文的入站接口应用 route-map 命令

```
RA(config)#interface vlan 2
RA(config-vlan 2)#ip policy route-map aaa          #应用 route-map 命令
```

5. 验证测试

设置主机 PC1 的 IP 地址为 192. 168. 2. 11/24，网关为 192. 168. 2. 1；主机 PC2 的 IP 地址为 192. 168. 2. 22/24，网关为 192. 168. 2. 1；主机 PC3 的 IP 地址为 192. 168. 3. 33/24，网关为 192. 168. 3. 1；tracert 命令进行路由跟踪，测试结果如下：

（1）在主机 PC1 上用 tracert 命令测试数据包发送路径，查看结果

```
C:\Users\User>tracert 192.168.3.33

通过最多 30 个跃点跟踪到 192.168.3.33 的路由

1     1 ms     <1 毫秒<1 毫秒 192.168.2.1
2     1 ms     1 ms     1 ms   10.1.1.2
3     <1 毫秒<1 毫秒<1 毫秒 192.168.3.33

跟踪完成。
```

从 tracert 结果可以看到，主机 PC1 访问 PC3 发送的数据包通过接口 10. 1. 1. 2 进行转发。

（2）设置主机 PC2 的 IP 地址为 192. 168. 2. 22/24，在主机 PC2 上用 tracert 命令测试数据包发送路径，查看结果

```
C:\Users\User>tracert 192.168.3.33

通过最多 30 个跃点跟踪到 192.168.3.33 的路由

1     1 ms     <1 毫秒<1 毫秒 192.168.2.1
2     1 ms     1 ms     1 ms   172.16.1.2
3     <1 毫秒<1 毫秒<1 毫秒 192.168.3.33

跟踪完成。
```

从 tracert 结果可以看到，主机 PC2 访问 PC3 发送的数据包通过接口 172. 16. 1. 2 进行转发。

4. 5. 2 任务二：配置基于目标地址的 PBR

【任务描述】

在交换机 SW1 上配置基于目标地址的 PBR，当网段 192. 168. 1. 0/24 的主机访问目的地址为网段 192. 168. 2. 0/24 主机时，报文转发到交换机 SW2 的接口 F0/15；当网段 192. 168. 1. 0/24 的主机访问目的地址为网段 192. 168. 3. 0/24 主机时，报文转发到交换机 SW2 的接口 F0/19。其网络拓扑结构如图 4-17 所示。

【任务实施】

1. 配置三层交换机各接口的 IP 地址

（1）在交换机 SW1 上配置 IP 地址

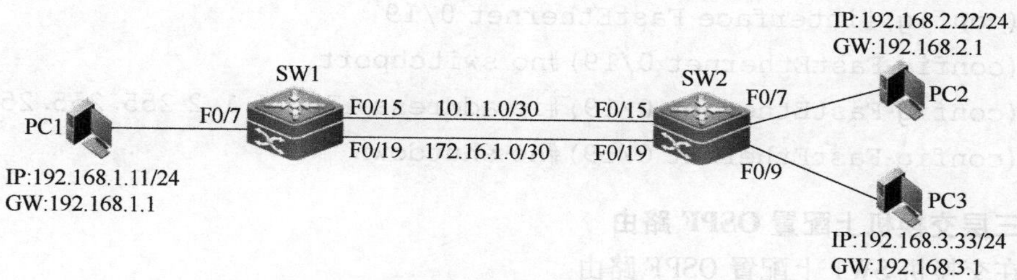

图 4-17　配置基于目标地址的 PBR 的网络拓扑结构

```
SW1(config)#interface FastEthernet 0/7
SW1(config-FastEthernet 0/7)#no switchport
SW1(config-FastEthernet 0/7)#ip address 192.168.1.1 255.255.255.0
SW1(config-FastEthernet 0/7)#no shutdown
SW1(config-FastEthernet 0/7)#exit
SW1(config)#interface FastEthernet 0/15
SW1(config-FastEthernet 0/15)#no switchport
SW1(config-FastEthernet 0/15)#ip address 10.1.1.1 255.255.255.252
SW1(config-FastEthernet 0/15)#no shutdown
SW1(config-FastEthernet 0/15)#exit
SW1(config)#interface FastEthernet 0/19
SW1(config-FastEthernet 0/19)#no switchport
SW1(config-FastEthernet 0/19)#ip address 172.16.1.1 255.255.255.252
SW1(config-FastEthernet 0/19)#no shutdown
```

（2）在交换机 SW2 上配置 IP 地址

```
SW2(config)#interface FastEthernet 0/7
SW2(config-FastEthernet 0/7)#no switchport
SW2(config-FastEthernet 0/7)#ip address 192.168.2.1 255.255.255.0
SW2(config-FastEthernet 0/7)#no shutdown
SW2(config-FastEthernet 0/7)#exit
SW2(config)#interface FastEthernet 0/9
SW2(config-FastEthernet 0/9)#no switchport
SW2(config-FastEthernet 0/9)#ip address 192.168.3.1 255.255.255.0
SW2(config-FastEthernet 0/9)#no shutdown
SW2(config-FastEthernet 0/9)#exit
SW2(config)#interface FastEthernet 0/15
SW2(config-FastEthernet 0/15)#no switchport
SW2(config-FastEthernet 0/15)#ip address 10.1.1.2 255.255.255.252
SW2(config-FastEthernet 0/15)#no shutdown
SW2(config-FastEthernet 0/15)#exit
```

```
SW2(config)#interface FastEthernet 0/19
SW2(config-FastEthernet 0/19)#no switchport
SW2(config-FastEthernet 0/19)#ip address 172.16.1.2 255.255.255.252
SW2(config-FastEthernet 0/19)#no shutdown
```

2. 在三层交换机上配置 OSPF 路由

（1）在交换机 SW1 上配置 OSPF 路由

```
SW1(config)#router  ospf 10
SW1(config-router)#network 10.1.1.0 0.0.0.3 area 0
SW1(config-router)#network 172.16.1.0 0.0.0.3 area 0
SW1(config-router)#network 192.168.1.0 0.0.0.255 area 0
```

（2）在交换机 SW2 上配置 OSPF 路由

```
SW2(config)#router ospf 10
SW2(config-router)#network 10.1.1.0 0.0.0.3 area 0
SW2(config-router)#network 172.16.1.0 0.0.0.3 area 0
SW2(config-router)#network 192.168.2.0 0.0.0.255 area 0
SW2(config-router)#network 192.168.3.0 0.0.0.255 area 0
```

3. 配置 PBR

```
SW1(config)#access-list 101 permit ip 192.168.1.0 0.0.0.255 192.168.2.0 0.0.0.255
SW1(config)#access-list 102 permit ip 192.168.1.0 0.0.0.255 192.168.3.0 0.0.0.255
SW1(config)#route-map bbb permit 10            #配置名为 bbb 的 route-map
SW1(config-route-map)#match ip address 101     #匹配列表 101 的数据执行下面动作
SW1(config-route-map)#set next-hop 10.1.1.2    #设置下一跳地址为 10.1.1.2
SW1(config-route-map)#exit
SW1(config)#route-map bbb permit 20            #配置名为 bbb 的 route-map
SW1(config-route-map)#match ip address 102     #匹配列表 102 的数据执行下面动作
SW1(config-route-map)#set next-hop 172.16.1.2  #设置下一跳地址为 172.16.1.2
```

4. 在报文的入站接口应用 route-map 命令

```
RA(config)#interface f 0/7
RA(config-if-FastEthernet 0/7)#ip policy route-map bbb
                                               #应用 route-map 命令
```

5. 验证测试

设置主机 PC1 的 IP 地址为 192.168.1.11/24，网关为 192.168.1.1；主机 PC2 的 IP 地址为 192.168.2.22/24，网关为 192.168.2.1；主机 PC3 的 IP 地址为 192.168.3.33/24，网关为 192.168.3.1；tracert 命令进行路由跟踪，测试结果如下：

（1）在主机PC1上用tracert命令进行路由跟踪目标地址192.168.2.22/24时，查看结果

```
C:\Users\User>tracert 192.168.2.22

通过最多 30 个跃点跟踪到 192.168.2.22 的路由

1    1 ms    <1 毫秒<1 毫秒 192.168.1.1
2    1 ms    1 ms    1 ms  10.1.1.2
3    <1 毫秒<1 毫秒<1 毫秒 192.168.2.22

跟踪完成。
```

从tracert结果可以看到，当网段192.168.1.0/24的主机访问网段192.168.2.0/24主机时，数据包从通过接口10.1.1.2进行转发。

（2）在主机PC1上用tracert命令进行路由跟踪目标地址为192.1683.33/24时，查看结果

```
C:\Users\User>tracert 192.168.3.33

通过最多 30 个跃点跟踪到 192.168.3.33 的路由

1    1 ms    <1 毫秒<1 毫秒 192.168.1.1
2    1 ms    1 ms    1 ms  172.16.1.2
3    <1 毫秒<1 毫秒<1 毫秒 192.168.3.33

跟踪完成。
```

从tracert结果可以看到，当网段192.168.1.0/24的主机访问网段192.168.3.0/24主机时，数据包从接口172.16.1.2进行转发。

【小结】

通过PBR的学习，主要掌握基于源地址的PBR和基于目的地址的PBR等配置与管理工作。PBR是一种入站机制，用于入站报文。需要将route-map命令应用在报文的入接口上PBR才会生效。

4.6　PPP技术

【知识准备】

1. PPP简介

点对点协议（point-to-point protocol，PPP）是为在同等单元之间传输数据包这样的简单链路设计的链路层协议。这种链路提供全双工操作，并按照顺序传递数据包。设计目的主要是用来通过拨号或专线方式建立点对点连接发送数据，使其成为各种主机、网桥和路由器之间简单连接的一种共通的解决方案。

PPP使用了OSI分层体系结构中的3层，分别是物理层、数据链路层和网络层。物理层

用来实现点到点的连接，将 IP 数据报封到串行链路；数据链路层用来建立和配置连接；网络层用来配置不同的网络层，网络控制协议（network control protocol，NCP）支持不同网络层协议。

PPP 使用它的链路控制协议（link control protocol，LCP）在广域网链路上协商和设置选项，使用网络控制程序组建对多种网络层协议进行封装及选项协商。LCP 位于物理层之上，PPP 也通过使用 LCP 来自动匹配链路两端之间封装格式选项。

PPP 支持两种授权协议：口令验证协议（password authentication protocol，PAP）和挑战-握手验证协议（challenge hand authentication protocol，CHAP）。这两种认证既可以单独使用也可以结合使用，既可以单向认证也可以双向认证。

2. PAP 认证

PAP 认证通过两次握手机制。首先，被验证方发起请求，向认证方发送 PAP 认证的请求报文，该请求报文中携带了用户名和密码。然后，认证方接收请求，收到该认证请求报文后，则会根据报文中的实际内容查找本地数据库，如果本地数据库中有与用户名和密码一致的选项时，则向对方返回一个请求响应，告诉对方验证通过；反之，如果用户名和密码不符，则向对方返回不通过的响应报文。这种认证方式是不安全的，很容易引起密码的泄露，如现在的因特网拨号接入方式就是 PAP 认证。

3. CHAP 认证

CHAP 认证使用三次握手机制，在 PPP 链路建立后，认证首先有主认证方发起请求，向被验证方发送一段随机的报文，并加上自己的主机名，通常这个过程叫作挑战。当被验证方收到主认证方的验证请求，从中提取出主认证方所发送过来的主机名，然后根据该主机名在被验证方设备的后台数据库中去查找相同的用户名记录；当查找到后，找出同该用户名所对应的密钥；然后根据这个密钥、报文 ID 和验证方发送的随机报文用 MD5 加密算法生成应答，随后将应答和自己的主机名送回；最后，主认证方收到被验证方发送回应后，提取被验证方的用户名，然后去查找本地的数据库，当找到与被验证方一致用户名后，根据该用户名所对应的密钥、保留报文 ID 和随机报文用 MD5 加密算法生成结果，和刚刚被验证方所返回的应答进行比较，如果两者相同则认为验证通过，如果不同则认为验证失败。

4. PPP 配置

（1）PPP 封装

步骤 1：进入接口模式配置时钟频率。*bps* 表示时钟速率的具体值。

router(config-if)#**clock rate** *bps*

步骤 2：PPP 封装。

router(config-if)#**encapsulation ppp**

（2）PAP 认证配置

步骤 1：服务器端建立本地口令数据库。*name* 表示用户名。**password** 为用户口令。**0**|**7**为口令的加密类型，0 表示无加密，7 表示简单加密。*encrypted-password* 为口令文本。

router(config)#**username** *name* **password**{[**0**|**7**]*encrypted-password*}

步骤 2：服务器端要求进行 PAP 认证。**pap** 表示在接口上启用 PAP 认证。**chap** 表示在接口上启用 CHAP 认证。**pap chap** 是同时启用 PAP 和 CHAP 认证，先执行 PAP 认证在执行 CHAP 认证。**chap pap** 是同时启用 PAP 和 CHAP 认证，先执行 CHAP 认证在执行 PAP 认证。

router(config-if)#**ppp authentication**{**pap** |**chap**|**pap chap** |**chap pap**}

步骤 3：PAP 认证客户端配置，客户端将用户名和口令发送到对端。*username* 表示在 PAP 身份认证中发送的用户名。*encryption-type* 是 PAP 身份认证中发送密码的加密类型。*password* 是 PAP 身份认证中发送的口令。

router(config-if)#**ppp pap sent-username** *username*[**password** *encryption-type password*]

（3）CHAP 认证

步骤 1：建立本地口令数据库。

router(config-if)#**username** *name* **password**{[**0**|**7**]*encrypted-password*}

步骤 2：要求进行 CHAP 认证。

router(config-if)#**ppp authentication chap**

4.6.1　任务一：配置 PAP 认证

【任务描述】

在路由器 RA 与 RB 所连接的串行链路上封装 PPP，并采用 PAP 认证方式，将路由器 RA 设置为验证方。其网络拓扑结构如图 4-18 所示。

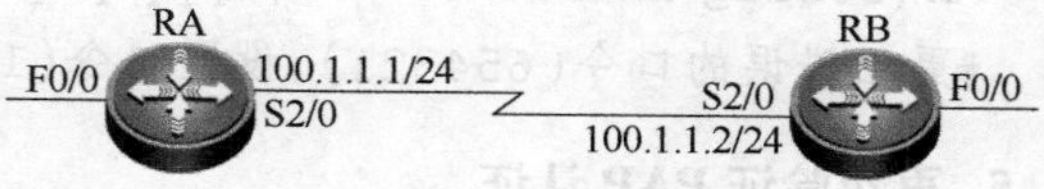

图 4-18　配置 PAP 认证的网络拓扑结构

【任务实施】

1. 路由器基本配置

（1）在路由器 RA 上配置 IP 地址

```
RA(config)#interface serial 2/0
RA(config-if-Serial 2/0)#ip address 100.1.1.1 255.255.255.0
RA(config-if-Serial 2/0)#clock rate 64000
RA(config-if-Serial 2/0)#no shutdown
```

（2）在路由器 RB 上配置 IP 地址

```
RB(config)#interface serial 2/0
RB(config-if-Serial 2/0)#ip address 100.1.1.2 255.255.255.0
RB(config-if-Serial 2/0)#no shutdown
```

2. 配置 PAP 认证

（1）在路由器 RA（认证方）上配置 PAP 认证

```
RA(config)#username RB password 123456                  #创建验证数据库
RA(config)#interface serial 2/0
RA(config-if-Serial 2/0)#encapsulation ppp              #封装 PPP
RA(config-if-Serial 2/0)#ppp authentication pap         #启用 PAP 认证
```

（2）在路由器 RB（被认证方）上配置 PAP 认证

```
RB(config)#interface serial 2/0
RB(config-if-Serial 2/0)#encapsulation ppp                         #封装 PPP
RB(config-if-Serial 2/0)#ppp pap sent-username RB password 654321
                                          #客户端将用户名和口令发送到服务端验证
```

3. 验证 PAP 认证

```
RB#ping 100.1.1.1
Sending 5,100-byte ICMP Echoes to 100.1.1.1,timeout is 2 seconds:
< press Ctrl+C to break >
.....
Success rate is 0 percent (0/5)
```

从 ping 命令的测试结果可以看到，RA 和 RB 之间不能 ping 通，说明 PAP 认证失败。

4. 重新配置 PAP 认证

```
RB(config)#interface serial 2/0
RB(config-if-Serial 2/0)#encapsulation ppp
RB(config-if-Serial 2/0)#ppp pap sent-username RB password 123456
#更正错误的口令(654321),设置口令(123456)发送到服务端验证
```

5. 再次验证 PAP 认证

```
RB#ping 100.1.1.1
Sending 5,100-byte ICMP Echoes to 100.1.1.1,timeout is 2 seconds:
< press Ctrl+C to break >
!!!!!
Success rate is 100 percent (5/5),round-trip min/avg/max = 30/30/30 ms
```

从 ping 命令的测试结果可以看到，路由器 RA 和 RB 之间能 ping 通，说明 PAP 认证成功。

4.6.2 任务二：配置 CHAP 认证

【任务描述】

在路由器 RA 与 RB 所连接的串行链路上封装 PPP，并采用 CHAP 认证方式，将路由器 RA 设置为验证方。其网络拓扑结构如图 4-19 所示。

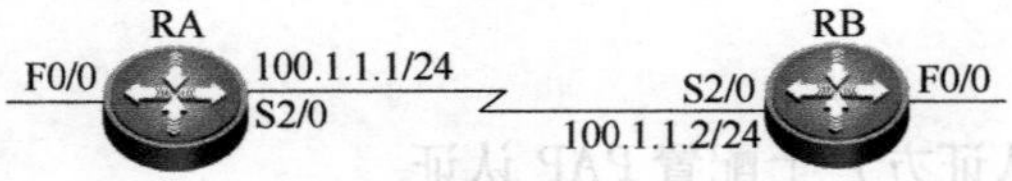

图 4-19 配置 CHAP 认证的网络拓扑结构

【任务实施】

1. 路由器基本配置

(1) 在路由器 RA 上配置 IP 地址

```
RA(config)#interface serial 2/0
RA(config-if-Serial 2/0)#ip address 100.1.1.1 255.255.255.0
RA(config-if-Serial 2/0)#clock rate 64000
RA(config-if-Serial 2/0)#no shutdown
```

（2）在路由器 RB 上配置 IP 地址

```
RB(config)#interface serial 2/0
RB(config-if-Serial 2/0)#ip address 100.1.1.2 255.255.255.0
RB(config-if-Serial 2/0)#no shutdown
```

2. 配置 CHAP 认证

（1）在路由器 RA 上配置 CHAP 认证

```
RA(config)#username RB password 123456                #创建验证数据库
RA(config)#interface serial 2/0
RA(config-if-Serial 2/0)#encapsulation ppp            #封装 PPP
RA(config-if-Serial 2/0)#ppp authentication chap      #启用 CHAP 认证
```

（2）在路由器 RB 上配置 CHAP 认证

```
RB(config)#interface serial 2/0
RB(config-if-Serial 2/0)#encapsulation ppp              #封装 PPP
RB(config-if-Serial 2/0)#ppp chap hostname RB           #指定 CHAP 验证的主机名
RB(config-if-Serial 2/0)#ppp chap password 0 123456     #指定 CHAP 验证的密码
```

3. ping 测试验证 CHAP 认证

```
RA#ping 100.1.1.2
Sending 5,100-byte ICMP Echoes to 100.1.1.2,timeout is 2 seconds:
< press Ctrl+C to break >
!!!!!
Success rate is 100 percent (5/5),round-trip min/avg/max = 30/30/30 ms
```

从 ping 命令的测试结果可以看到，路由器 RA 和 RB 之间能 ping 通，说明 CHAP 认证成功。

4. 查看协议状态验证 CHAP 认证

```
RA#show interface serial 2/0
Serial 2/0 is UP,line protocol is UP
Hardware is SIC-1HS HDLC CONTROLLER Serial
Interface address is:100.1.1.1/24
    MTU 1500 bytes,BW 2000 Kbit
    Encapsulation protocol is PPP,loopback not set
    Keepalive interval is 10 sec,set
    Carrier delay is 2 sec
    RXload is 1,Txload is 1
    LCP Open
    Open:ipcp
    Queueing strategy:FIFO
```

```
    Output queue 0/40,0 drops;
    Input queue 0/75,0 drops
    1 carrier transitions
    V35 DTE cable
    DCD=up  DSR=up  DTR=up  RTS=up  CTS=up
  5 minutes input rate 147 bits/sec,0 packets/sec
  5 minutes output rate 119 bits/sec,0 packets/sec
    309 packets input,6776 bytes,0 no buffer,0 dropped
    Received 196 broadcasts,0 runts,0 giants
    1 input errors,0 CRC,1 frame,0 overrun,0 abort
    316 packets output,6478 bytes,0 underruns,0 dropped
    0 output errors,0 collisions,3 interface resets
```

line protocol 是运行状态，说明 CHAP 认证成功。

【小结】

通过 PPP 认证的学习，主要掌握 PAP 认证、CHAP 认证等配置与管理工作。

PAP 和 CHAP 双向认证就是两端既是认证方又是被认证方。CHAP 验证时密码必须相同，因为最终核对的是同一个密码加密后散列函数，如果密码都不同，验证肯定失败。

4.7 路由重分发与路由控制

【知识准备】

1. 路由重分发简介

路由重分发（route redistribution）是指连接到不同路由选择域的边界路由器，在不同路由选择域（自主系统）之间交换和通告路由选择信息的能力。

对于大型的企业，可能在同一网内使用到多种路由协议，为了实现多种路由协议的协同工作，路由器可以使用路由重分发将其学习到的一种路由协议的路由通过另一种路由协议广播出去，这样网络的所有部分都可以连通。为了实现重分发，路由器必须同时运行多种路由协议，这样每种路由协议才可以取路由表中的所有或部分其他协议的路由来进行广播。

在整个 IP 互联网络中，如果从配置和故障管理的角度看，一个自治系统内最好能够运行单一的路由选择协议，而不是多种路由选择协议。

重分发分为两种：双向重分发和单向重分发。双向重分发指在两路路由选择进程之间重分发所有路由；单向重分发指将一条路由传递给一种路由选择协议，同时只将通过该路由选择协议获得的网络传递给其他路由选择协议。

2. 路由重分发配置

配置路由重分发与路由控制时，主要涉及 RIP 与 OSPF 路由重分发配置、直连路由重分发配置、静态路由重分发配置及分发列表配置。

（1）配置 RIP 的重分发

步骤 1：创建 RIP 路由进程。

router(config)#**router rip**

步骤 2：配置 RIP 的路由重分发。*protocol* 表示路由重分发的源路由协议。**metric** *metric-value* 表示重分发的路由度量值。**match** *internal* | *external nssa-external type* 用来设置路由重分发的条件且只适合重分发的源路由协议为 OSPF。**route-map** *map-tag* 表示应用路由图进行重分发控制。

router(config-router)#**redistribute** *protocol*[**metric** *metric-value*] [**match** *internal* | *external nssa-external type*] [**route-map** *map-tag*]

（2）配置 OSPF 的重分发

步骤 1：创建 OSPF 路由进程。

router(config)#**router ospf**

步骤 2：配置 OSPF 协议的路由重分发。*protocol* 表示路由重分发的源路由协议。**metric** *metric-value* 表示重分发的路由度量值。*metric-type* 用来设置重分发的路由度量类型。**tag** *tag-value* 表示重分发的路由的 tag。**route-map** *map-tag* 表示应用路由图进行重分发控制。**subnets** 表示无类别路由。

router(config-router)#**redistribute** *protocol*[**metric** *metric-value*] [*metric-type* {1|2}] [**tag** *tag-value*] [**route-map** *map-tag*] [**subnets**]

（3）配置直连路由的重分发

① RIP 重分发直连路由命令。

router(config-router)#**redistribute connected**[**metric** *metric-value*]

② OSPF 协议重分发直连路由命令。

router(config-router)#**redistribute connected**[**subnets**] [**metric** *metric-value*]
[*metric-type* {1|2}] [**tag** *tag-value*] [**route-map** *map-tag*]

（4）配置静态路由的重分发

① RIP 重分发静态路由命令。

router(config-router)#**redistribute static**[**metric** *metric-value*]

② OSPF 协议重分发静态路由命令。

router(config-router)#**redistribute static**[**subnets**] [**metric** *metric-value*]
[*metric-type* {1|2}] [**tag** *tag-value*] [**route-map** *map-tag*]

（5）配置默认路由的重分发

① RIP 重分发默认路由命令。

router(config-router)#**default-information originate**[**route-map** *map-name*]

② OSPF 协议重分发默认路由命令。

router(config-router)#**default-information originate**[**always**] [**metric** *metric-value*] [**metric-type** *type-value*] [**route-map** *map-name*]

4.7.1　任务一：配置路由重分发

【任务描述】

由于路由器 RA 上运行 RIP V2 动态路由，路由器 RC 上运行 OSPF 动态路由，需要在运行不同路由协议的网络边界路由器 RB 上配置路由重分发，实现网络的互通。路由器 RB 的接口 F0/0 运行 RIP V2 路由协议，接口 F0/1 运行 OSPF 路由协议且在 Area 0 区域，接口 L0 和 L1

为外部路由；路由器 RC 的接口 F0/1、L0 和 L1 运行 OSPF 路由协议。其中，接口 F0/1 在区域 Area 0，接口 L0 和 L1 在区域 Area 1。其网络拓扑结构如图 4-20 所示。

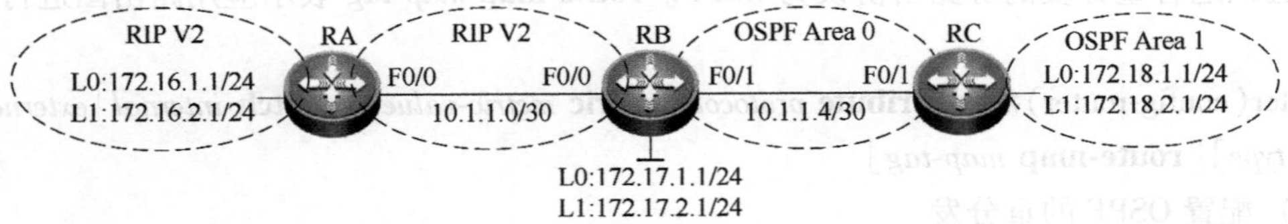

图 4-20　配置路由重分发的网络拓扑结构

【任务实施】

1. 配置路由器各接口的 IP 地址

（1）在路由器 RA 上配置 IP 地址

```
RA(config)#interface FastEthernet 0/0
RA(config-if-FastEthernet 0/0)#ip address 10.1.1.1 255.255.255.252
RA(config-if-FastEthernet 0/0)#no shutdown
RA(config)#interface loopback 0
RA(config-if-Loopback 0)#ip address 172.16.1.1 255.255.255.0
RA(config)#interface loopback 1
RA(config-if-Loopback 1)#ip address 172.16.2.1 255.255.255.0
```

（2）在路由器 RB 上配置 IP 地址

```
RB(config)#interface FastEthernet 0/0
RB(config-if-FastEthernet 0/0)#ip address 10.1.1.2 255.255.255.252
RB(config-if-FastEthernet 0/0)#no shutdown
RB(config)#interface FastEthernet 0/1
RB(config-if-FastEthernet 0/1)#ip address 10.1.1.5 255.255.255.252
RB(config-if-FastEthernet 0/1)#no shutdown
RB(config)#interface loopback 0
RB(config-if-Loopback 0)#ip address 172.17.1.1 255.255.255.0
RB(config)#interface loopback 1
RB(config-if-Loopback 1)#ip address 172.17.2.1 255.255.255.0
```

（3）在路由器 RC 上配置 IP 地址

```
RC(config)#interface FastEthernet 0/1
RC(config-if-FastEthernet 0/1)#ip address 10.1.1.6 255.255.255.252
RC(config-if-FastEthernet 0/1)#no shutdown
RC(config-if-FastEthernet 0/1)#exit
RC(config)#interface loopback 0
RC(config-if-Loopback 0)#ip address 172.18.1.1 255.255.255.0
```

```
RC(config)#interface loopback 1
RC(config-if-Loopback 1)#ip address 172.18.2.1 255.255.255.0
```

2. 配置 RIP 和 OSPF

（1）在路由器 RA 上配置 RIP 路由

```
RA(config)#router rip
RA(config-router)#version 2
RA(config-router)#network 10.0.0.0
RA(config-router)#network 172.16.0.0
RA(config-router)#no auto-summary
```

（2）在路由器 RB 上配置 OSPF 路由

```
RB(config)#router ospf 100
RB(config-router)#network 10.1.1.4 0.0.0.3 area 0
```

（3）在路由器 RB 上配置 RIP 路由

```
RB(config)#router rip
RB(config-router)#version 2
RB(config-router)#network 10.0.0.0
RB(config-router)#no auto-summary
```

（4）在路由器 RC 上配置 OSPF 路由

```
RC(config)#router ospf 100
RC(config-router)#network 10.1.1.4 0.0.0.3 area 0
RC(config-router)#network 172.18.1.0 0.0.0.255 area 1
RC(config-router)#network 172.18.2.0 0.0.0.255 area 1
```

3. 配置路由重分发

（1）在路由器 RB 上配置 OSPF 路由重分发

```
RB(config)#router ospf 100
RB(config-router)#redistribute rip subnets              #将 RIP 路由重分发到
                                                          OSPF 中
RB(config-router)#redistribute connected subnets        #将直连路由重分发到
                                                          OSPF 中
```

（2）在路由器 RB 上配置 RIP 路由重分发

```
RB(config)#router rip
RB(config-router)#redistribute ospf 100 metric 3        #将 OSPF 路由重分
                                                          发到 RIP 中
RB(config-router)#redistribute connected                #将直连路由重分发
                                                          到 RIP 中
```

4. 验证测试

（1）在路由器 RA 上查看路由表

```
RA#show ip route

Codes:C-connected,S-static,R-RIP,B-BGP
      O-OSPF,IA-OSPF inter area
      N1-OSPF NSSA external type 1,N2-OSPF NSSA external type 2
      E1-OSPF external type 1,E2-OSPF external type 2
      i-IS-IS,su-IS-IS summary,L1-IS-IS level-1,L2-IS-IS level-2
      ia-IS-IS inter area,*-candidate default

Gateway of last resort is no set
C    10.1.1.0/30 is directly connected,FastEthernet 0/0
C    10.1.1.1/32 is local host
R    10.1.1.4/30 [120/1] via 10.1.1.2,00:06:41,FastEthernet 0/0
C    172.16.1.0/24 is directly connected,Loopback 0
C    172.16.1.1/32 is local host
C    172.16.2.0/24 is directly connected,Loopback 1
C    172.16.2.1/32 is local host
R    172.17.1.0/24 [120/1] via 10.1.1.2,00:00:07,FastEthernet 0/0
R    172.17.2.0/24 [120/1] via 10.1.1.2,00:00:07,FastEthernet 0/0
R    172.18.1.1/32 [120/1] via 10.1.1.2,00:04:45,FastEthernet 0/0
R    172.18.2.1/32 [120/1] via 10.1.1.2,00:04:45,FastEthernet 0/0
```

从 RA 的路由表可以看出，RA 学习到了被重分发的 OSPF 子网的路由信息。

（2）在路由器 RC 上查看路由表

```
RC#show ip route

Codes:  C-connected,S-static,R-RIP,B-BGP
      O-OSPF,IA-OSPF inter area
      N1-OSPF NSSA external type 1,N2-OSPF NSSA external type 2
      E1-OSPF external type 1,E2-OSPF external type 2
      i-IS-IS,su-IS-IS summary,L1-IS-IS level-1,L2-IS-IS level-2
      ia-IS-IS inter area,*-candidate default

Gateway of last resort is no set
O E2 10.1.1.0/30 [110/20] via 10.1.1.5,00:04:36,FastEthernet 0/1
C    10.1.1.4/30 is directly connected,FastEthernet 0/1
C    10.1.1.6/32 is local host
O E2 172.16.1.0/24 [110/20] via 10.1.1.5,00:04:36,FastEthernet 0/1
```

```
O E2 172.16.2.0/24 [110/20] via 10.1.1.5,00:04:36,FastEthernet 0/1
O E2 172.17.1.0/24 [110/20] via 10.1.1.5,00:00:21,FastEthernet 0/1
O E2 172.17.2.0/24 [110/20] via 10.1.1.5,00:00:21,FastEthernet 0/1
C    172.18.1.0/24 is directly connected,Loopback 0
C    172.18.1.1/32 is local host
C    172.18.2.0/24 is directly connected,Loopback 1
C    172.18.2.1/32 is local host
```

从 RC 的路由表可以看出，RC 学习到了被重分发的 RIP 子网的路由信息。

4.7.2　任务二：配置路由控制与过滤

【任务描述】

由于路由器 RA 上运行 OSPF 动态路由，路由器 RC 上运行 RIP V2 动态路由，需要在运行不同路由协议的网络边界路由器 RB 上配置路由重分发，实现网络的互通。要求配置分发列表实现路由器 RA 接口 L0 子网信息可以发布给 RIP 路由，接口 L1 子网信息不发布给 RIP 路由。其网络拓扑结构如图 4-21 所示。

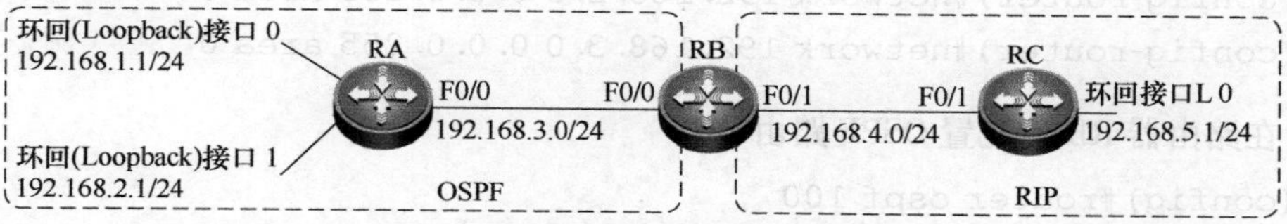

图 4-21　配置路由控制与过滤的网络拓扑结构

【任务实施】

1. 配置路由器各接口的 IP 地址

（1）在路由器 RA 上配置 IP 地址

```
RA(config)#interface loopback 0
RA(config-if-Loopback 0)#ip address 192.168.1.1 255.255.255.0
RA(config-if-Loopback 0)#exit
RA(config)#interface loopback 1
RA(config-if-Loopback 1)#ip address 192.168.2.1 255.255.255.0
RA(config-if-Loopback 1)#exit
RA(config)#interface FastEthernet 0/0
RA(config-if-FastEthernet 0/0)#ip address 192.168.3.1 255.255.255.0
RA(config-if-FastEthernet 0/0)#no shutdown
```

（2）在路由器 RB 上配置 IP 地址

```
RB(config)#interface FastEthernet 0/0
RB(config-if-FastEthernet 0/0)#ip address 192.168.3.2 255.255.255.0
RB(config-if-FastEthernet 0/0)#no shutdown
RB(config-if-FastEthernet 0/0)#exit
```

```
RB(config)#interface FastEthernet 0/1
RB(config-if-FastEthernet 0/1)#ip address 192.168.4.1 255.255.255.0
RB(config-if-FastEthernet 0/1)#no shutdown
```

（3）在路由器 RC 上配置 IP 地址

```
RC(config)#interface FastEthernet 0/1
RC(config-if-FastEthernet 0/1)#ip address 192.168.4.2 255.255.255.0
RC(config-if-FastEthernet 0/1)#no shutdown
RC(config-if-FastEthernet 0/1)#exit
RC(config)#interface loopback 0
RC(config-if-Loopback 0)#ip address 192.168.5.1 255.255.255.0
```

2. 配置 RIP 和 OSPF 路由

（1）在路由器 RA 上配置 OSPF 路由

```
RA(config)#router ospf 100
RA(config-router)#network 192.168.1.0 0.0.0.255 area 0
RA(config-router)#network 192.168.2.0 0.0.0.255 area 0
RA(config-router)#network 192.168.3.0 0.0.0.255 area 0
```

（2）在路由器 RB 上配置 OSPF 路由

```
RB(config)#router ospf 100
RB(config-router)#network 192.168.3.0 0.0.0.255 area 0
```

（3）在路由器 RB 上配置 RIP 路由

```
RB(config)#router rip
RB(config-router)#version 2
RB(config-router)#network 192.168.4.0
RB(config-router)#no auto-summary
```

（4）在路由器 RC 上配置 RIP 路由

```
RC(config)#router rip
RC(config-router)#version 2
RC(config-router)#network 192.168.4.0
RC(config-router)#network 192.168.5.0
RC(config-router)#no auto-summary
```

3. 在路由器 RB 上配置路由重分发

```
RB(config)#router ospf 100
RB(config-router)#redistribute rip subnets              #将 RIP 路由重分发到
                                                          OSPF 中
RB(config-router)#redistribute connected subnets        #将直连路由重分发到
                                                          OSPF 中
```

```
RB(config-router)#exit
RB(config)#router rip
RB(config-router)#redistribute ospf 100 metric 3          #将 OSPF 路由重分
                                                            发到 RIP 中
RB(config-router)#redistribute connected                  #将直连路由重分发
                                                            到 RIP 中
```

4. 在路由器 RB 上配置分发列表

```
RB(config)#access-list 10 deny 192.168.1.0 0.0.0.255      #拒绝网段 192.168.1.0
RB(config)#access-list 10 permit any                      #允许所有网段
RB(config)#router rip
RB(config-router)#distribute-list 10 out FastEthernet 0/1  #配置分发列表
```

5. 验证测试

```
RC#show ip route

Codes:C-connected,S-static,R-RIP,B-BGP
     O-OSPF,IA-OSPF inter area
     N1-OSPF NSSA external type 1,N2-OSPF NSSA external type 2
     E1-OSPF external type 1,E2-OSPF external type 2
     i-IS-IS,su-IS-IS summary,L1-IS-IS level-1,L2-IS-IS level-2
     ia-IS-IS inter area,*-candidate default

Gateway of last resort is no set
R    192.168.2.1/32 [120/1] via 192.168.4.1,00:04:03,FastEthernet 0/1
R    192.168.3.0/24 [120/1] via 192.168.4.1,00:04:03,FastEthernet 0/1
C    192.168.4.0/24 is directly connected,FastEthernet 0/1
C    192.168.4.2/32 is local host
C    192.168.5.0/24 is directly connected,Loopback 0
C    192.168.5.1/32 is local host
```

从输出结果可以看到，在配置了分发列表后，路由器 RC 无法学习到路由器 RA 的接口 L0 网段 192.168.1.0/24 的信息。

【小结】

通过路由重分发和路由控制的学习，主要掌握 RIP 与 OSPF 路由重分发、静态路由重分发、直连路由重分发、默认路由重分发、配置分发列表、调整 AD 值等配置与管理工作。

4.8　路由汇总与路由协议认证

【知识准备】

1. 路由汇总概述

路由汇总的“含义”是把一组路由汇聚为一个单个的路由广播。路由汇聚的最终结果和最明显的好处，是缩小网络上的路由表的尺寸。除了缩小路由表的尺寸之外，路由汇总还能通过在网络连接断开之后限制路由通信的传播来提高网络的稳定性。

2. 路由汇总与路由协议认证配置

配置路由汇总与路由协议认证，主要涉及 RIP 的路由汇总、RIP 的路由协议认证、OSPF 的路由汇总及 OSPF 的路由协议认证。

（1）配置 RIP V2 的手动汇总

summary-address 表示汇总网络地址。*netmask* 表示汇总网络地址段的子网掩码。

router(config-if)#**ip summary-address rip** *summary-address netmask*

（2）配置 RIP 的路由协议认证

步骤 1：配置密钥链。*key-chain-link* 表示密钥链，密钥链只在本地有效。

router(config)#**key chain** *key-chain-link*

步骤 2：配置密钥 ID。*number* 表示密钥 ID。定义一把钥匙，对端口的钥匙和密钥必须一样。

router(config-keychain)#**key** *number*

步骤 3：配置密钥值。*value* 表示密钥值。

router(config-keychain-key)#**key-string** *value*

步骤 4：进入相应接口，配置验证方式。

router(config)#**interface** *interface-id*

router(config-if)#**ip rip authenticatin mode md5**

步骤 5：启用 RIP 验证。调用步骤 1 创建的密钥链。

router(config-if)#**ip rip authenticatin key-chain** *key-chain-link*

（3）配置 OSPF 的路由汇总

步骤 1：配置 OSPF 内部路由汇总。*area-id* 表示区域编号。

router(config-router)#**area** *area-id* **range** *network mask*

步骤 2：配置 OSPF 外部路由汇总。

router(config-router)#**summary-address** *network mask*

（4）配置 OSPF 的路由协议认证

步骤 1：设置 OSPF 明文认证密钥。*key* 是密钥。

router(config-if)#**ip ospf authentication-key** *key*

步骤 2：设置 OSPF MD5 认证密钥。*key-id* 为密钥 ID。*key* 为密钥。

router(config-if)#**ip ospf message-digest-key** *key-id* **md5** *key*

4.8.1 任务一：配置 RIP 路由汇总与路由协议认证

【任务描述】

在路由器 RA、RB 与 RC 上配置 RIP V2 动态路由，实现全网互通；为了减少路由器查找路由表的时间，希望减小路由表的规模，在路由器 RA 与 RC 上配置 RIP 手工汇总；出于安全性的考虑，希望路由信息交换都是在可信任的路由器之间进行，可以通过在路由器上配置路由协议认证实现。其网络拓扑结构如图 4-22 所示。

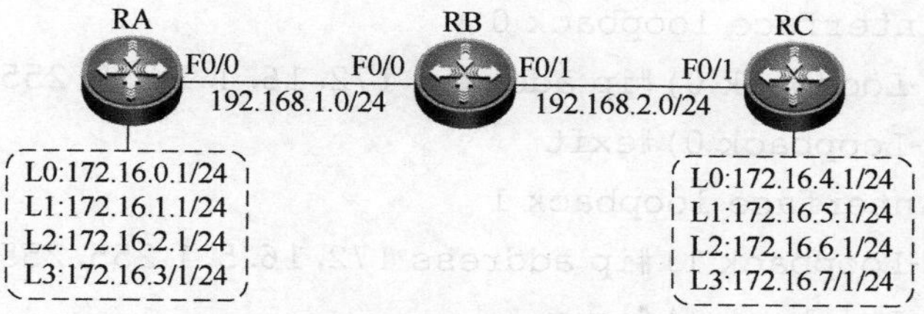

图 4-22　配置 RIP 路由汇总与路由协议认证的网络拓扑结构

【任务实施】

1. 配置路由器各接口的 IP 地址

（1）在路由器 RA 上配置 IP 地址

```
RA(config)#interface FastEthernet 0/0
RA(config-if-FastEthernet 0/0)#ip address 192.168.1.1 255.255.255.0
RA(config-if-FastEthernet 0/0)#no shutdown
RA(config-if-FastEthernet 0/0)#exit
RA(config)#interface loopback 0
RA(config-if-Loopback 0)#ip address 172.16.0.1 255.255.255.0
RA(config-if-Loopback 0)#exit
RA(config)#interface loopback 1
RA(config-if-Loopback 1)#ip address 172.16.1.1 255.255.255.0
RA(config-if-Loopback 1)#exit
RA(config)#interface loopback 2
RA(config-if-Loopback 2)#ip address 172.16.2.1 255.255.255.0
RA(config-if-Loopback 2)#exit
RA(config)#interface loopback 3
RA(config-if-Loopback 3)#ip address 172.16.3.1 255.255.255.0
```

（2）在路由器 RB 上配置 IP 地址

```
RB(config)#interface FastEthernet 0/0
RB(config-if-FastEthernet 0/0)#ip address 192.168.1.2 255.255.255.0
RB(config-if-FastEthernet 0/0)#no shutdown
RB(config-if-FastEthernet 0/0)#exit
RB(config)#interface FastEthernet 0/1
RB(config-if-FastEthernet 0/1)#ip address 192.168.2.1 255.255.255.0
RB(config-if-FastEthernet 0/1)#no shutdown
```

（3）在路由器 RC 上配置 IP 地址

```
RC(config)#interface FastEthernet 0/1
RC(config-if-FastEthernet 0/1)#ip address 192.168.2.2 255.255.255.0
RC(config-if-FastEthernet 0/1)#no shutdown
RC(config-if-FastEthernet 0/1)#exit
```

```
RC(config)#interface loopback 0
RC(config-if-Loopback 0)#ip address 172.16.4.1 255.255.255.0
RC(config-if-Loopback 0)#exit
RC(config)#interface loopback 1
RC(config-if-Loopback 1)#ip address 172.16.5.1 255.255.255.0
RC(config-if-Loopback 1)#exit
RC(config)#interface loopback 2
RC(config-if-Loopback 2)#ip address 172.16.6.1 255.255.255.0
RC(config-if-Loopback 2)#exit
RC(config)#interface loopback 3
RC(config-if-Loopback 3)#ip address 172.16.7.1 255.255.255.0
```

2. 配置 RIP 版本

（1）在路由器 RA 上 RIP 路由

```
RA(config)#router rip
RA(config-router)#version 2
RA(config-router)#network 172.16.0.0
RA(config-router)#network 192.168.1.0
RA(config-router)#no auto-summary
```

（2）在路由器 RB 上 RIP 路由

```
RB(config)#router rip
RB(config-router)#version 2
RB(config-router)#network 192.168.1.0
RB(config-router)#network 192.168.2.0
RB(config-router)#no auto-summary
```

（3）在路由器 RC 上 RIP 路由

```
RC(config)#router rip
RC(config-router)#version 2
RC(config-router)#network 192.168.2.0
RC(config-router)#network 172.16.0.0
RC(config-router)#no auto-summary
```

3. 验证测试

```
RB#show ip route

Codes:C-connected,S-static,R-RIP,B-BGP
      O-OSPF,IA-OSPF inter area
      N1-OSPF NSSA external type 1,N2-OSPF NSSA external type 2
      E1-OSPF external type 1,E2-OSPF external type 2
```

```
       i-IS-IS,su-IS-IS summary,L1-IS-IS level-1,L2-IS-IS level-2
       ia-IS-IS inter area, *-candidate default

 Gateway of last resort is no set
 R     172.16.0.0/24 [120/1] via 192.168.1.1,00:10:05,FastEthernet 0/0
 R     172.16.1.0/24 [120/1] via 192.168.1.1,00:10:05,FastEthernet 0/0
 R     172.16.2.0/24 [120/1] via 192.168.1.1,00:10:05,FastEthernet 0/0
 R     172.16.3.0/24 [120/1] via 192.168.1.1,00:10:05,FastEthernet 0/0
 R     172.16.4.0/24 [120/1] via 192.168.2.2,00:06:24,FastEthernet 0/1
 R     172.16.4.0/22 [120/1] via 192.168.2.2,00:01:24,FastEthernet 0/1
 R     172.16.5.0/24 [120/1] via 192.168.2.2,00:06:24,FastEthernet 0/1
 R     172.16.6.0/24 [120/1] via 192.168.2.2,00:06:24,FastEthernet 0/1
 R     172.16.7.0/24 [120/1] via 192.168.2.2,00:06:24,FastEthernet 0/1
 C     192.168.1.0/24 is directly connected,FastEthernet 0/0
 C     192.168.1.2/32 is local host
 C     192.168.2.0/24 is directly connected,FastEthernet 0/1
 C     192.168.2.1/32 is local host
```

4. 配置 RIP 手动汇总

（1）在路由器 RA 上配置手动汇总

```
RA(config)#interface FastEthernet 0/0
RA (config-if-FastEthernet 0/0) # ip summary-address rip 172.16.0.0
255.255.252.0
```

（2）在路由器 RC 上配置手动汇总

```
RC(config)#interface FastEthernet 0/1
RC (config-if-FastEthernet 0/1) # ip summary-address rip 172.16.4.0
255.255.252.0
```

5. 验证测试

```
RB#show ip route
Codes:C-connected,S-static,R-RIP,B-BGP
      O-OSPF,IA-OSPF inter area
      N1-OSPF NSSA external type 1,N2-OSPF NSSA external type 2
      E1-OSPF external type 1,E2-OSPF external type 2
      i-IS-IS,su-IS-IS summary,L1-IS-IS level-1,L2-IS-IS level-2
      ia-IS-IS inter area, *-candidate default

Gateway of last resort is no set
R    172.16.0.0/22 [120/1] via 192.168.1.1,00:03:29,FastEthernet 0/0
```

```
R    172.16.4.0/22 [120/1] via 192.168.2.2,00:09:10,FastEthernet 0/1
C    192.168.1.0/24 is directly connected,FastEthernet 0/0
C    192.168.1.2/32 is local host
C    192.168.2.0/24 is directly connected,FastEthernet 0/1
C    192.168.2.1/32 is local host
```

6. 配置 RIP 验证

（1）在路由器 RA 上配置 RIP 验证

```
RA(config)#key chain ruijie                                   #配置密钥链
RA(config-keychain)#key 1                                     #配置密钥 ID
RA(config-keychain-key)#key-string 12345                      #配置密钥值
RA(config-keychain-key)#exit
RA(config-keychain)#exit
RA(config)#interface FastEthernet 0/0
RA(config-if)#ip rip authentication mode md5                  #配置验证方式为 MD5
RA(config-if)#ip rip authentication key-chain ruijie #配置接口启用 RIP 验证
```

（2）在路由器 RB 上配置 RIP 验证

```
RB(config)#key chain ruijie                                   #配置密钥链
RB(config-keychain)#key 1                                     #配置密钥 ID
RB(config-keychain-key)#key-string 12345                      #配置密钥值
RB(config-keychain-key)#exit
RB(config-keychain)#exit
RB(config)#interface FastEthernet 0/0
RB(config-if)#ip rip authentication mode md5                  #配置验证方式为 MD5
RB(config-if)#ip rip authentication key-chain ruijie #配置接口启用 RIP 验证
RB(config-if)#exit
RB(config)#interface FastEthernet 0/1
RB(config-if)#ip rip authentication mode md5                  #配置验证方式为 MD5
RB(config-if)#ip rip authentication key-chain ruijie #在接口上应用密钥链
```

（3）在路由器 RC 上配置 RIP 验证

```
RC(config)#key chain ruijie                                   #配置密钥链
RC(config-keychain)#key 1                                     #配置密钥 ID
RC(config-keychain-key)#key-string 12345                      #配置密钥值
RC(config-keychain-key)#exit
RC(config-keychain)#exit
RC(config)#interface FastEthernet 0/1
RC(config-if)#ip rip authentication mode md5                  #配置验证方式为 MD5
RC(config-if)#ip rip authentication key-chain ruijie #在接口上应用密钥链
```

4.8.2　任务二：配置 OSPF 路由汇总

【任务描述】

在路由器 RA、RB 与 RC 上配置 OSPF 多区域路由，实现全网互通。路由器 RA 的接口 L0、L1、L2 和 L3 在区域 Area 1，接口 F0/0 在区域 Area 0；路由器 RB 的接口 F0/0 在区域 Area 0，接口 F0/1 在区域 Area 2；路由器 RC 的接口 F0/1 在区域 Area 2，接口 L0、L1、L2 和 L3 为外部路由。为了减少路由表条目，需要在路由器 RA 上配置路由汇总，在路由器 RC 上配置区域外路由汇总。其网络拓扑结构，如图 4-23 所示。

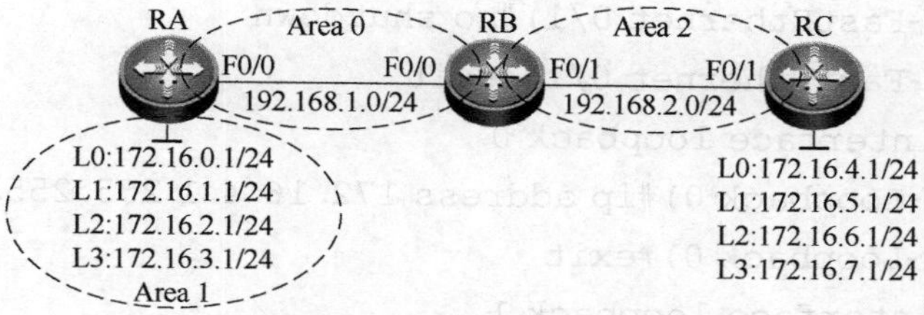

图 4-23　配置 OSPF 路由汇总的网络拓扑结构

【任务实施】

1. 配置路由器各接口的 IP 地址

（1）在路由器 RA 上配置 IP 地址

```
RA(config)#interface FastEthernet 0/0
RA(config-if-FastEthernet 0/0)#ip address 192.168.1.1 255.255.255.0
RA(config-if-FastEthernet 0/0)#no shutdown
RA(config-if-FastEthernet 0/0)#exit
RA(config)#interface loopback 0
RA(config-if-Loopback 0)#ip address 172.16.0.1 255.255.255.0
RA(config-if-Loopback 0)#exit
RA(config)#interface loopback 1
RA(config-if-Loopback 1)#ip address 172.16.1.1 255.255.255.0
RA(config-if-Loopback 1)#exit
RA(config)#interface loopback 2
RA(config-if-Loopback 2)#ip address 172.16.2.1 255.255.255.0
RA(config-if-Loopback 2)#exit
RA(config)#interface loopback 3
RA(config-if-Loopback 3)#ip address 172.16.3.1 255.255.255.0
```

（2）在路由器 RB 上配置 IP 地址

```
RB(config)#interface FastEthernet 0/0
RB(config-if-FastEthernet 0/0)#ip address 192.168.1.2 255.255.255.0
```

```
RB(config-if-FastEthernet 0/0)#no shutdown
RB(config-if-FastEthernet 0/0)#exit
RB(config)#interface FastEthernet 0/1
RB(config-if-FastEthernet 0/1)#ip address 192.168.2.1 255.255.255.0
RB(config-if-FastEthernet 0/1)#no shutdown
```

（3）在路由器 RC 上配置 IP 地址

```
RC(config)#interface FastEthernet 0/1
RC(config-if-FastEthernet 0/1)#ip address 192.168.2.2 255.255.255.0
RC(config-if-FastEthernet 0/1)#no shutdown
RC(config-if-FastEthernet 0/1)#exit
RC(config)#interface loopback 0
RC(config-if-Loopback 0)#ip address 172.16.4.1 255.255.255.0
RC(config-if-Loopback 0)#exit
RC(config)#interface loopback 1
RC(config-if-Loopback 1)#ip address 172.16.5.1 255.255.255.0
RC(config-if-Loopback 1)#exit
RC(config)#interface loopback 2
RC(config-if-Loopback 2)#ip address 172.16.6.1 255.255.255.0
RC(config-if-Loopback 2)#exit
RC(config)#interface loopback 3
RC(config-if-Loopback 3)#ip address 172.16.7.1 255.255.255.0
```

2. 配置 OSPF

（1）在路由器 RA 上配置 OSPF 路由

```
RA(config)#router ospf 10
RA(config-router)#network 192.168.1.0 0.0.0.255 area 0
RA(config-router)#network 172.16.0.0 0.0.0.255 area 1
RA(config-router)#network 172.16.1.0 0.0.0.255 area 1
RA(config-router)#network 172.16.2.0 0.0.0.255 area 1
RA(config-router)#network 172.16.3.0 0.0.0.255 area 1
```

（2）在路由器 RB 上配置 OSPF 路由

```
RB(config)#router ospf 10
RB(config-router)#network 192.168.1.0 0.0.0.255 area 0
RB(config-router)#network 192.168.2.0 0.0.0.255 area 2
```

（3）在路由器 RB 上配置 OSPF 路由

```
RC(config)#router ospf 10
RC(config-router)#network 192.168.2.0 0.0.0.255 area 2
```

3. 验证测试

（1）在路由器 RC 上查看路由表

```
RC#show ip route

Codes:C-connected,S-static,R-RIP,B-BGP
     O-OSPF,IA-OSPF inter area
     N1-OSPF NSSA external type 1,N2-OSPF NSSA external type 2
     E1-OSPF external type 1,E2-OSPF external type 2
     i-IS-IS,su-IS-IS summary,L1-IS-IS level-1,L2-IS-IS level-2
     ia-IS-IS inter area, * -candidate default
Gateway of last resort is no set
O IA 172.16.0.1/32 [110/2] via 192.168.2.1,00:01:04,FastEthernet 0/1
O IA 172.16.1.1/32 [110/2] via 192.168.2.1,00:01:04,FastEthernet 0/1
O IA 172.16.2.1/32 [110/2] via 192.168.2.1,00:01:04,FastEthernet 0/1
O IA 172.16.3.1/32 [110/2] via 192.168.2.1,00:01:04,FastEthernet 0/1
C     172.16.4.0/24 is directly connected,Loopback 0
C     172.16.4.1/32 is local host
C     172.16.5.0/24 is directly connected,Loopback 1
C     172.16.5.1/32 is local host
C     172.16.6.0/24 is directly connected,Loopback 2
C     172.16.6.1/32 is local host
C     172.16.7.0/24 is directly connected,Loopback 3
C     172.16.7.1/32 is local host
O IA 192.168.1.0/24 [110/2] via 192.168.2.1,00:01:04,FastEthernet 0/1
C     192.168.2.0/24 is directly connected,FastEthernet 0/1
C     192.168.2.2/32 is local host
```

从 RC 的路由表可以看出，RC 学习到了 RA 的 4 个 Loopback 接口的路由信息。

（2）在路由器 RA 上查看路由表

```
RA#show ip route

Codes:C-connected,S-static,R-RIP,B-BGP
     O-OSPF,IA-OSPF inter area
     N1-OSPF NSSA external type 1,N2-OSPF NSSA external type 2
     E1-OSPF external type 1,E2-OSPF external type 2
     i-IS-IS,su-IS-IS summary,L1-IS-IS level-1,L2-IS-IS level-2
     ia-IS-IS inter area, * -candidate default
Gateway of last resort is no set
C     172.16.0.0/24 is directly connected,Loopback 0
C     172.16.0.1/32 is local host
```

```
C    172.16.1.0/24 is directly connected,Loopback 1
C    172.16.1.1/32 is local host
C    172.16.2.0/24 is directly connected,Loopback 2
C    172.16.2.1/32 is local host
C    172.16.3.0/24 is directly connected,Loopback 3
C    172.16.3.1/32 is local host
C    192.168.1.0/24 is directly connected,FastEthernet 0/0
C    192.168.1.1/32 is local host
O IA 192.168.2.0/24 [110/2] via 192.168.1.2,00:06:58,FastEthernet 0/0
```

从 RA 的路由表可以看出，RA 没有学习到 RC 的 Loopback 接口的路由信息。

4. 直连路由重分发

```
RC(config)#router ospf
RC(config-router)#redistribute connected subnets metric 3   #配置直连路由重分发
```

5. 验证测试

```
RA#show ip route

Codes:C-connected,S-static,R-RIP,B-BGP
    O-OSPF,IA-OSPF inter area
    N1-OSPF NSSA external type 1,N2-OSPF NSSA external type 2
    E1-OSPF external type 1,E2-OSPF external type 2
    i-IS-IS,su-IS-IS summary,L1-IS-IS level-1,L2-IS-IS level-2
    ia-IS-IS inter area,*-candidate default
Gateway of last resort is no set
C    172.16.0.0/24 is directly connected,Loopback 0
C    172.16.0.1/32 is local host
C    172.16.1.0/24 is directly connected,Loopback 1
C    172.16.1.1/32 is local host
C    172.16.2.0/24 is directly connected,Loopback 2
C    172.16.2.1/32 is local host
C    172.16.3.0/24 is directly connected,Loopback 3
C    172.16.3.1/32 is local host
O E2 172.16.4.0/24 [110/3] via 192.168.1.2,00:00:44,FastEthernet 0/0
O E2 172.16.5.0/24 [110/3] via 192.168.1.2,00:00:44,FastEthernet 0/0
O E2 172.16.6.0/24 [110/3] via 192.168.1.2,00:00:44,FastEthernet 0/0
O E2 172.16.7.0/24 [110/3] via 192.168.1.2,00:00:44,FastEthernet 0/0
C    192.168.1.0/24 is directly connected,FastEthernet 0/0
C    192.168.1.1/32 is local host
O IA 192.168.2.0/24 [110/2] via 192.168.1.2,00:09:36,FastEthernet 0/0
```

从 RA 的路由表可以看出，RA 学习到了 RC 的环回（Loopback）接口的外部路由信息。

6. 在路由器 RA 上配置区域间路由汇总

```
RA(config)#router ospf
RA(config-router)#area 1 range 172.16.0.0 255.255.252.0    #配置区域间
                                                              路由汇总
```

7. 在路由器 RC 上配置 OSPF 外部路由汇总

```
RC(config-router)#summary-address 172.16.4.0 255.255.252.0  #配置外部
                                                              路由汇总
```

8. 验证测试

```
RB#show ip route

Codes:C-connected,S-static,R-RIP,B-BGP
       O-OSPF,IA-OSPF inter area
       N1-OSPF NSSA external type 1,N2-OSPF NSSA external type 2
       E1-OSPF external type 1,E2-OSPF external type 2
       i-IS-IS,su-IS-IS summary,L1-IS-IS level-1,L2-IS-IS level-2
       ia-IS-IS inter area,*-candidate default
Gateway of last resort is no set
O IA 172.16.0.0/22 [110/1] via 192.168.1.1,00:03:47,FastEthernet 0/0
O E2 172.16.4.0/22 [110/3] via 192.168.2.2,00:01:29,FastEthernet 0/1
C    192.168.1.0/24 is directly connected,FastEthernet 0/0
C    192.168.1.2/32 is local host
C    192.168.2.0/24 is directly connected,FastEthernet 0/1
C    192.168.2.1/32 is local host
```

从 RB 的路由表可以看到，RB 学习到了 RA 的 Loopback 接口的汇总路由，学习到了 RC 的 Loopback 接口的外部汇总路由。

4.8.3　任务三：配置 OSPF 路由协议认证

【任务描述】

在路由器 RA、RB 与 RC 上配置 OSPF 多区域路由，实现全网互通。为了确保网络中路由信息的交换安全性，需要控制网络中的路由更新只在可信任的路由器之间学习。在 RA 与 RB 之间使用明文验证，在 RB 与 RC 之间使用 MD5 密文验证。其网络拓扑结构如图 4-24 所示。

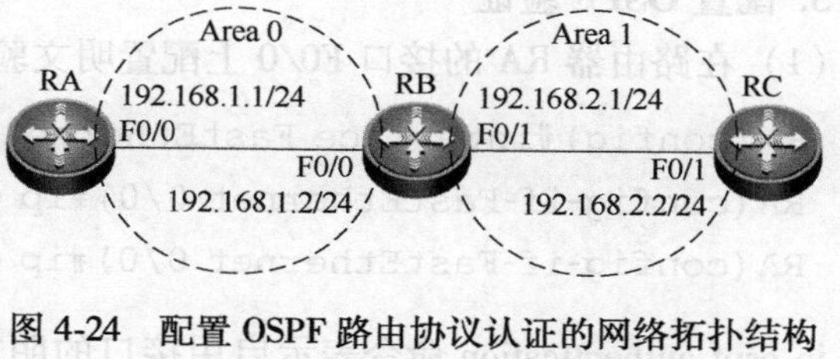

图 4-24　配置 OSPF 路由协议认证的网络拓扑结构

【任务实施】

1. 配置路由器各接口的 IP 地址

(1) 在路由器 RA 上配置 IP 地址

```
RA(config)#interface FastEthernet 0/0
RA(config-if-FastEthernet 0/0)#ip address 192.168.1.1 255.255.255.0
RA(config-if-FastEthernet 0/0)#no shutdown
```

(2) 在路由器 RB 上配置 IP 地址

```
RB(config)#interface FastEthernet 0/0
RB(config-if-FastEthernet 0/0)#ip address 192.168.1.2 255.255.255.0
RB(config-if-FastEthernet 0/0)#no shutdown
RB(config-if-FastEthernet 0/0)#exit
RB(config)#interface FastEthernet 0/1
RB(config-if-FastEthernet 0/1)#ip address 192.168.2.1 255.255.255.0
RB(config-if-FastEthernet 0/1)#no shutdown
```

(3) 在路由器 RC 上配置 IP 地址

```
RC(config)#interface FastEthernet 0/1
RC(config-if-FastEthernet 0/1)#ip address 192.168.2.2 255.255.255.0
RC(config-if-FastEthernet 0/1)#no shutdown
```

2. 配置 OSPF

(1) 在路由器 RA 上配置 OSPF 路由

```
RA(config)#router ospf 10
RA(config-router)#network 192.168.1.0 0.0.0.255 area 0
```

(2) 在路由器 RB 上配置 OSPF 路由

```
RB(config)#router ospf 10
RB(config-router)#network 192.168.1.0 0.0.0.255 area 0
RB(config-router)#network 192.168.2.0 0.0.0.255 area 1
```

(3) 在路由器 RC 上配置 OSPF 路由

```
RC(config)#router ospf 10
RC(config-router)#network 192.168.2.0 0.0.0.255 area 1
```

3. 配置 OSPF 验证

(1) 在路由器 RA 的接口 F0/0 上配置明文验证

```
RA(config)#interface FastEthernet 0/0
RA(config-if-FastEthernet 0/0)#ip ospf authentication
RA(config-if-FastEthernet 0/0)#ip ospf authentication-key 123
```

ip ospf authentication 命令表示启用接口的明文验证。ip ospf authentication-key 123 表示配

置明文验证的密码。

（2）在路由器 RB 的接口 F0/0 上配置明文验证，接口 F0/1 上配置密文验证

```
RB(config)#interface FastEthernet 0/0
RB(config-if-FastEthernet 0/0)#ip ospf authentication
RB(config-if-FastEthernet 0/0)#ip ospf authentication-key 123
RB(config-if-FastEthernet 0/0)#exit
RB(config)#interface FastEthernet 0/1
RB(config-if-FastEthernet 0/1)#ip ospf authentication message-digest
RB(config-if-FastEthernet 0/1)#ip ospf message-digest-key 1 md5 aaa
```

ip ospf authentication message-digest 命令表示启用 MD5 验证。ip ospf message-digest-key 1 md5 aaa 命令表示配置 MD5 验证的密钥 ID 和密钥。

（3）在路由器 RC 的接口 F0/1 上配置密文验证

```
RC(config)#interface FastEthernet 0/1
RC(config-if-FastEthernet 0/1)#ip ospf authentication message-digest
RC(config-if-FastEthernet 0/1)#ip ospf message-digest-key 1 md5 aaa
```

ip ospf authentication message-digest 命令表示启用 MD5 验证。ip ospf message-digest-key 1 md5 aaa 命令表示配置 MD5 验证的密钥 ID 和密钥。

4. 验证测试

```
RB#show ip ospf neighbor

OSPF process 1,2 Neighbors,2 is Full:
Neighbor ID   Pri  State      BFD State   Dead Time   Address
  Interface
192.168.1.1    1   Full/BDR   -           00:00:30    192.168.1.1
  FastEthernet 0/0
192.168.2.2    1   Full/DR    -           00:00:30    192.168.2.2
  FastEthernet 0/1
```

通过以上邻居状态信息可以看到，RB 与 RA 和 RC 成功地建立了 FULL 的邻接关系。

【小结】

通过路由汇总和路由协议认证的学习，主要掌握 RIP 路由汇总、OSPF 路由汇总、RIP 路由协议认证、OSPF 路由协议认证。

4.9 VRRP 技术

【知识准备】

1. VRRP 简介

虚拟路由冗余协议（virtual router redundancy protocol，VRRP）是用于实现路由器冗余的协议。在该协议中，对共享多存取访问介质（如以太网）上终端 IP 设备的默认网关（default gateway）进行冗余备份，从而在其中一台路由设备死机时，备份路由设备及时接管转发工作，向用户提供透明的切换，提高了网络服务质量。

VRRP 中有两组重要的概念：一组是 VRRP 路由器和虚拟路由器（virtual router）；另一组是主路由器（master router）和备份路由器（backup router）。

VRRP 路由器是指运行 VRRP 的路由器，是物理实体。虚拟路由器是指 VRRP 创建的，是逻辑概念。一组 VRRP 路由器协同工作，共同构成一台虚拟路由器。该虚拟路由器对外表现为一个具有唯一固定 IP 地址和 MAC 地址的逻辑路由器。

主路由器和备份路由器是 VRRP 中的两种路由器的角色。一个 VRRP 组中只有 1 台处于主控角色的路由器，但可以有一台或多台处于备份角色的路由器。VRRP 使用选择策略从路由器组中选出一台作为主控，负责 ARP 响应和转发 IP 数据包，组中的其他路由器作为备份的角色处于待命状态。当主路由器发生故障时，备份路由器能在几秒的时延后升级为主路由器。由于切换速度非常快，而且终端不用改变默认网关的 IP 地址，故对终端使用者是透明的。

2. VRRP 状态

组成虚拟路由器的路由器会有三种状态，分别是 Initialize（初始）、Master（活跃）、Backup（备份）。

（1）Initialize 状态

系统启动后，路由器进入此状态，当收到接口 startup 的消息，将转入 Backup（优先级不为 255 时）或 Master 状态（优先级为 255 时）。在此状态时，路由器不会对 VRRP 报文做任何处理。

（2）Master 状态

1）定期发送 VRRP 组播报文，发送免费（gratuitous）ARP 报文。

2）响应对虚拟 IP 地址的 ARP 请求，并且响应的是虚拟 MAC 地址，而不是接口的真实 MAC 地址。转发目的 MAC 地址为虚拟 MAC 地址的 IP 报文。

3）在 Master 状态中只有接收到比自己的优先级大的 VRRP 报文时，才会转为 Backup。只有当接收到接口的 Shutdown 事件时才会转为 Initialize。

（3）Backup 状态

1）接收 Master 发送的 VRRP 组播报文从中了解 Master 的状态。

2）对虚拟 IP 地址的 ARP 请求不做响应。

3）丢弃目的 MAC 地址为虚拟 MAC 地址的 IP 报文。

4）丢弃目的 IP 地址为虚拟 IP 地址的 IP 报文。

3. VRRP 工作原理

VRRP 的工作过程如下：

1）路由器开启 VRRP 功能后，会根据优先级确定自己在备份组中的角色。优先级高的成为主用路由器，优先级低的成为备用路由器。

主用路由器定期发送 VRRP 通告报文，通知备份组内的其他路由器自己工作正常；备用路由器则启动定时器等待通告报文的到来。

2）VRRP 在不同的主用抢占方式下，主用角色的替换方式不同。

在抢占方式下，当主用路由器收到 VRRP 通告报文后，会将自己的优先级与通告报文中的优先级进行比较。如果大于通告报文中的优先级，则成为主用路由器；否则将保持备用状态。

在非抢占方式下，只要主用路由器没有出现故障，备份组中的路由器始终保持主用或备用状态，备份组中的路由器即使随后被配置了更高的优先级也不会成为主用路由器。

3）如果备用路由器的定时器超时后仍未收到主用路由器发送来的 VRRP 通告报文，则认为主用路由器已经无法正常工作，此时备用路由器会认为自己是主用路由器，并对外发送 VRRP 通告报文。备份组内的路由器根据优先级选举出主用路由器，承担报文的转发功能。

4. 配置 VRRP

配置 VRRP 主要涉及 VRRP 单备份组配置、VRRP 多备份组配置和基于 SVI 的 VRRP 备份组配置。

（1）VRRP 基本配置

步骤 1：在接口模式下，配置 VRRP 组。*group-number* 表示 VRRP 组的编号，其取值范围为 1~255。*ip-address* 表示 VRRP 组的虚拟 IP 地址，虚拟 IP 地址可以是该子网中使用的 IP 地址，也可以是某台 VRRP 路由器接口的 IP 地址，即是 IP 地址拥有者。**secondary** 表示该 VRRP 组配置辅助 IP 地址。

router(config-if)#**vrrp** *group-number* **ip** *ip-address*[**secondary**]

步骤 2：配置 VRRP 优先级。*group-number* 表示 VRRP 组的编号。*number* 表示优先级，取值范围为 1~254，默认是 100。

router(config-if)#**vrrp** *group-number* **priority** *number*

（2）调整和优化 VRRP 配置

步骤 1：配置 VRRP 接口跟踪。*interface* 表示被跟踪的接口。*priority-decrement* 表示 VRRP 发现被跟踪接口不可用后，所降低的优先级数值，默认为 10，当跟踪接口恢复后，优先级也将恢复到原先的值。

router(config-if)#**vrrp** *group-number* **track** *interface*[*priority-decrement*]

步骤 2：配置 VRRP 抢占模式。*group-number* 表示 VRRP 组的编号。*delay-time* 表示抢占的延迟时间，即发送通告报文前等待的时间，时间为 s，取值范围为 1~255，如果不配置延迟时间，默认值为 0s。

router(config-if)#**vrrp** *group-number* **preempt**[**delay** *delay-time*]

步骤 3：配置 VRRP 定时器。*group-number* 是 VRRP 组的编号。*advertise-interval* 表示通告报文的发送间隔，单位为 s，取值范围为 1~255，默认值为 1s。

router(config-if)#**vrrp** *group-number* **timers advertise** *advertise-interval*

步骤 4：配置 VRRP 验证。*string* 表示明文密码。

router(config-if)#**vrrp** *group-number* **authentication** *string*

4.9.1 任务一：配置 VRRP 单备份组

【任务描述】

将路由器 RB 和 RC 配置到一个 VRRP 组中，每一个 VRRP 组虚拟出一台虚拟路由器，作为网络中主机的网关。其网络拓扑结构如图 4-25 所示。

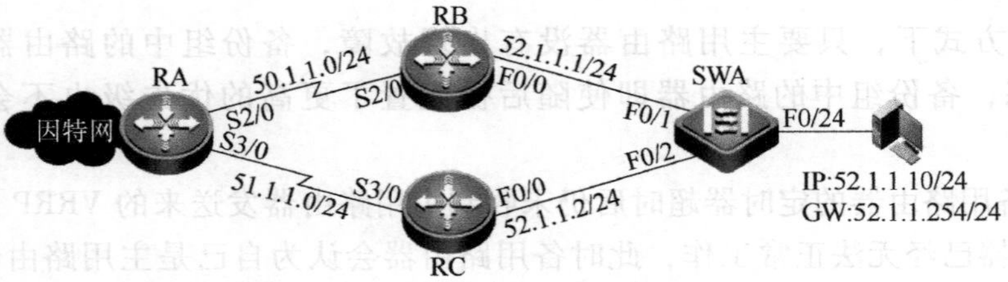

图 4-25　配置 VRRP 单备份组的网络拓扑结构

【任务实施】

1. 在路由器上配置 IP 地址

（1）在路由器 RA 上配置 IP 地址

```
RA(config)#interface serial 2/0
RA(config-if-Serial 2/0)#ip address 50.1.1.2 255.255.255.0
RA(config-if-Serial 2/0)#clock rate 64000
RA(config-if-Serial 2/0)#no shutdown
RA(config-if-Serial 2/0)#exit
RA(config)#interface serial 3/0
RA(config-if-Serial 3/0)#ip address 51.1.1.2 255.255.255.0
RA(config-if-Serial 3/0)#clock rate 64000
RA(config-if-Serial 3/0)#no shutdown
```

（2）在路由器 RB 上配置 IP 地址

```
RB(config)#interface FastEthernet 0/0
RB(config-if-FastEthernet 0/0)#ip address 52.1.1.1 255.255.255.0
RB(config-if-FastEthernet 0/0)#no shutdown
RB(config-if-FastEthernet 0/0)#exit
RB(config)#interface serial 2/0
RB(config-if-Serial 2/0)#ip address 50.1.1.1 255.255.255.0
RB(config-if-Serial 2/0)#no shutdown
```

（3）在路由器 RC 上配置 IP 地址

```
RC(config)#interface serial 3/0
RC(config-if-Serial 3/0)#ip address 51.1.1.1 255.255.255.0
RC(config-if-Serial 3/0)#no shutdown
RC(config-if-Serial 3/0)#exit
RC(config)#interface FastEthernet 0/0
RC(config-if-FastEthernet 0/0)#ip address 52.1.1.2 255.255.255.0
RC(config-if-FastEthernet 0/0)#no shutdown
```

2. 在路由器上配置路由

（1）在路由器 RA 上配置 RIP 路由

```
RA(config)#router rip
RA(config-router)#version 2
RA(config-router)#network 51.1.1.0
RA(config-router)#network 50.1.1.0
RA(config-router)#no auto-summary
```

（2）在路由器 RB 上配置 RIP 路由

```
RB(config)#router rip
RB(config-router)#version 2
RB(config-router)#network 52.1.1.0
RB(config-router)#network 50.1.1.0
RB(config-router)#no auto-summary
```

（3）在路由器 RC 上配置 RIP 路由

```
RC(config)#router rip
RC(config-router)#version 2
RC(config-router)#network 51.1.1.0
RC(config-router)#network 52.1.1.0
RC(config-router)#no auto-summary
```

3. 在路由器 RB 和 RC 上配置 VRRP

（1）在路由器 RB 上配置 VRRP

```
RB(config)#interface FastEthernet 0/0
RB(config-if-FastEthernet 0/0)#vrrp 1 ip 52.1.1.254         #启用 VRRP 进程
RB(config-if-FastEthernet 0/0)#vrrp 1 priority 120         #定义接口 VRRP 优先级
RB(config-if-FastEthernet 0/0)#vrrp 1 preempt              #启用抢占模式
RB(config-if-FastEthernet 0/0)#vrrp 1 track serial 2/0 100    #配置接口跟踪
```

（2）在路由器 RC 上配置 VRRP

```
RC(config)#interface FastEthernet 0/0
RC(config-if-FastEthernet 0/0)#vrrp 1 ip 52.1.1.254         #启用 VRRP 进程
RC(config-if-FastEthernet 0/0)#vrrp 1 priority 100         #定义接口 VRRP 优先级
RC(config-if-FastEthernet 0/0)#vrrp 1 preempt              #启用抢占模式
```

4. 验证测试

（1）在路由器 RB 上查看 VRRP

```
RB#show vrrp brief
Interface          Grp Pri timer Own Pre State  Master addr Group addr
FastEthernet 0/0   1   120 3     -   P   Master 52.1.1.1    52.1.1.254
```

从 show 命令的输出结果可以看到，路由器 RB 在 VRRP 组 1 中，优先级为 120，状态为 Master 路由器。

（2）在路由器 RC 上查看 VRRP

```
RC#show vrrp brief
Interface          Grp Pri timer Own Pre State  Master addr  Group addr
FastEthernet 0/0   1   100 3     -   P   Backup 52.1.1.1     52.1.1.254
```

从 show 命令的输出结果可以看到，路由器 RC 在 VRRP 组 1 中，优先级为 100，状态为 Backup 路由器。

4.9.2 任务二：配置 VRRP 多备份组

【任务描述】

将路由器 RB 和 RC 配置到 VRRP 组 1 和 VRRP 组 2 中，并且在不同的 VRRP 组中担任不同的角色，从而保证接入线路上的路由器都能够承担转发任务。其网络拓扑结构如图 4-26 所示。

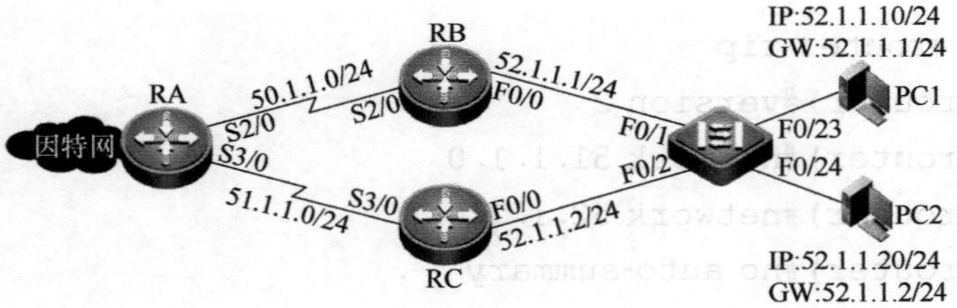

图 4-26 配置 VRRP 多备份组的网络拓扑结构

【任务实施】

1. 在路由器上配置 IP 地址

（1）在路由器 RA 上配置 IP 地址

```
RA(config)#interface serial 2/0
RA(config-if-Serial 2/0)#ip address 50.1.1.2 255.255.255.0
RA(config-if-Serial 2/0)#clock rate 64000
RA(config-if-Serial 2/0)#no shutdown
RA(config-if-Serial 2/0)#exit
RA(config)#interface serial 3/0
RA(config-if-Serial 3/0)#ip address 51.1.1.2 255.255.255.0
RA(config-if-Serial 3/0)#clock rate 64000
RA(config-if-Serial 3/0)#no shutdown
```

（2）在路由器 RB 上配置 IP 地址

```
RB(config)#interface FastEthernet 0/0
RB(config-if-FastEthernet 0/0)#ip address 52.1.1.1 255.255.255.0
RB(config-if-FastEthernet 0/0)#no shutdown
```

```
RB(config-if-FastEthernet 0/0)#exit
RB(config)#interface serial 2/0
RB(config-if-Serial 2/0)#ip address 50.1.1.1 255.255.255.0
RB(config-if-Serial 2/0)#no shutdown
```

（3）在路由器 RC 上配置 IP 地址

```
RC(config)#interface serial 3/0
RC(config-if-Serial 3/0)#ip address 51.1.1.1 255.255.255.0
RC(config-if-Serial 3/0)#no shutdown
RC(config-if-Serial 3/0)#exit
RC(config)#interface FastEthernet 0/0
RC(config-if-FastEthernet 0/0)#ip address 52.1.1.2 255.255.255.0
RC(config-if-FastEthernet 0/0)#no shutdown
```

2. 在路由器上配置路由

（1）在路由器 RA 上配置 RIP 路由

```
RA(config)#router rip
RA(config-router)#version 2
RA(config-router)#network 51.1.1.0
RA(config-router)#network 50.1.1.0
RA(config-router)#no auto-summary
```

（2）在路由器 RB 上配置 RIP 路由

```
RB(config)#router rip
RB(config-router)#version 2
RB(config-router)#network 52.1.1.0
RB(config-router)#network 50.1.1.0
RB(config-router)#no auto-summary
```

（3）在路由器 RC 上配置 RIP 路由

```
RC(config)#router rip
RC(config-router)#version 2
RC(config-router)#network 51.1.1.0
RC(config-router)#network 52.1.1.0
RC(config-router)#no auto-summary
```

3. 在路由器 RB 和 RC 上配置 VRRP

（1）在路由器 RB 上配置 VRRP

```
RB(config)#interface FastEthernet 0/0
RB(config-if-FastEthernet 0/0)#vrrp 1 ip 52.1.1.254        #启用 VRRP 进程
RB(config-if-FastEthernet 0/0)#vrrp 1 priority 120         #定义接口 VRRP 优先级
```

```
RB(config-if-FastEthernet 0/0)#vrrp 1 preempt                #启用抢占模式
RB(config-if-FastEthernet 0/0)#vrrp 1 track serial 2/0 100
#配置接口跟踪和降低优先级
RB(config-if-FastEthernet 0/0)#vrrp 2 ip 52.1.1.253          #启用 VRRP 进程
RB(config-if-FastEthernet 0/0)#vrrp 2 preempt
RB(config-if-FastEthernet 0/0)#vrrp 2 priority 100           #定义接口 VRRP 优先级
```

（2）在路由器 RC 上配置 VRRP

```
RC(config)#interface FastEthernet 0/0
RC(config-if-FastEthernet 0/0)#vrrp 1 ip 52.1.1.254          #启用 VRRP 进程
RC(config-if-FastEthernet 0/0)#vrrp 1 priority 100           #定义接口 VRRP 优先级
RC(config-if-FastEthernet 0/0)#vrrp 1 preempt                #启用抢占模式
RC(config-if-FastEthernet 0/0)#vrrp 2 ip 52.1.1.253          #启用 VRRP 进程
RC(config-if-FastEthernet 0/0)#vrrp 2 preempt                #启用抢占模式
RC(config-if-FastEthernet 0/0)#vrrp 2 priority 120           #定义接口 VRRP 优先级
RC(config-if-FastEthernet 0/0)#vrrp 2 track serial 3/0 100
#配置接口跟踪和降低优先级
```

4. 验证测试

（1）在路由器 RB 上查看 VRRP

```
RB#show vrrp brief
Interface          Grp PritimerOwnPreStateMaster addrGroup addr
FastEthernet 0/0   1   120 3    -  P  Master  52.1.1.1    52.1.1.254
FastEthernet 0/0   2   100 3    -  P  Backup  52.1.1.2    52.1.1.253
```

从 show 命令的输出结果可以看到，路由器 RB 在 VRRP 组 1 中，优先级为 120，状态为 Master 路由器；在 VRRP 组 2 中，优先级为 100，状态为 Backup 路由器。

（2）在路由器 RC 上查看 VRRP

```
RC#show vrrp brief
Interface        Grp Pri timer Own Pre StateMaster addrGroup addr
FastEthernet 0/0  1  100 3     -   P  Backup  52.1.1.1    52.1.1.254
FastEthernet 0/0  2  120 3     -   P  Master  52.1.1.2    52.1.1.253
```

从 show 命令的输出结果可以看到，路由器 RC 在 VRRP 组 1 中，优先级为 100，状态为 Backup 路由器；在 VRRP 组 2 中，优先级为 120，状态为 Master 路由器。

4.9.3 任务三：配置基于 SVI 的 VRRP 多备份组

【任务描述】

配置基于 SVI 的 VRRP 多备份组实现 VRRP 的负载均衡。在汇聚层交换机 SWA 上创建 VLAN 10、VLAN 20、VLAN 30 和 VLAN 40，各 VLAN 的 IP 地址分别为 192.168.10.1/24、192.168.20.1/24、192.168.30.1/24 和 192.168.40.1/24。在汇聚层交换机 SWB 上创建 VLAN 10、

VLAN 20、VLAN 30 和 VLAN 40，各 VLAN 的 IP 地址分别为 192.168.10.2/24、192.168.20.2/24、192.168.30.2/24 和 192.168.40.2/24。将三层交换机 SWA 和 SWB 分别分配到 VRRP 组 10 和 20 中，同一台三层交换机在不同的 VRRP 组中承担不同的角色，使得所有的三层交换机都承担数据转发任务。其网络拓扑结构如图 4-27 所示。

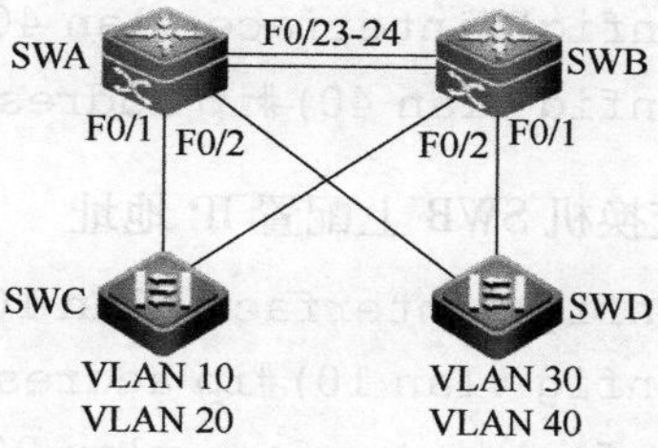

图 4-27　配置基于 SVI 的 VRRP 多备份组的网络拓扑结构

【任务实施】

1. 在交换机上创建 VLAN

（1）在交换机 SWA 上创建 VLAN

```
SWA(config)#vlan 10
SWA(config)#vlan 20
SWA(config)#vlan 30
SWA(config)#vlan 40
```

（2）在交换机 SWB 上创建 VLAN

```
SWB(config)#vlan 10
SWB(config)#vlan 20
SWB(config)#vlan 30
SWB(config)#vlan 40
```

（3）在交换机 SWC 上创建 VLAN

```
SWC(config)#vlan 10
SWC(config)#vlan 20
SWC(config)#vlan 30
SWC(config)#vlan 40
```

（4）在交换机 SWD 上创建 VLAN

```
SWD(config)#vlan 10
SWD(config)#vlan 20
SWD(config)#vlan 30
SWD(config)#vlan 40
```

2. 在交换机上配置 IP 地址

（1）在交换机 SWA 上配置 IP 地址

```
SWA(config)#interface vlan 10
SWA(config-vlan 10)#ip address 192.168.10.1 255.255.255.0
SWA(config)#interface vlan 20
SWA(config-vlan 20)#ip address 192.168.20.1 255.255.255.0
SWA(config)#interface vlan 30
```

```
SWA(config-vlan 30)#ip address 192.168.30.1 255.255.255.0
SWA(config)#interface vlan 40
SWA(config-vlan 40)#ip address 192.168.40.1 255.255.255.0
```

（2）在交换机 SWB 上配置 IP 地址

```
SWB(config)#interface vlan 10
SWB(config-vlan 10)#ip address 192.168.10.2 255.255.255.0
SWB(config)#interface vlan 20
SWB(config-vlan 20)#ip address 192.168.20.2 255.255.255.0
SWB(config)#interface vlan 30
SWB(config-vlan 30)#ip address 192.168.30.2 255.255.255.0
SWB(config)#interface vlan 40
SWB(config-vlan 40)#ip address 192.168.40.2 255.255.255.0
```

3. 配置 Trunk 及链路聚合

（1）在交换机 SWA 上配置 Trunk 及链路聚合

```
SWA(config)#interface range FastEthernet 0/1-2
SWA(config-if-range)#switchport mode trunk
SWA(config-if-range)#exit
SWA(config)#interface range FastEthernet 0/23-24
SWA(config-if-range)#port-group 1
SWA(config-if-range)#exit
SWA(config)#interface agregateport 1
SWA(config-if)#switchport mode trunk
```

（2）在交换机 SWB 上配置 Trunk 及链路聚合

```
SWB(config)#interface range FastEthernet 0/1-2
SWB(config-if-range)#switchport mode trunk
SWB(config-if-range)#exit
SWB(config)#interface range FastEthernet 0/23-24
SWB(config-if-range)#port-group 1
SWB(config-if-range)#exit
SWB(config)#interface agregateport 1
SWB(config-if)#switchport mode trunk
```

（3）在交换机 SWC 上配置 Trunk

```
SWC(config)#interface range FastEthernet 0/1-2
SWC(config-if-range)#switchport mode trunk
```

（4）在交换机 SWD 上配置 Trunk

```
SWD(config)#interface range FastEthernet 0/1-2
SWD(config-if-range)#switchport mode trunk
```

4. 在交换机 SWA 和 SWB 上配置 SVI 的 VRRP

（1）在交换机 SWA 上配置 VRRP

```
SWA(config)#interface vlan 10
SWA(config-vlan 10)#vrrp 10 ip 192.168.10.254
SWA(config-vlan 10)#vrrp 10 preempt
SWA(config-vlan 10)#vrrp 10 priority 120
SWA(config-vlan 10)#exit
SWA(config)#interface vlan 20
SWA(config-vlan 20)#vrrp 20 ip 192.168.20.254
SWA(config-vlan 20)#vrrp 20 preempt
SWA(config-vlan 20)#vrrp 20 priority 100
```

（2）在交换机 SWB 上配置 VRRP

```
SWB(config)#interface vlan 10
SWB(config-vlan 10)#vrrp 10 ip 192.168.10.254
SWB(config-vlan 10)#vrrp 10 preempt
SWB(config-vlan 10)#vrrp 10 priority 100
SWB(config-vlan 10)#exit
SWB(config)#interface vlan 20
SWB(config-vlan 20)#vrrp 20 ip 192.168.20.254
SWB(config-vlan 20)#vrrp 20 preempt
SWB(config-vlan 20)#vrrp 20 priority 120
```

5. 验证测试

（1）在交换机 SWA 上查看 VRRP

```
SWA#show vrrp brief
Interface     GrpPritimerOwn Pre State Master addr Group addr
VLAN 10   10   120   3    -  P  Master    192.168.10.1   192.168.10.254
VLAN 20   20   100   3    -  P  Backup    192.168.20.2   192.168.20.254
```

从 show 命令的输出结果可以看到，交换机 SWA 在 VRRP 组 10 中，优先级为 120，状态为 Master 路由器；在 VRRP 组 20 中，优先级为 100，状态为 Backup 路由器。

（2）在交换机 SWB 上查看 VRRP

```
SWB#show vrrp brief
Interface   Grp Pri timer Own Pre State Master addr Group addr
VLAN 10   10   100 3    -  P  Backup   192.168.10.1   192.168.10.254
VLAN 20   20   120 3    -  P  Master   192.168.20.2   192.168.20.254
```

从 show 命令的输出结果可以看到，交换机 SWB 在 VRRP 组 10 中，优先级为 100，状态为 Backup 路由器；在 VRRP 组 20 中，优先级为 120，状态为 Master 路由器。

【小结】

通过对 VRRP 技术的学习，主要掌握 VRRP 单备份组、VRRP 多备份组和基于 SVI 的 VRRP 多备份组等配置与管理工作。

第 5 章

Windows Server 2022 管理与应用

5.1　计算机名与 TCP/IP 设置

计算机名（又称主机名）与 TCP/IP 的 IP 地址都是计算机的识别信息，它们是计算机之间相互通信所必需的设置。一台计算机只能有一个计算机名。计算机名一般用于识别不同计算机，相对于 IP 和 MAC（物理地址）来说比较直观。

【知识准备】

每台计算机的计算机名不是唯一的，是可以自行设置的。但一般来说，在同一个局域网中不建议使用重名的计算机名，否则会存在二义性。

另外，建议将同一部门或工作性质类似的计算机划分在同一个工作组，让这些计算机之间通过网络通信时更为方便。每台计算机默认隶属于的工作组名为 WORKGROUP。

5.1.1　任务一：更改计算机名与工作组名

【任务描述】

如果你是××企业新上任的网络管理员。要求完成的任务就是安装新的 Windows Server 2022 系统并进行基本设置。通过一系列的努力，你成功安装了系统，但是要如何设置计算机名和工作组名称呢?

【任务实施】

查看并修改系统自动生成的主机名：

1）单击开始菜单，单击开始菜单中“服务器管理器”图标，单击图 5-1 所示的“本地服务器”标签链接，在右侧就会显示系统已自动设置的计算机名。

2）单击图 5-1 所示的“计算机名”标签链接，系统将弹出图 5-2 所示的“系统属性”对话框，单击对话框中“更改”按钮。

3）更改图 5-3 所示的“计算机名”后单击“确定”按钮（图中并未更改“工作组”名），按照提示重新启动计算机后，上述所有操作的更改才会生效。

4）待到系统重启完毕之后，单击开始菜单中的 PowerShell 图标，输入“hostname”指令，即可查看修改后的计算机名，如图 5-4 所示。

5.1.2　任务二：TCP/IP 的设置与测试

【任务描述】

主机名与工作组名已修改完毕，下一个任务就是固定服务器的 IP 地址并进行局域网主机间的互通互联测试。

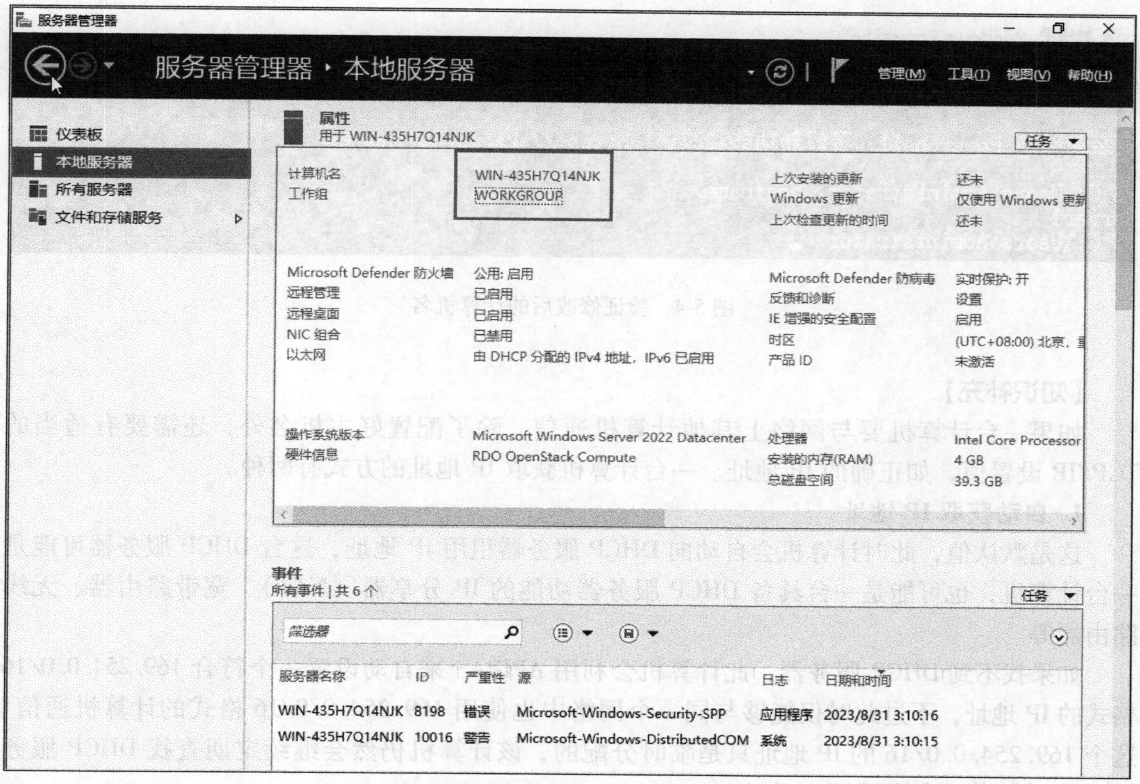

图 5-1　显示计算机名与工作组名

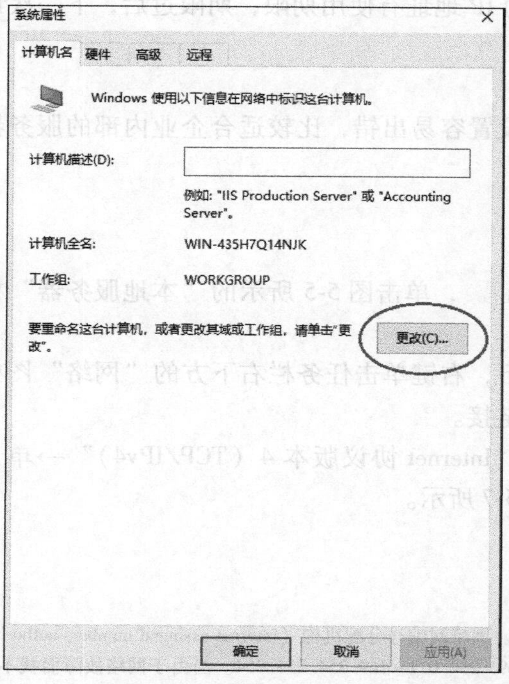

图 5-2　更改计算机名与工作组名

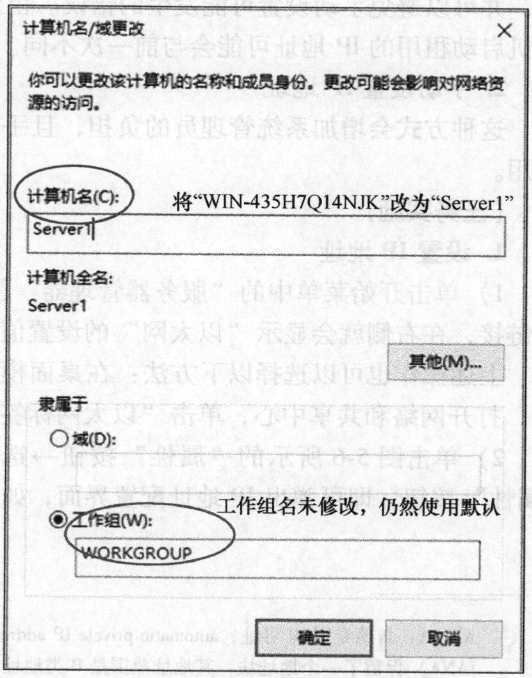

图 5-3　修改计算机名与工作组名

管理员: Windows PowerShell
Windows PowerShell
版权所有 (C) Microsoft Corporation。保留所有权利。
安装最新的 PowerShell，了解新功能和改进！https://aka.ms/PSWindows
PS C:\Users\Administrator> hostname
Server1
PS C:\Users\Administrator>

图 5-4 验证修改后的计算机名

【知识补充】

如果一台计算机要与网络上其他计算机通信，除了配置好主机名外，还需要有适当的 TCP/IP 设置值，如正确的 IP 地址。一台计算机获取 IP 地址的方式有两种。

1. 自动获取 IP 地址

这是默认值，此时计算机会自动向 DHCP 服务器租用 IP 地址，这台 DHCP 服务器可能是一台计算机，也可能是一台具备 DHCP 服务器功能的 IP 分享器（NAT）、宽带路由器、无线路由器等。

如果找不到 DHCP 服务器，此计算机会利用 APIPA[⊖]来自动设置一个符合 169.254.0.0/16 格式的 IP 地址，不过此时仅能够与同一个网络中也使用 169.254.0.0/16 格式的计算机通信。这个 169.254.0.0/16 的 IP 地址只是临时分配的，该计算机仍然会继续定期查找 DHCP 服务器，直到租到正式的 IP 地址为止。

自动获取方式适用于企业内部一般用户的计算机，它可以减轻系统管理员手动设置的负担，并可以避免手动设置可能发生的错误。租到的 IP 地址有使用期限，期限过后，下一次计算机启动租用的 IP 地址可能会与前一次不同。

2. 手动设置 IP 地址

这种方式会增加系统管理员的负担，且手动设置容易出错，比较适合企业内部的服务器使用。

【任务实施】

1. 设置 IP 地址

1）单击开始菜单中的“服务器管理器”图标，单击图 5-5 所示的“本地服务器”标签链接，在右侧就会显示“以太网”的设置值。

上述操作也可以选择以下方法：在桌面模式下，右键单击任务栏右下方的“网络”图标，打开网络和共享中心，单击“以太网标签”链接。

2）单击图 5-6 所示的“属性”按钮→选择“Internet 协议版本 4（TCP/IPv4）”→单击“属性”按钮，即可弹出 IP 地址配置界面，如图 5-7 所示。

⊖ APIPA：自动专用 IP 寻址，automatic private IP addressing。因特网编号分配机构（internet assinged numbers authority，IANA）保留了一个地址块，其地址范围是 B 类地址块 169.254.0.1～169.254.255.254。当由于网络故障而找不到 DHCP 服务器时，APIPA 可在该范围内分配地址。客户机调整它们的地址使它们在使用 ARP 的局域网中是唯一的。APIPA 可以为没有 DHCP 服务器的单网段网络提供自动配置 TCP/IP 的功能。

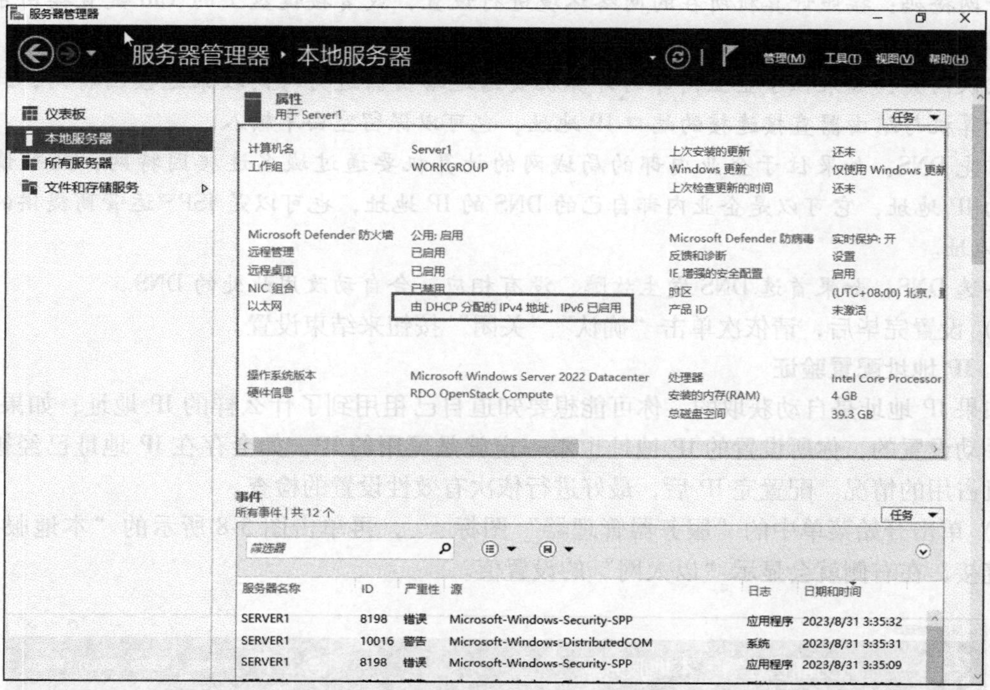

图 5-5　查看服务 IP 地址及获取方式步骤一

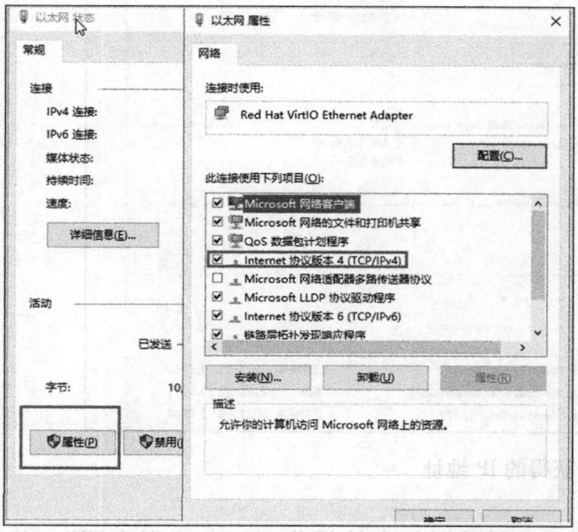

图 5-6　查看服务 IP 地址及获取方式步骤二

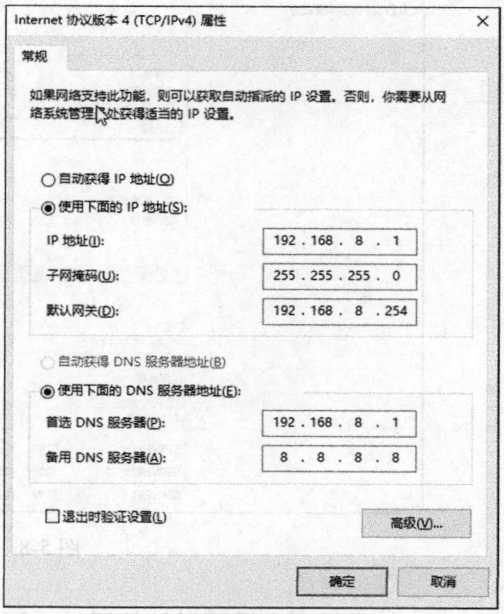

图 5-7　IP 地址及获取方式配置界面

3）在图 5-7 所示的对话框中设置“IP 地址”“子网掩码”“默认网关”与“首选 DNS 服务器”和“备选 DNS 服务器”等相关信息。

■ IP 地址：可根据实际生产网络环境进行设置，或者按图进行操作。

■ 子网掩码：按照计算机所在的网络环境进行设置，或者按键盘上的 Tab 键直接由系统根据 IP 地址所属类别自动填充子网掩码。

■ 默认网关：如果位于企业内部的计算机要通过路由器进行跨网段来连接因特网，此处请输入计算机与路由器直接连接的端口 IP 地址，也可以保留空白不输入。

■ 首先 DNS：如果位于企业内部的局域网的计算机要通过域名连接因特网，此处请输入 DNS 的 IP 地址，它可以是企业内部自己的 DNS 的 IP 地址，也可以是 ISP[⊖]运营商提供的 DNS 的 IP 地址。

■ 备选 DNS：如果首选 DNS 发生故障、没有相应，会自动改用此处的 DNS。

4）设置完毕后，请依次单击“确认”“关闭”按钮来结束设置。

2. IP 地址配置验证

如果 IP 地址是自动获取的，你可能想要知道自己租用到了什么样的 IP 地址；如果 IP 地址是手动设置的，你所设置的 IP 地址也不一定就是可用的 IP，如会存在 IP 地址已经被其他计算机占用的情况。配置完 IP 后，最好进行依次有效性设置的检查。

1）单击开始菜单中的“服务器管理器”图标 ，再单击图 5-8 所示的“本地服务器”标签链接，在右侧就会显示“以太网”的设置值。

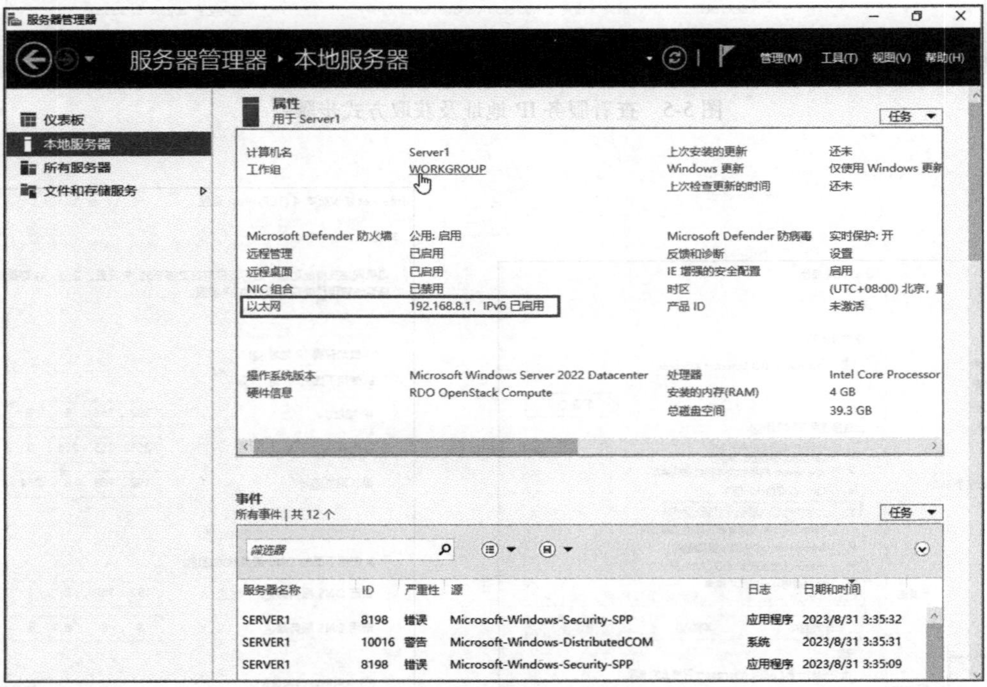

图 5-8　检查已获得的 IP 地址

2）如果想要查看更详细的属性，可单击图 5-8 所示框起来的部分，双击“以太网”，将会得到图 5-9 所示的对应的详细信息对话框。

⊖ ISP：因特网服务提供商（internet service provider）。ISP 能提供拨号上网服务、网上浏览、下载文件、收发电子邮件等服务，是网络最终用户进入因特网的入口和桥梁。它包括因特网接入服务和因特网内容提供服务。这里主要是因特网接入服务，即通过电话线把你的计算机或其他终端设备连入因特网。

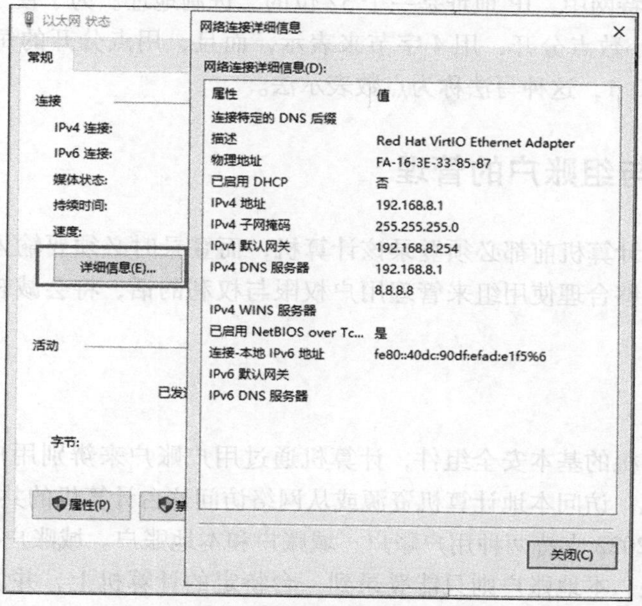

图 5-9　检查已获得的 IP 地址的详细信息

另外，也可以通过单击开始中 PowerShell 图标，输入 ipconfig 或是 ipconfig/all 来查看 IP 地址的有效设置值，如图 5-10 所示。

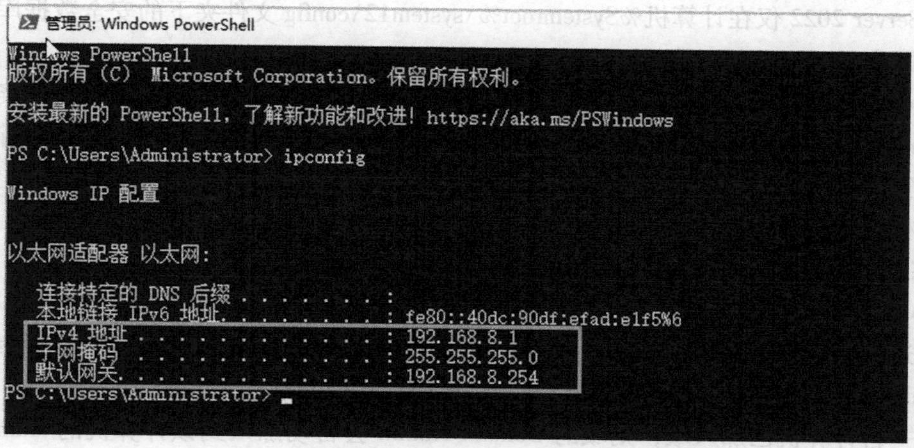

图 5-10　通过指令查看 IP 地址的详细信息

【小结】

因特网上的主机或 Web 站点由主机名识别。主机名有时又称为域名。对于用户来说，主机名比数字型的 IP 地址记忆更方便。主机名就是计算机的名字（计算机名），网上邻居就是根据主机名来识别的，这个名字可以随时更改，从“我的计算机”属性的计算机名就可更改。

此外因特网连接的所有计算机，从大型机到微型计算机都是以独立的身份出现，称它为主机。为了实现各主机间的通信，每台主机都必须有一个唯一的网络地址。就好像每一个住宅都有唯一的门牌一样，才不至于在传输资料时出现混乱。在因特网中，网络地址唯一地标识一台计算机。在因特网中，IP 地址是一个 32 位的二进制地址。为了便于记忆，将它们分为 4 组，每组 8 位，由小数点分开，用 4 字节来表示，而且，用点分开的每字节的数值范围是 0~255，如 202.116.0.1，这种写法称为点数表示法。

5.2 本地用户与组账户的管理

每个用户要使用计算机前都必须登录该计算机，而登录时必须要输入有效的用户账户与密码。此外，如果能够合理使用组来管理用户权限与权利的话，将会减轻网络管理员许多管理负担。

【知识准备】

1. 用户类型

用户账户是计算机的基本安全组件，计算机通过用户账户来辨别用户身份，让有使用权限的用户登录计算机，访问本地计算机资源或从网络访问这台计算机的共享资源。

Windows Server 2022 支持两种用户账户：域账户和本地账户。域账户可以登录到域，并获得访问该网络的权限；本地账户则只能登录到一台特定的计算机上，并访问该计算机上的资源。Windows Server 2022 还提供了内置用户账户，用于执行特定的管理任务或使用户能够访问网络资源。

2. 本地用户概述

本地用户账户仅允许用户登录并访问创建该账户的计算机。当创建本地用户账户时，Windows Server 2022 仅在计算机%Systemroot%\system12\config 文件夹下的安全数据库（SAM）中创建该账户。

Windows Server 2022 默认只有 Administrator（系统管理员）账户和 Guest（来宾）账户。Administrator 账户拥有最高的权限，可以利用它来管理计算机的所有操作，无法删除此账户。不过为了安全起见，建议将其更名处理。Guest 账户是为临时访问计算机的用户而设置的，只有很少的权限，可以更名，但同样无法删除它，此账户默认是禁用的。

3. 基本用户组

1）Administrators。属于该 Administrators 本地组内的用户，都具备系统管理员的权限，它们拥有对这台计算机最大的控制权限，可以执行整台计算机的管理任务。内置的系统管理员账号 Administrator 就是本地组的成员，而且无法将它从该组删除。

如果一台计算机已加入域，则域的 Domain Admin 会自动加入到该计算机的 Administrators 组内。也就是说，域上的系统管理员在计算机上也具备着系统管理员的权限。

2）Backup Operators。在该组内的成员，不论它们是否有权访问这台计算机中的文件夹或文件，都可以备份与还原计算机中的文件夹与文件。

3）Guests。该组指的是临时的用户可对计算机进行操作，权限最小，一般不常用，不建议选用开启。该组的成员无法永久地改变其桌面的工作环境。该组最常见的默认成员为 Guest。

4）Network Configuration Operators。该组内的用户可以在客户端执行一般的网络设置任务，如更改 IP 地址，但是不可以安装/删除驱动程序与服务，也不可以执行与网络服务器设置有关的任务，如 DNS、DHCP 服务器的设置。

4. 内置特殊组

1）Everyone。任何一个用户都属于这个组。注意，如果 Guest 账号被启用时，则给 Everyone 这个组指派权限时必须小心，因为当一个没有账户的用户连接计算机时，则被允许自动利用 Guest 账户连接，但是因为 Guest 也是属于 Everyone 组，因此将具备 Everyone 所拥有的权限。

2）Authenticated Users。任何一个利用有效的用户账户连接的用户都属于这个组。建议在设置权限时，尽量针对 Authenticated Users 组进行设置，而不要针对 Everyone 进行设置。

3）Interactive。任何在本地登录的用户都属于这个组。

4）Network。任何通过网络连接此计算机的用户都属于这个组。

5）Creator Owner。文件夹、文件或打印文件等资源的创建者，就是该资源的 Creator Owner（创建所有者）。如果创建者是属于 Administrators 组内的成员，则其 Creator Owner 为 Administrators 组。

5.2.1　任务一：管理本地用户

【任务描述】

张三是企业的网络管理员，负责管理和维护企业的网络。为了防止其他人使用计算机，培训部多数用户都会设置多位数甚至十几位数密码。由于密码记太多导致错乱，很容易遗忘密码，导致登入不了 Windows。于是张三创建了以自己名字命名的本地用户，设置了密码，并创建了密码重设盘。

【任务实施】

1. 创建本地用户并重设用户密码

1）打开应用界面，选择“计算机管理”。并在计算机管理窗口选择“本地用户和组”，如图 5-11 所示。

2）单击“操作”菜单项添加新用户，并设置用户名及密码，如图 5-12 所示。

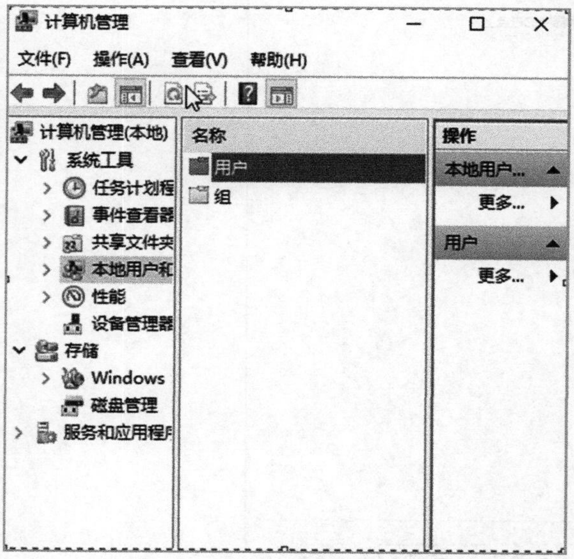

图 5-11　本地用户和组

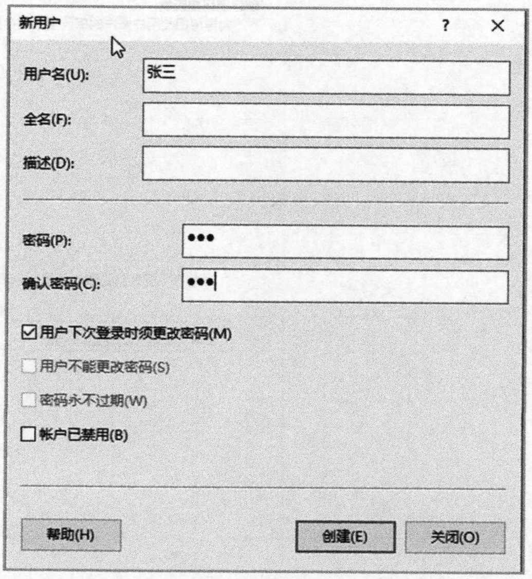

图 5-12　设置用户名及密码

2. 使用密码重设盘重设密码

1）打开开始界面的“控制面板”，选择控制面板里的“用户账户”。

2）进入用户账户窗口左侧选择“创建密码重置盘”，如图 5-13 所示。

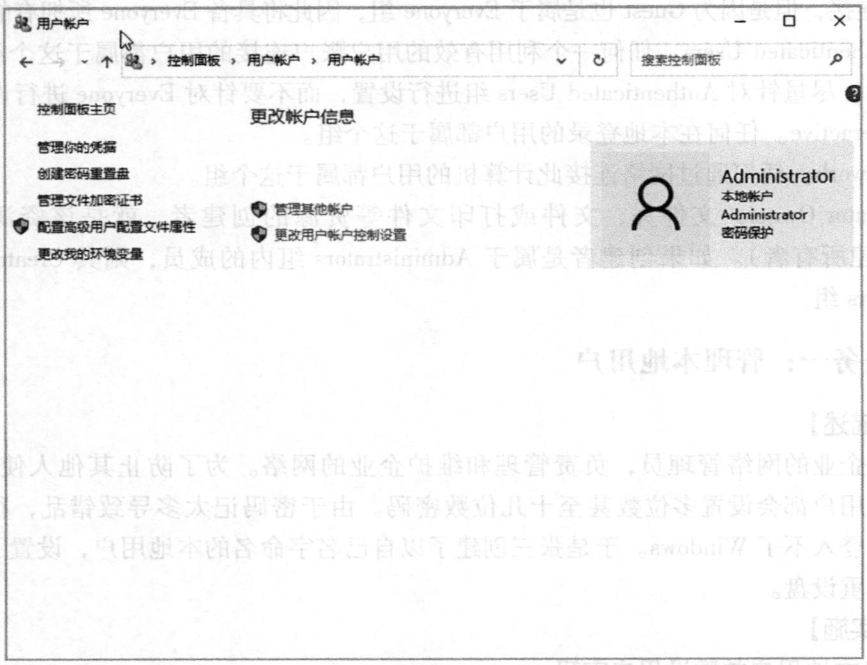

图 5-13　用户账户

3）根据向导设定“驱动器”和“当前用户帐户密码”，如图 5-14 和图 5-15 所示。

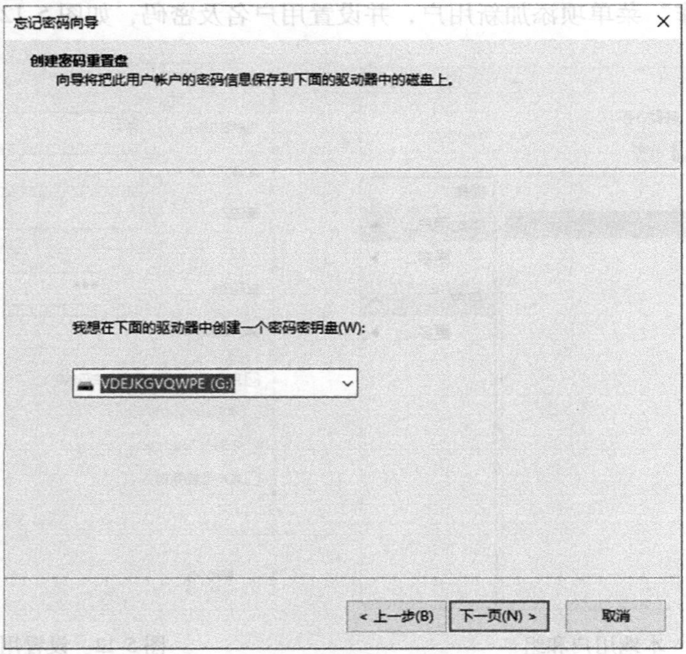

图 5-14　密码密钥盘

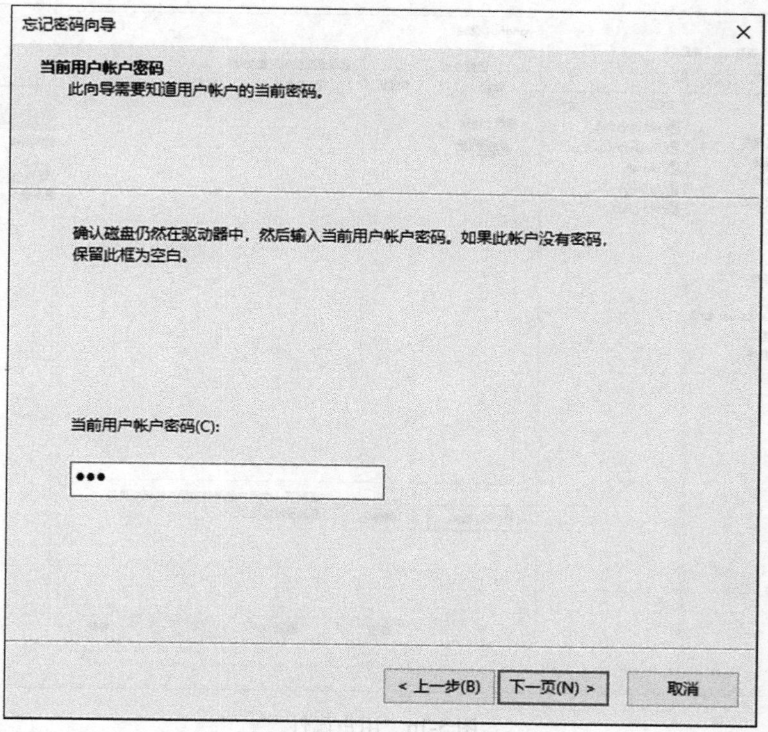

图 5-15 设置密码

4）单击“下一页”完成操作。

5.2.2 任务二：管理组

【任务描述】

为满足高端用户的需求，企业决定成立一个独立的工作室，将公司推向一个更高的水准。公司讨论后决定将张三和李四归入该工作室。为了工作交流及文件共享，公司决定将这两人的计算机加入到同一个组，以便保证工作资料的安全性。

【任务实施】

1. 管理组成员

1）打开服务器管理器，在“本地用户和组”栏目中，右键单击“组”，并在弹出菜单中选择“新建组”，并输入组名。

2）双击需要设置的用户，打开用户属性对话框，单击“隶属于”选项卡。可使用“添加”按钮，将该用户添加到某个组，如图 5-16 所示。

2. 用户定义组

如果默认本地组不能满足自己的授权要求，可以自行创建组。比如，服务器里存放了市场部数据，需要给市场部的员工授权读取，则可以创建 marketGroup 组，授予该组能够读取市场部数据，将市场部的员工用户添加到该组。

1）输入 net localgroup marketGroup/add 创建一个 marketGroup 组。

2）输入 net localgroup marketGroup zhang/add 将用户 zhang 添加到 marketGroup 组。这样市场部用户 zhang 登录后就有了 marketGroup 组的权限。

图 5-16　用户属性

如图 5-17 所示，使用 zhang 登录，在命令提示符下输入 whoami/all 可以看到该用户登录该计算机时构造的令牌，即该用户的 SID 和所属组的 SID，以及所拥有的特权。这样该用户访问资源时就有了所属组的权利。

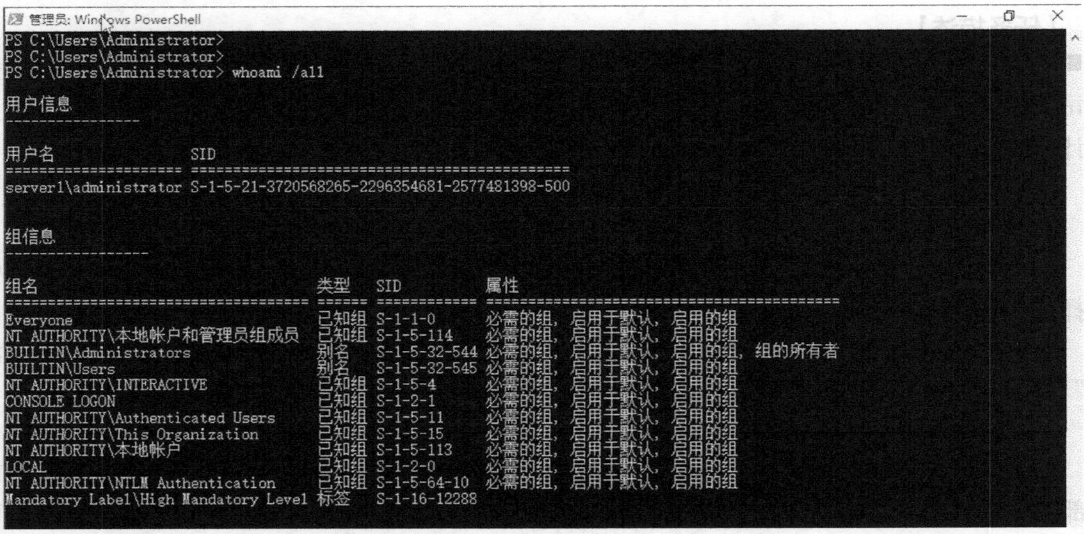

图 5-17　查看组

【小结】

每一位使用者登录系统时必须输入有效的使用者账户与密码，而密码的安全性至关重要，在此提出几点建议：一定杜绝使用常见的简单的密码，建议大家的密码尽量保持在 14 位以上、存在大小写字母和数字、并混杂有特殊符号；使用一个通用的基础密码，针对不同的网站，在前后或中间插入对应该网站的一个特殊值。比如，设定的一个基础密码是 Jackson%！1128，那么在不同的平台注册时，可以加入不一样的后缀，如注册百度时可以有 Jackson%！1128@ baidu，注册少数派时则是 Jackson%！1128@ sspai，以此类推。

学习管理组时，需要仔细理清组的概念，并分清各个组之间的区别。安全标识符（security identifiers，SID），是标识用户、组和计算机账户的唯一的号码。如果创建账户，再删除账户，然后使用相同的用户名创建另一个账户，则新账户将不具有授权给前一个账户的权力或权限，原因是该账户具有不同的 SID。

5.3　磁盘管理

【知识准备】

基本磁盘是一种可由 MS-DOS 和所有基于 Windows 系统访问的物理磁盘。基本磁盘可包含多达 4 个主分区，或者 3 个主分区加 1 个具有多个逻辑驱动器的扩展分区。

基本磁盘和动态磁盘是 Windows 系统的两种硬盘配置类型。大多数个人计算机都配置为基本磁盘，该类型最易于管理。

Windows 2000 引入了基本磁盘和动态磁盘的概念，并且把它们添加到 Windows 系统管理员的工具之中。两者之间最明显的不同在于操作系统支持。所有的 Windows 版本甚至 DOS 都支持基本磁盘，而对于动态磁盘则不是如此。包括 Windows 2000、Windows XP、Windows Vista、Windows 7/8/10、Windows 2022 及各版本 Server 系统支持动态磁盘。

无论是基本磁盘还是动态磁盘，都可以使用任何文件系统，包括 FAT 和 NTFS。而且可以在动态磁盘改变卷而不需要重启系统。可以把一个基本磁盘转换成动态磁盘。但是，必须了解这并不是一个双向的过程。一旦从基本磁盘变成了动态磁盘，除非重新创建卷，或者使用一些磁盘工具，否则不能将它转变回去。

“动态磁盘”不受 26 个英文字母的限制，它是用“卷”来命名的。“动态磁盘”的最大优点是可以将磁盘容量扩展到非邻近的磁盘空间。

5.3.1　任务一：管理基本磁盘

【任务描述】

公司新购进一批磁盘（40GB 磁盘），扩展各员工的磁盘空间，使用简单卷功能来实现磁盘空间的规划（使用挂载 60GB 虚拟硬盘来完成本任务），并将驱动器号设定为 F。

【任务实施】

创建基本磁盘分区，更改驱动器号

1）打开“计算机管理”，选择“磁盘管理”栏目，如图 5-18 所示。

2）右键单击“磁盘 1”图标，在弹出菜单中依次进行联机和初始化操作，如图 5-19 所示。

3）在弹出的“初始化磁盘”对话框中选择对应磁盘，单击“确定”按钮，如图 5-20 所示。

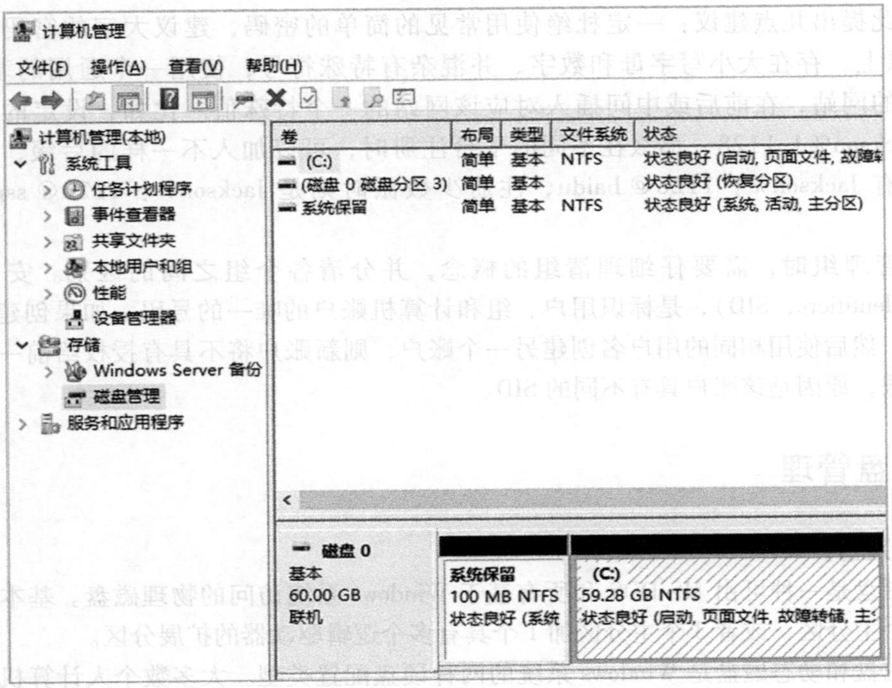

图 5-18　磁盘管理

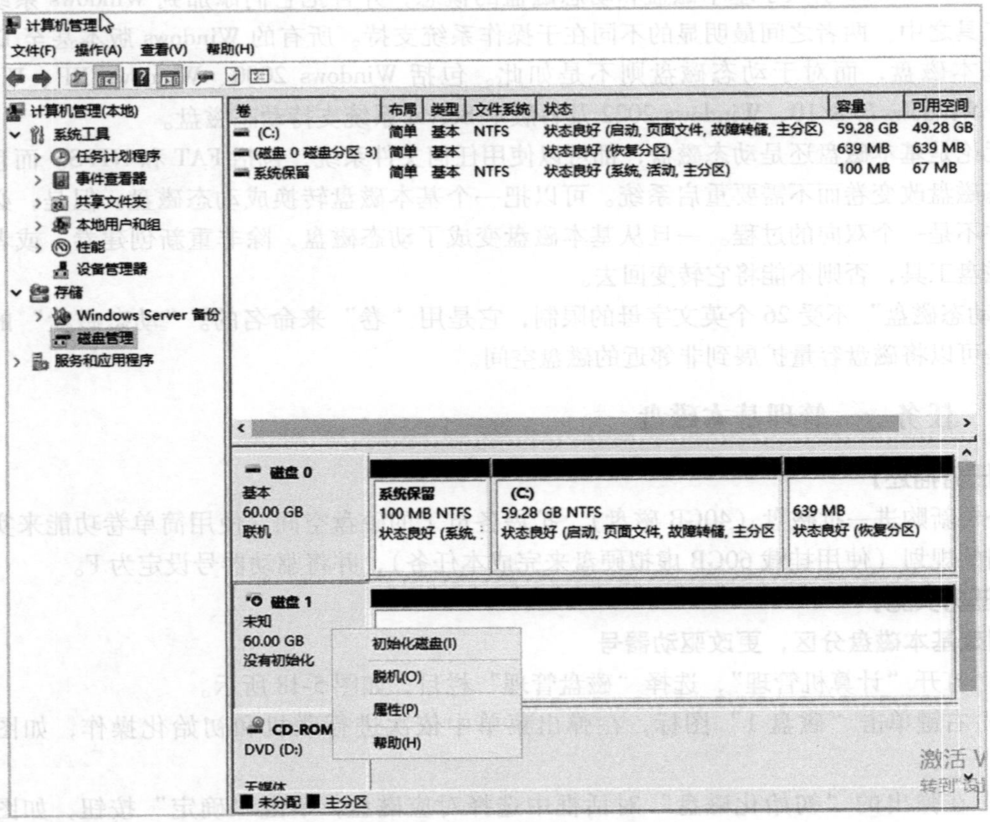

图 5-19　准备初始化磁盘

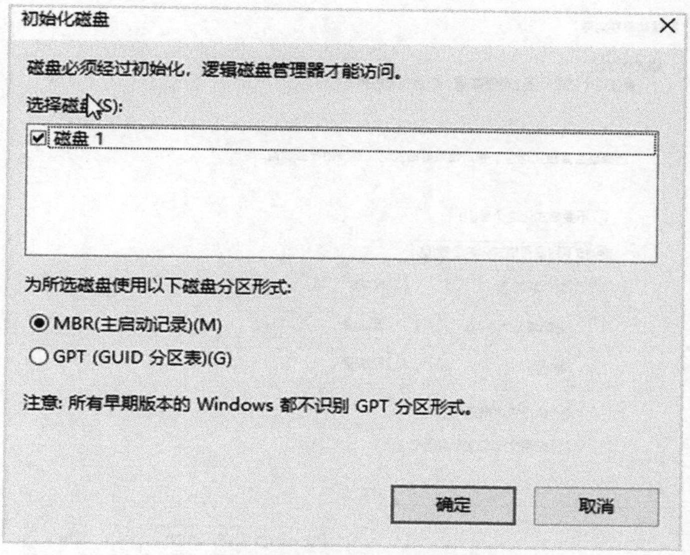

图 5-20　初始化磁盘

提示：传统的 MBR 分区表只能识别磁盘前面的 2.2TB 左右的空间，对于后面的多余空间只能浪费掉了。因此，才有了全局唯一标识分区表（GPT）。除此以外，MBR 分区表只能支持 4 个主分区或 3 主分区+1 扩展分区（包含随意数目的逻辑分区），而 GPT 在 Windows 下面可以支持多达 128 个主分区。

4）当磁盘完成初始化后，右键单击未分区的磁盘，选择“新建简单卷”，并根据向导完成磁盘大小、驱动器号的设置，同时使用默认选项格式化该磁盘空间，如图 5-21 和图 5-22 所示。

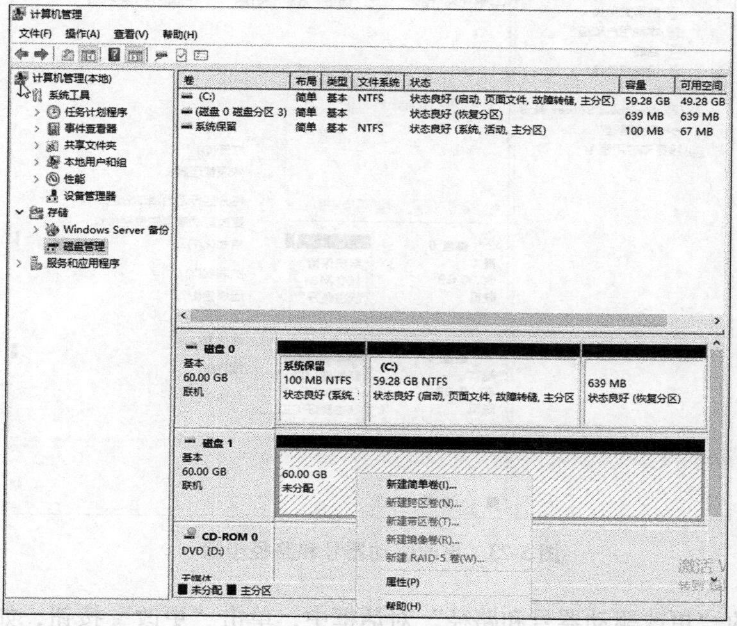

图 5-21　新建简单卷

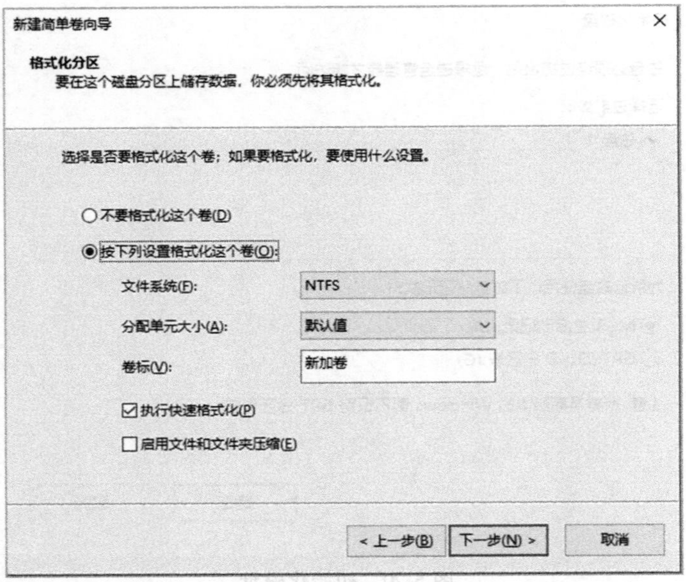

图 5-22　格式化简单卷

5）单击“完成”按钮，完成新建简单卷任务。
6）右键单击新加入的简单卷，单击“更改驱动器号和路径”，如图 5-23 所示。

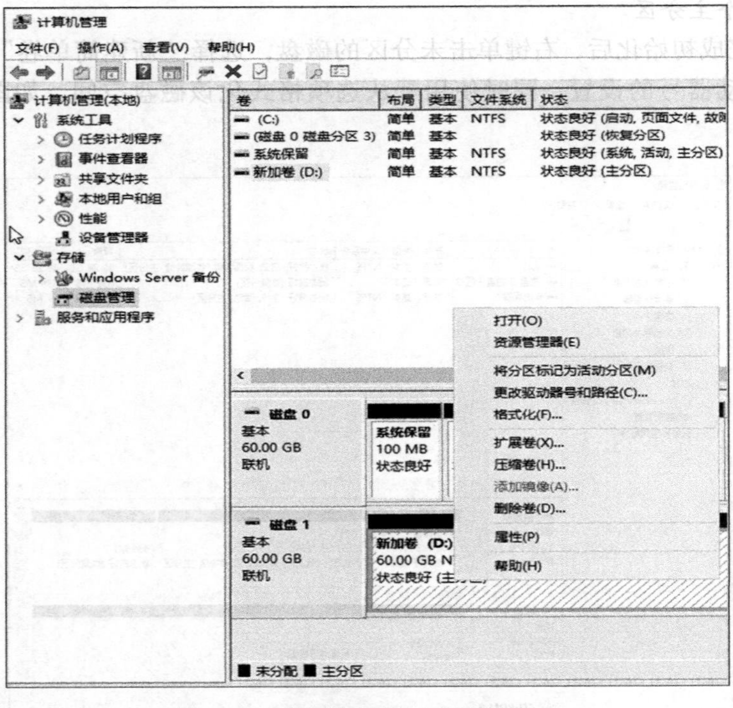

图 5-23　更改驱动器号和路径步骤一

7）在弹出的“更改驱动器号和路径”对话框中，单击“更改”按钮，如图 5-24 所示。
8）按照提示完成驱动器号的更改任务。

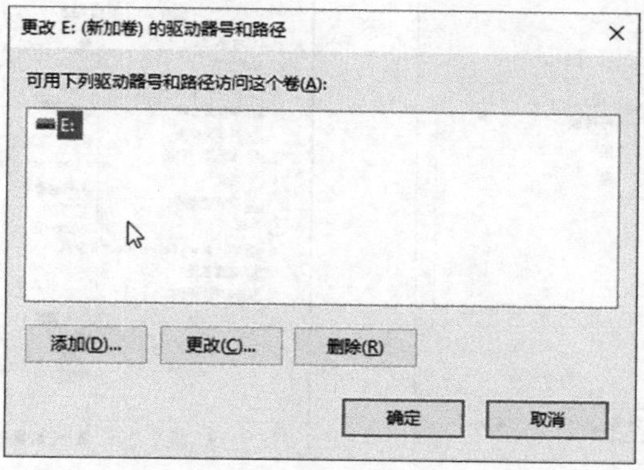

图 5-24　更改驱动器号和路径步骤二

5.3.2　任务二：管理动态磁盘

【任务描述】

公司新购进一批磁盘，准备扩展服务器的磁盘空间，为了方便管理和文件存放，公司决定将磁盘新建简单卷，维护服务器的正常文件存放。但是，服务器会丢失文件，公司为了保护文件，决定将基本磁盘转换成动态磁盘并制作跨区卷、镜像卷、带区卷和 RAID-5 卷，保护文件安全。挂载 3 块 40GB 虚拟硬盘来完成本任务。

【任务实施】

1. 基本磁盘和动态磁盘的转换

1）在“磁盘管理”栏目中，右键单击需要转换的磁盘，单击“转换为动态磁盘”，如图 5-25 所示。

2）选择转换为动态磁盘的基本磁盘，如图 5-26 所示。

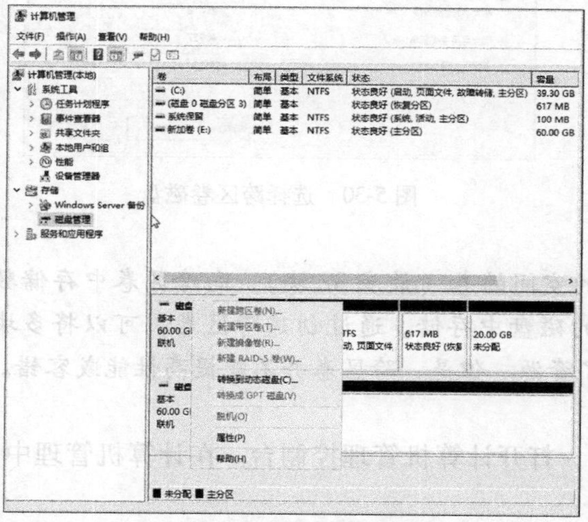

图 5-25　转换为动态磁盘

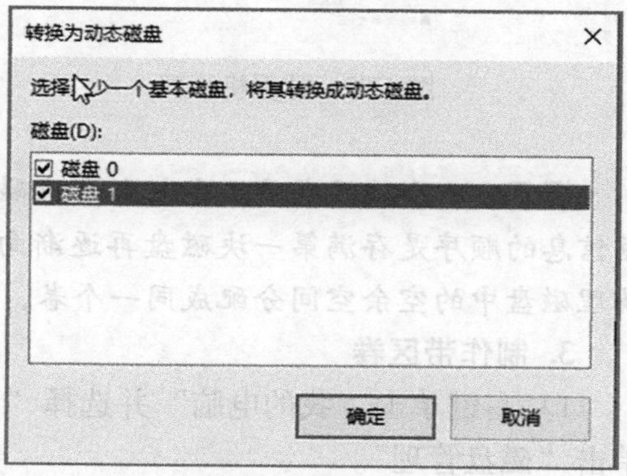

图 5-26　选择转换的磁盘

3）确认动态磁盘转换，直至完成，如图 5-27 和图 5-28 所示。

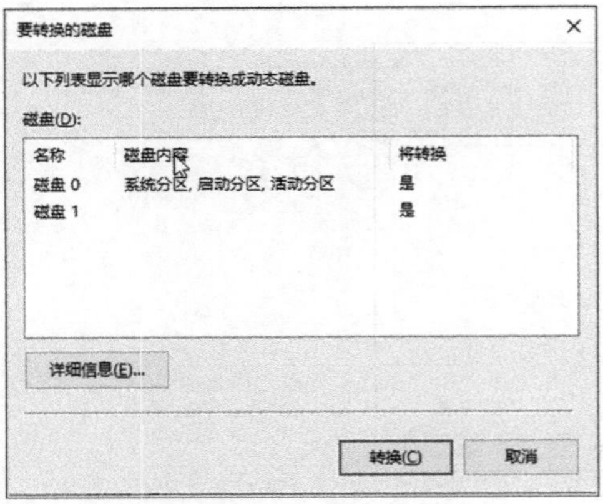

图 5-27 确认转换

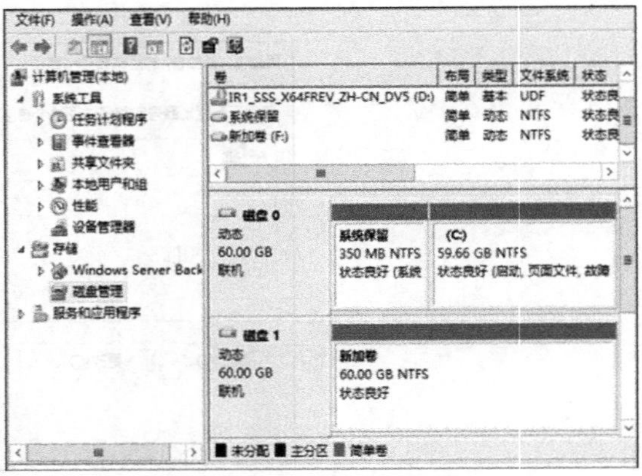

图 5-28 转换完成

2. 制作跨区卷

1）右键单击准备制作跨区卷的磁盘，单击“新建跨区卷”，如图 5-29 所示。

2）选择想使用的磁盘并输入每块磁盘中分配给该卷的空间，单击“下一步”按钮。然后根据屏幕指示完成向导，如图 5-30 所示。

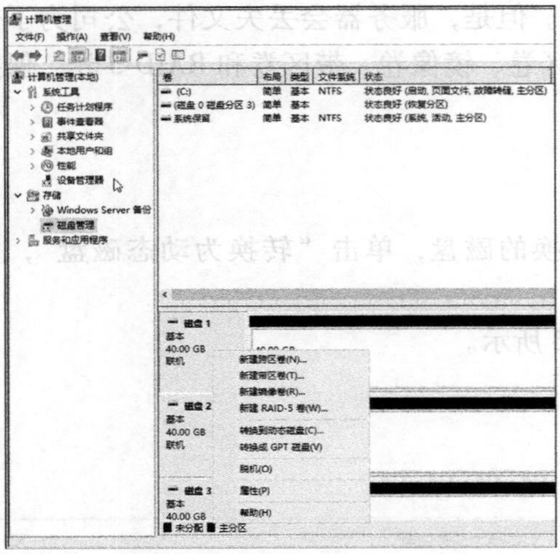

图 5-29 计算机管理

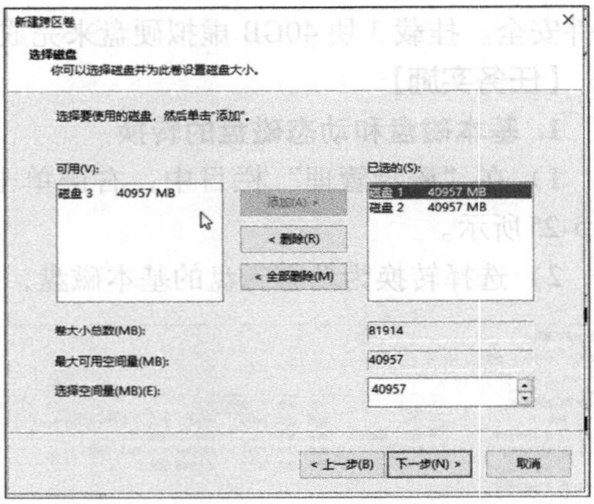

图 5-30 选择跨区卷磁盘

提示：一个跨区卷是一个包含多块磁盘上的空间的卷（最多 32 块），向跨区卷中存储数据信息的顺序是存满第一块磁盘再逐渐向后面的磁盘中存储。通过创建跨区卷，可以将多块物理磁盘中的空余空间分配成同一个卷，利用了资源。但是，跨区卷并不能提高性能或容错。

3. 制作带区卷

1）右键单击“我的电脑”并选择“管理”，打开计算机管理控制台。在计算机管理中，单击“磁盘管理”。

2）在“磁盘管理”中，右键单击未分配的空间，并选择“新建带区卷”。

3）新建带区卷向导出现，选择想使用的磁盘并输入每块磁盘中分配给该卷的空间，单击“下一步”按钮。然后根据屏幕指示完成向导。

提示： 带区卷是由 2 个或多个磁盘中的空余空间组成的卷（最多 32 块磁盘），在向带区卷中写入数据时，数据被分割成 64KB 的数据块，然后同时向阵列中的每一块磁盘写入不同的数据块。这个过程显著提高了磁盘效率和性能，但是，带区卷不提供容错性。

4. 制作镜像卷

1）确保计算机包含两块磁盘，一块作为另一块的副本。

2）在“磁盘管理”中，右键单击未分配的空间，并选择“新建镜像卷”。

3）新建镜像卷向导出现，选择想使用的两块磁盘和输入分配给该卷的空间，并单击“下一步”按钮，然后根据屏幕指示完成向导，如图 5-31 所示。

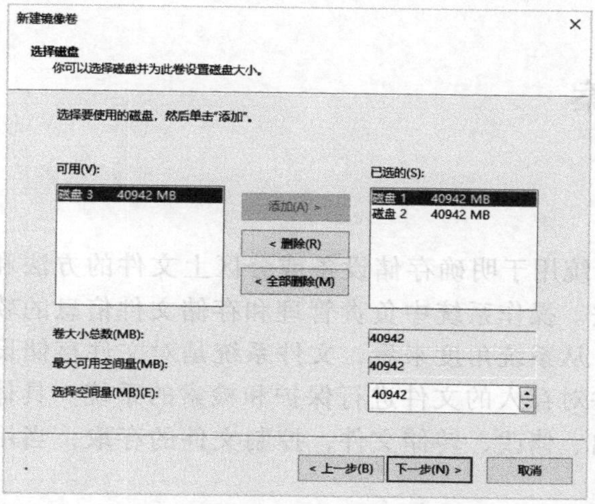

图 5-31 选择镜像卷磁盘

提示： 可以很简单地解释镜像卷为一个带有一份完全相同的副本简单卷，它需要两块磁盘，一块存储运作中的数据，一块存储完全一样的那份副本，当一块磁盘失败时，另一块磁盘可以立即使用，避免了数据丢失。镜像卷提供了容错性，但是它不提供性能的优化。

5. 制作 RAID-5 卷

1）确保计算机包含 3 块或以上磁盘。

2）在“磁盘管理”中，右键单击未分配的空间，并选择“新建 RAID-5 卷”。

3）选择想使用的 3 块磁盘并输入分配给该卷的空间大小，单击“下一步”并根据屏幕指示完成向导，如图 5-32 所示。

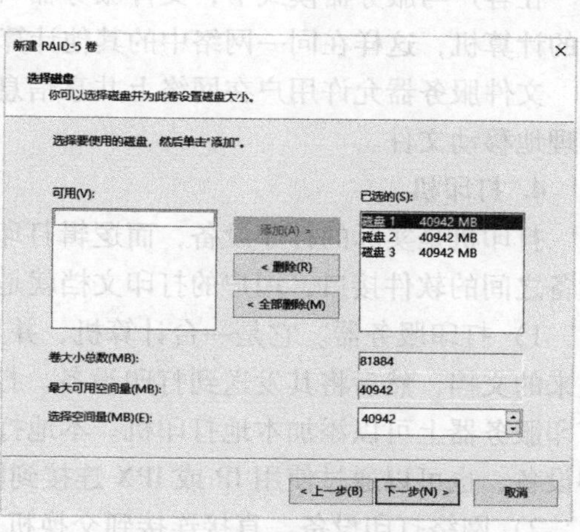

图 5-32 选择 RAID-5 卷磁盘

提示： 所谓 RAID-5 卷就是含有奇偶校验值的带区卷，Windows Server 2022 为卷集中的每个一磁盘添加一个奇偶校验值，这样在确保了带区卷优越性能同时，还提供了容错性。RAID-5 卷至少包含 3 块磁盘，最多 32 块，阵列中任意一块磁盘失效时，都可以由另两块磁盘中的信息做运算，并将失效磁盘中的数据恢复。

【小结】

基本磁盘受 26 个英文字母的限制，即磁盘的盘符只能是 26 个英文字母中的一个。因为 A、B 已经被软驱占用，实际上磁盘可用的盘符只有 C~Z 共 24 个。另外，在“基本磁盘”上只能建立 4 个主分区（注意是主分区，而不是扩展分区）。

动态磁盘可以包含无数个“动态卷”，其功能与基本磁盘上使用的主分区的功能相似。基本磁盘和动态磁盘之间的主要区别在于动态磁盘可以在计算机上的两个或多个动态硬盘之间拆分或共享数据。例如，一个动态卷实际上可以由两个单独的硬盘上的存储空间组成。另外，动态磁盘可以在两个或多个硬盘之间复制数据以防止单个磁盘出现故障。此功能需要更多硬盘，但提高了可靠性。

5.4 存储网络档案

【知识准备】

1. 文件系统

文件系统是操作系统用于明确存储设备或分区上文件的方法和数据结构，即在存储设备上组织文件的方法。操作系统中负责管理和存储文件信息的软件机构称为文件管理系统，简称文件系统。从系统角度来看，文件系统是对文件存储设备的空间进行组织和分配，负责文件存储并对存入的文件进行保护和检索的系统。具体地说，它负责为用户建立文件，存入、读出、修改、转储文件，控制文件的存取，当用户不再使用时撤销文件等。

2. 磁盘配额

磁盘配额可以限制指定账户能够使用的磁盘空间，这样可以避免因某个用户过度使用磁盘空间而造成其他用户无法正常工作甚至影响系统运行。在服务器管理中此功能非常重要，但对单用户来说意义不大。

3. 文件共享

在客户与服务器模式下，文件服务器（file server）是一台对中央存储和数据文件管理负责的计算机，这样在同一网络中的其他计算机就可以访问这些文件。

文件服务器允许用户在网络上共享信息，而不用通过软磁盘或一些其他外部存储设备来物理地移动文件。

4. 打印机

打印机是实际的打印设备，而逻辑打印机并不是指物理设备，而是介于应用程序与打印设备之间的软件接口，用户的打印文档就是通过它发送给打印设备的。

1）打印服务器。它是一台计算机，并且连接着物理的打印设备。它负责接收用户端所发送来的文档，然后将其发送到打印设备。打印服务器就是专门管理网络打印机的计算机，在打印服务器上可以添加本地打印机。本地打印机可以通过使用 LPT、USB 或 IR 接口来连接打印设备，也可以通过使用 IP 或 IPX 连接到网络设备。

2）网络打印设备。直接连接到交换机上的物理打印设备，用户可以通过 IP 地址连接并使用该打印设备。

5.4.1　任务一：格式化文件系统

【任务描述】

公司新来了一批临时员工，管理员找来几台旧计算机供其使用，为防止资料外泄需要格式化硬盘，才能分配给临时员工使用。

【任务实施】

创建 NTFS/REFS 文件系统磁盘。

1）右键单击需要格式化的磁盘，单击“格式化”，如图 5-33 所示。

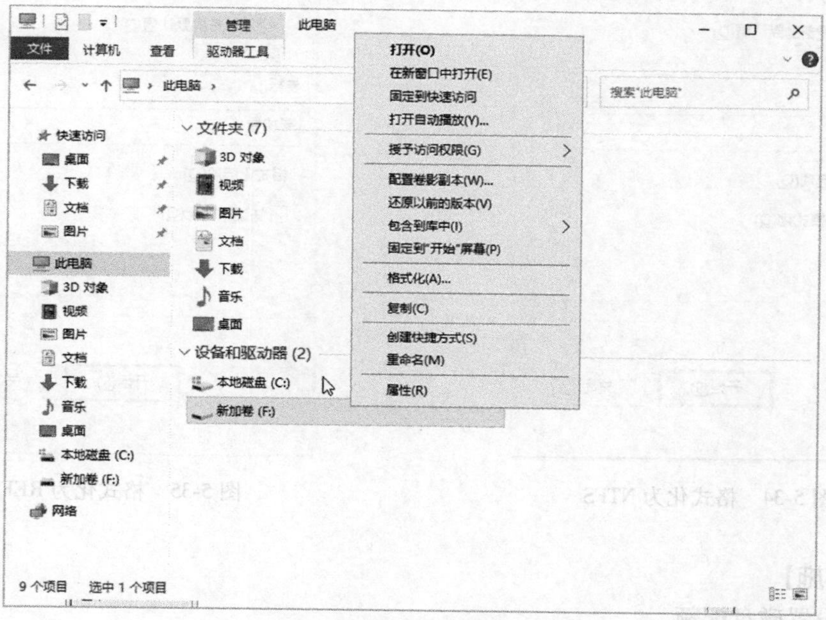

图 5-33　选择格式化

2）在弹出的“格式化磁盘”对话框中，选择“NTFS”文件系统，单击“开始”按钮，等待系统自动完成格式化操作，（格式化 REFS 的操作与此操作一致，但需将文件系统格式修改为 REFS），如图 5-34 和图 5-35 所示。

提示： 弹性文件系统（resilient file system，REFS）是在 Windows Server 2022 中新引入的一个文件系统。目前只能应用于存储数据，还不能引导系统，并且在移动媒介上也无法使用。REFS 与 NTFS 大部分兼容，其主要目的是为了保持较高的稳定性，可以自动验证数据是否损坏，并尽力恢复数据。如果和引入的存储空间（storage spaces）联合使用，则可以提供更佳的数据防护，同时在对上亿级别的文件处理上也有性能提升。

5.4.2　任务二：设置磁盘配额

【任务描述】

公司为了保护磁盘空间，防止张三等员工就把磁盘用尽，导致其他需要使用磁盘的人无法存储信息，因此进行了磁盘配额，将磁盘空间限定为 10GB，当使用了 9GB 的时候系统发出警报。

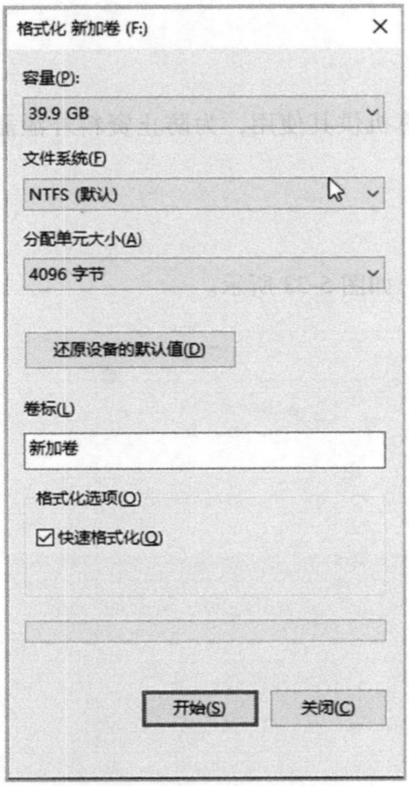

图 5-34　格式化为 NTFS

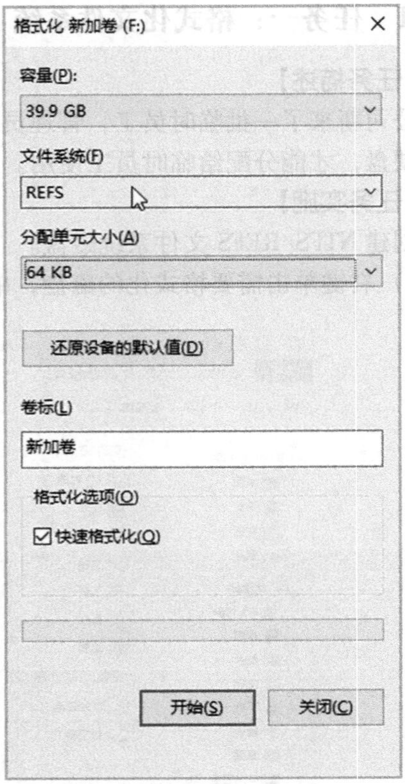

图 5-35　格式化为 REFS

【任务实施】

开启和设置磁盘配额。

1）右键单击需要设置配额的磁盘，在弹出的快捷菜单中选择“属性”命令，在弹出的“磁盘属性”对话框中选择“配额”选项卡。

2）选中“启用配额管理”复选框，选中“拒绝将磁盘空间给超过配额限制的用户”复选框，单击“配额项”按钮，如图 5-36 所示。

3）在出现的“配额项”对话框中，单击“配额”，在弹出的菜单中单击“新建配额项”，在出现的选中用户对话框中输入“zhang”，单击“确定”按钮。

提示： *启动磁盘配额时，可以设置两个值——磁盘配额限制和磁盘配额警告级别。例如，可以把用户的磁盘配额限制设为 500MB，并把磁盘配额警告级别设为 450MB。在这种情况下，用户可在卷上存储不超过 500MB 的文件。如果用户在卷上存储的文件超过 450MB，则可把磁盘配额系统配置成记录系统事件。只有 Administrators 组的成员才能管理卷上的配额。*

4）在出现的“添加新配额项”对话框中，将磁盘空间限制为 10GB，同时将警告等级设为 9GB，单击“确定”按钮，完成配置，如图 5-37 所示。

5.4.3　任务三：配置文件夹共享

【任务描述】

公司文件服务器上有个文件夹需要共享，使得员工一张能够访问该文件夹，实现文件的网络存储。

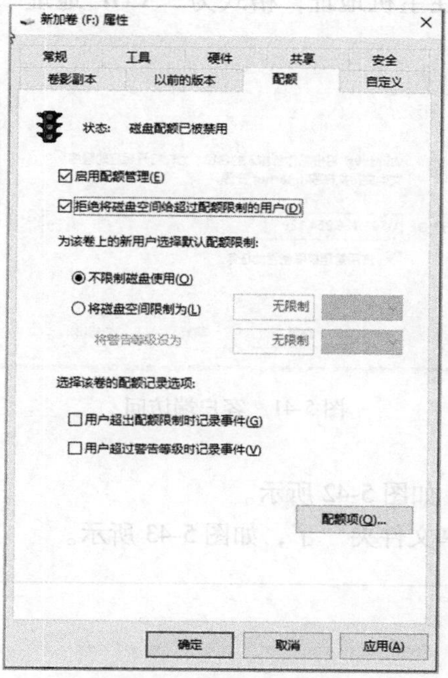

图 5-36　设置磁盘配额

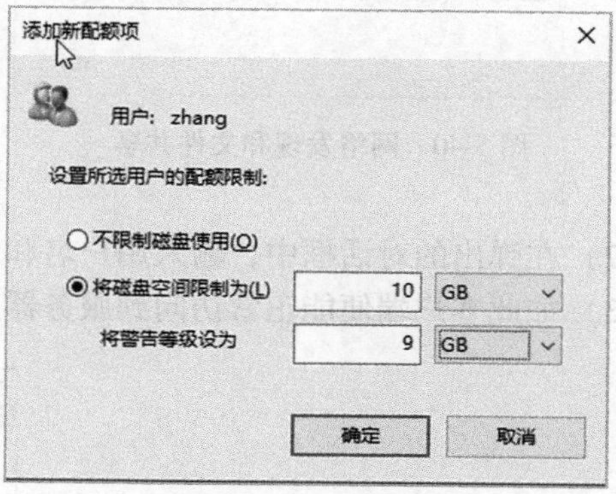

图 5-37　添加新配额项

【任务实施】

1. 设置共享文件夹

1）右键单击需要设为共享的文件夹，选择“特定用户”命令，如图 5-38 所示。

2）设定用户 zhang 能读写该共享文件夹，如图 5-39 所示。

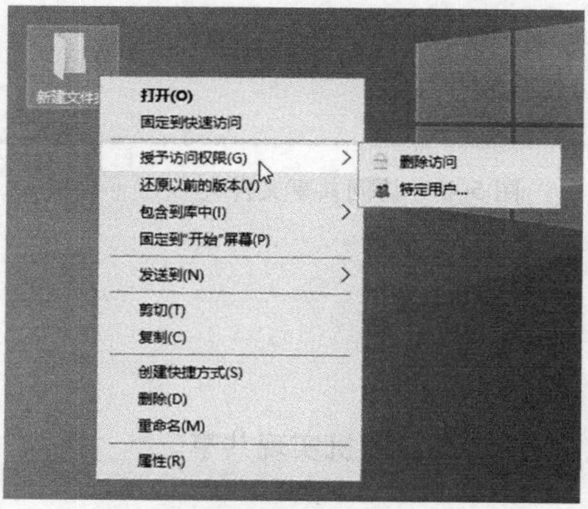

图 5-38　设置共享文件夹

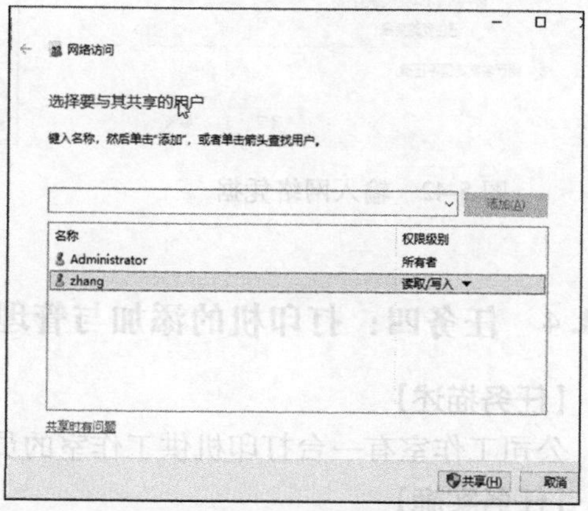

图 5-39　选择要与其共享的用户

3）单击“共享”按钮，在弹出的“网络发现和文件共享”对话框中，选择“否，使已连接到的网络成为专用网络”，完成共享任务，如图 5-40 所示。

2. 客户端访问共享文件夹

1）在客户端单击“运行”，输入共享文件夹所在主机地址，格式为“\\IP 地址”，如图 5-41 所示。

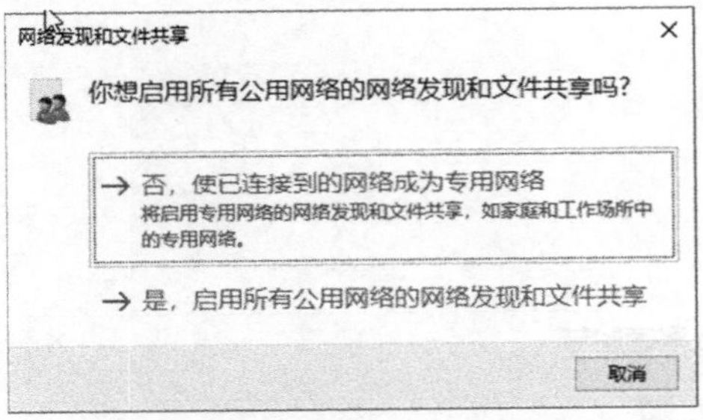

图 5-40　网络发现和文件共享

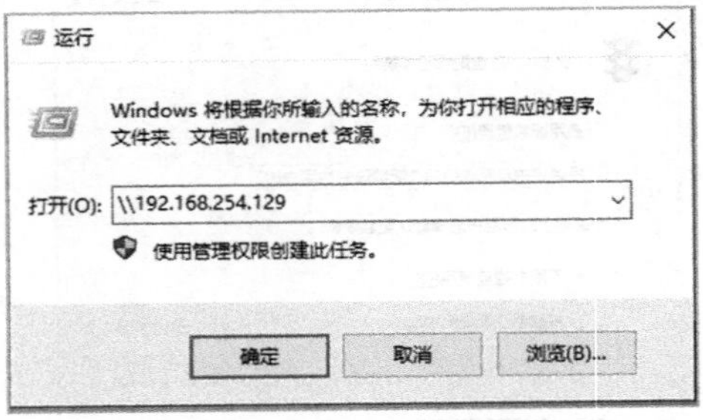

图 5-41　客户端访问

2）在弹出的对话框中，输入用户名和对应密码，如图 5-42 所示。

3）如此客户端便能正常访问到服务器上的“共享文件夹”了，如图 5-43 所示。

图 5-42　输入网络凭据

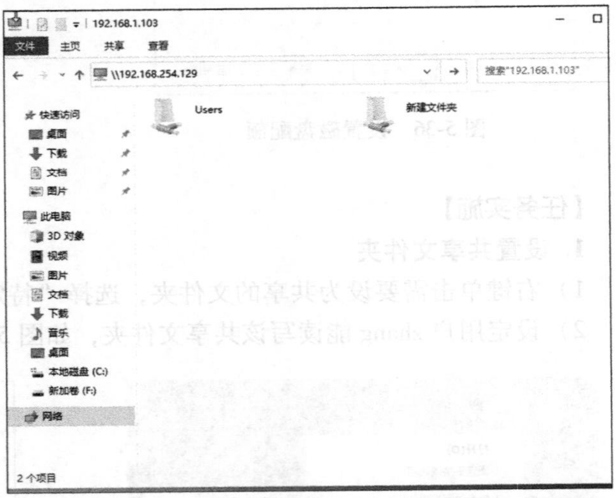

图 5-43　访问共享文件夹

5.4.4　任务四：打印机的添加与管理

【任务描述】

公司工作室有一台打印机供工作室的员工使用，需要将此打印机实现共享。

【任务实施】

1）打开“服务器管理器”，单击“添加角色和功能”按钮。

2）选中“打印和文件服务”，单击“下一步”按钮。

3）选中“打印服务器”“Internet 打印”“LPD 服务”，单击“下一步”按钮，如图 5-44 所示。

4）确认要安装的角色服务或功能，单击“下一步”按钮，直至完成角色添加任务，如

图 5-45 所示。

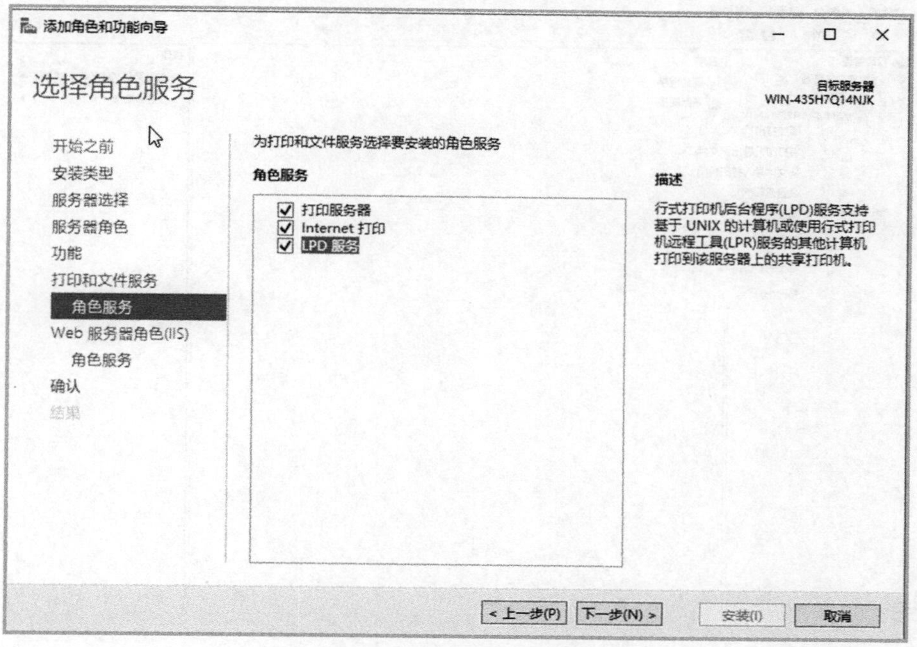

图 5-44　选角色服务

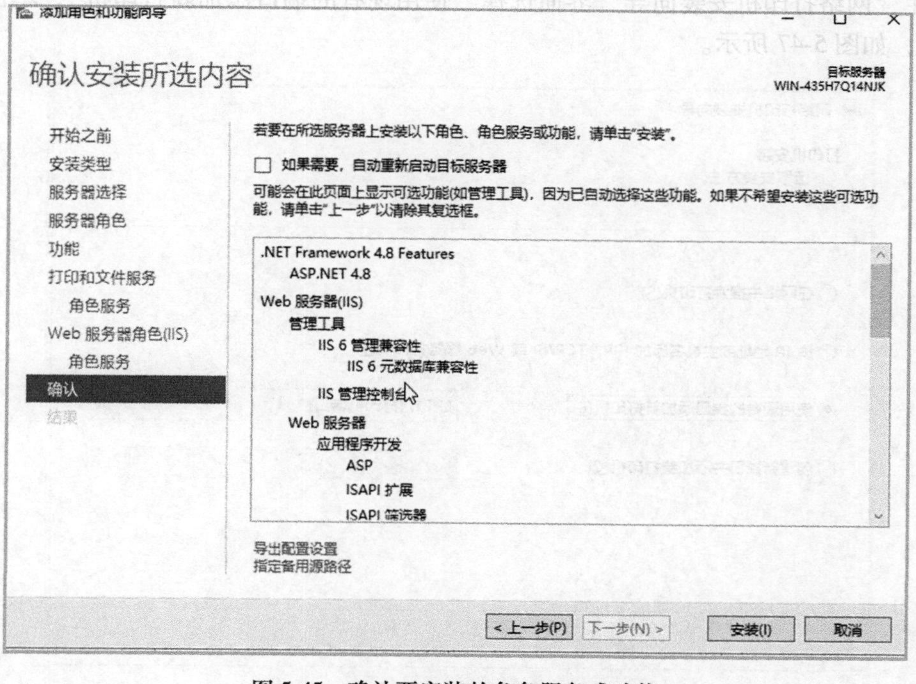

图 5-45　确认要安装的角色服务或功能

5）单击“开始”菜单，单击“打印管理”，右键单击本地打印服务器，在弹出的菜单中单击“添加打印机”，如图 5-46 所示。

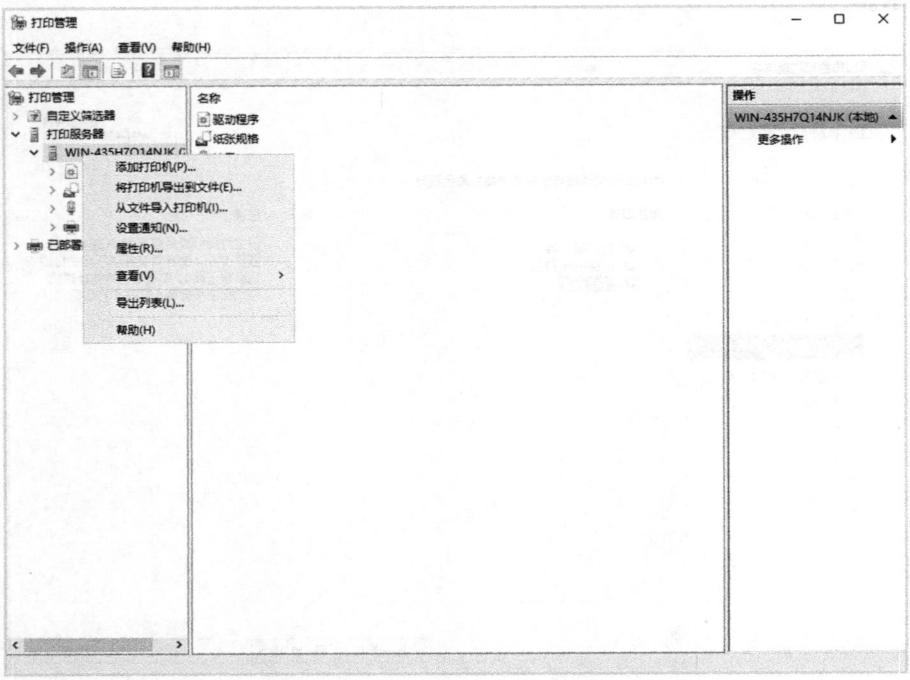

图 5-46　添加打印机

6）在“网络打印机安装向导”界面选择“使用现有的端口添加新打印机”，单击“下一步”按钮，如图 5-47 所示。

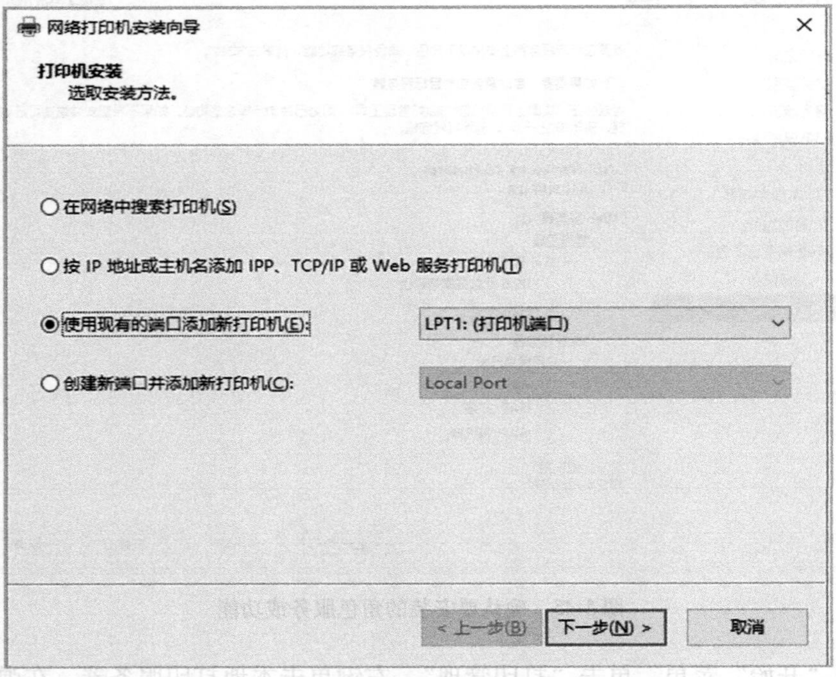

图 5-47　选择打印机的安装方法

7）在“打印机驱动程序”界面选择对应的驱动程序并安装，并在“打印机名称和共享设置”中输入打印机名称和共享名称，单击“下一步”按钮，直至完成。

8）对于需要安装网络打印机的客户机来说，只需输入“\\服务器 IP 地址”，找到网络中共享的打印机，双击对应的打印机，系统自动完成打印机驱动安装，如此客户机即可实现网络打印。

【小结】

快速格式化只是清掉 FAT 表（文件分配表），使系统认为盘上没有文件了，并不真正格式化全部硬盘。快速格式化后可以通过工具恢复硬盘数据。普通格式化会将硬盘上的所有磁道扫描一遍，清除硬盘上的所有内容。普通格式化可以检测出硬盘上的坏道，速度会慢一些。

在配置磁盘配额的时候，一定要选中“拒绝将磁盘空间给超过配额限制的用户”复选框，否则无法达到限制的效果。

共享文件夹在新建命名空间时，要注意正确输入本机的计算机名，否则会报错，无法进行下一步操作。

安装打印机服务时，要选中角色服务，否则安装完之后会缺少部分功能，共享完打印机后，选择在网络中搜索打印机，选择按 IP 地址或主机名添加 TCP/IP 或 Web 服务打印，这就是连接网络接口打印机。

5.5 配置与使用 Web 服务

【知识准备】

Web 服务器也称为万维网（world wide web，WWW）服务器，主要功能是提供网上信息浏览服务。WWW 是因特网的多媒体信息查询工具，也是发展最快和目前用得最广泛的服务。Web 服务器使用超文本传输协议（hyper text transfer protocol，HTTP）传输数据，采用 HTML 文档格式（标准通用标记语言下的一个应用）来编写网页文件内容，在浏览器上使用统一资源定位符（uniform resource locator，URL）来访问指定的网站。为了解决 HTTP 的安全缺陷，可以使用超文本传输安全协议（hyper text transfer protocol secure，HTTPS）。HTTPS 在 HTTP 的基础上加入了安全套接层（secure sockets layer，SSL）协议，SSL 依靠证书来验证服务器的身份，并为浏览器和服务器之间的通信加密。

5.5.1 任务一：配置简单 Web

【任务描述】

公司需搭建 Web 网站，服务器 IP 地址为 192.168.1.1。建立测试页，内容为“hello”。

【任务实施】

1. 安装 Web 服务器［因特网信息服务器（Internet information server，IIS）］

1）打开服务器管理器，使用“添加角色和功能向导”安装 Web 服务器，如图 5-48 所示。

2）确认选择安装 Web 核心，单击“添加功能”按钮，如图 5-49 所示。

3）安装过程中会提示安装相关服务，在此使用默认值即可，同时按照向导提示，单击“下一步”按钮完成 Web 服务器的安装，如图 5-50 所示。

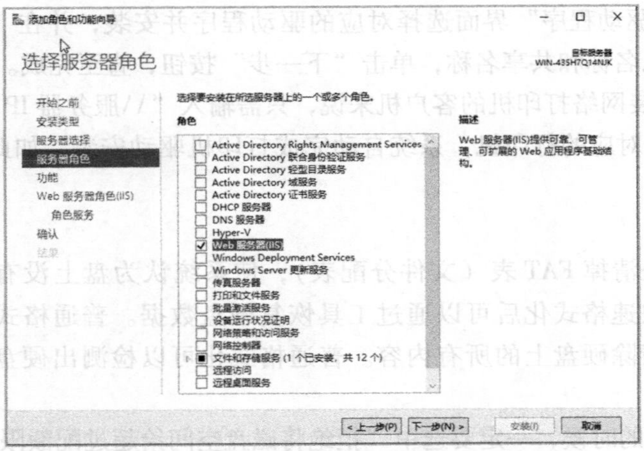

图 5-48　准备安装 Web 服务器

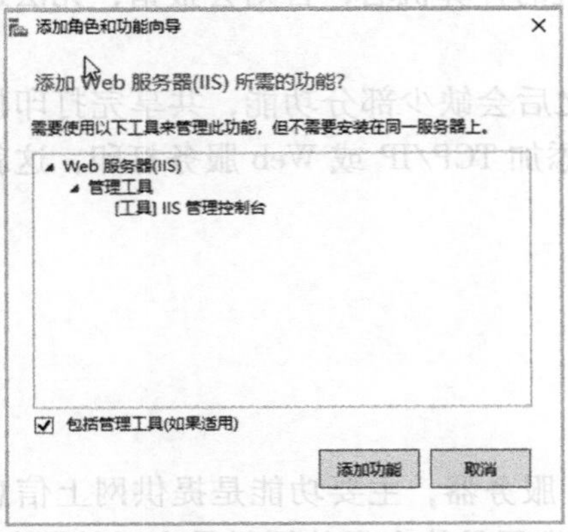

图 5-49　安装 Web 核心

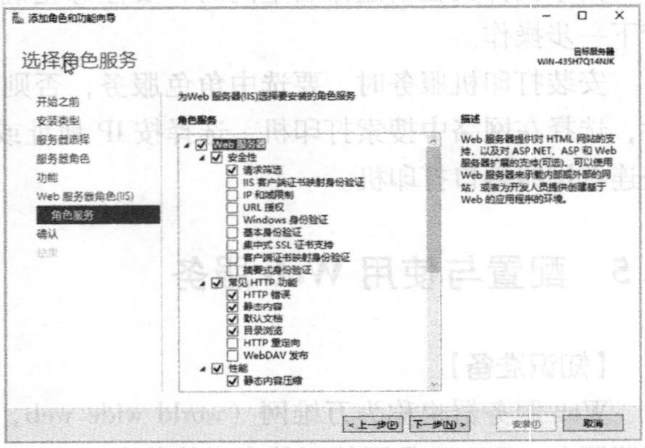

图 5-50　安装相关服务

2. 编辑网站

1）在本地磁盘 C 盘下建立网站文件夹“www”，如图 5-51 所示。

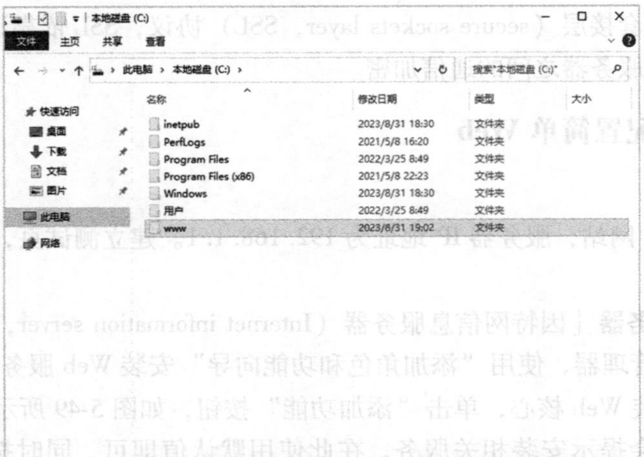

图 5-51　新建文件夹

2）在创建的 www 文件夹中建立 txt 文本，并输入网站内容“hello”，保存修改后重命名为 index. html，如图 5-52 所示。

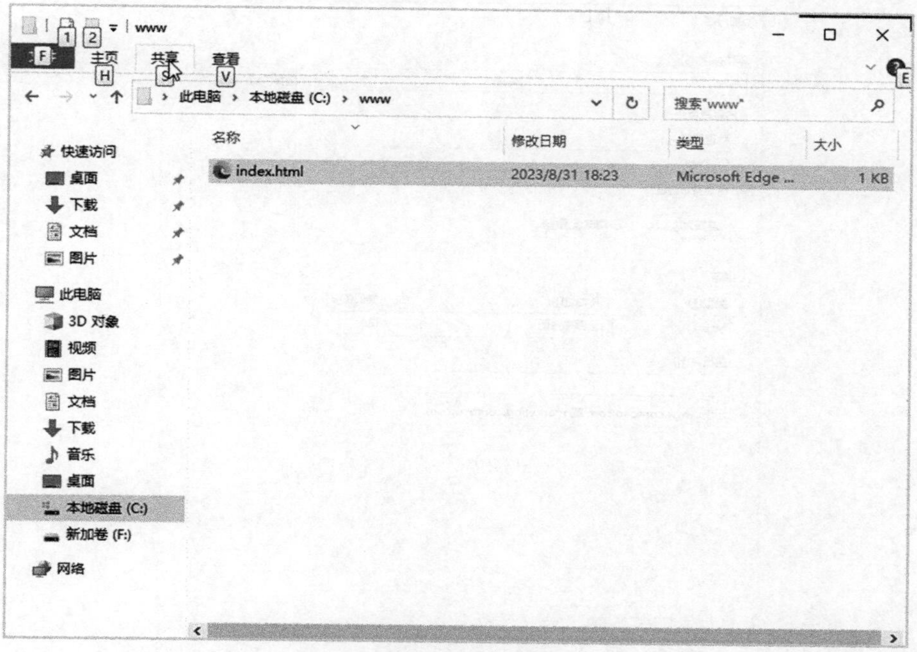

图 5-52　改变格式

3. 建立 Web 站点

1）打开应用界面，选择 IIS 管理，右键单击网站 Default Web Site，停止系统默认网站。

2）右键单击网站，选择添加网站命令，如图 5-53 所示。

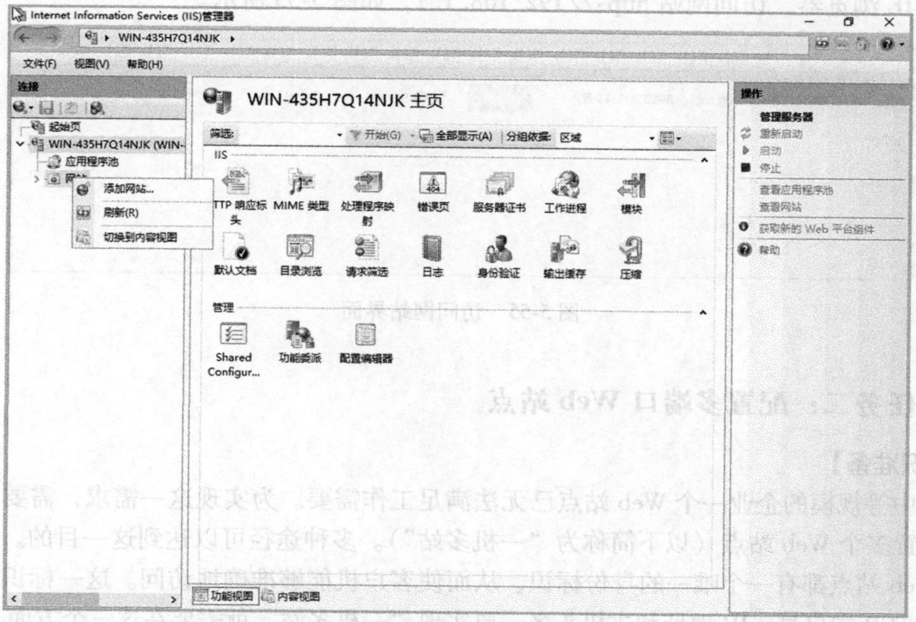

图 5-53　添加网站

3）新建网站时需要输入网站名称和网站物理路径，如图 5-54 所示。

4）至此网站的基本配置完成。

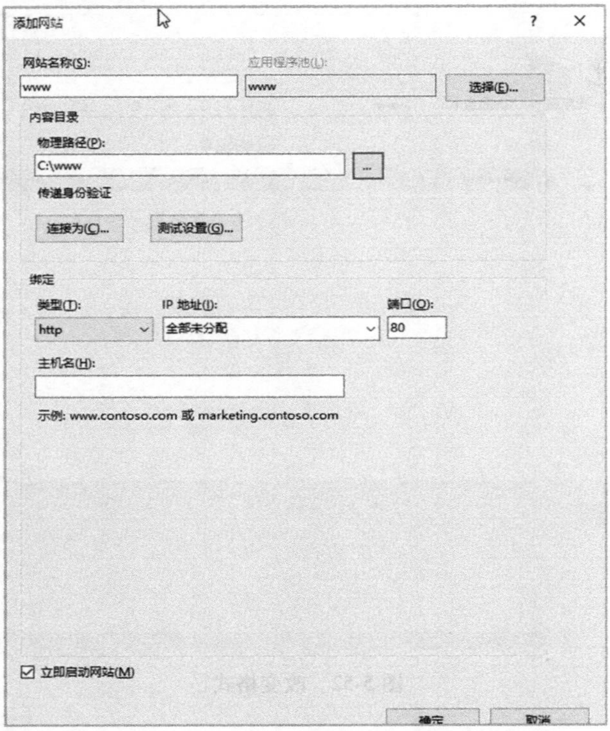

图 5-54　设定网站基础参数

4. 测试 Web 站点

打开 IE 浏览器，访问网站 http://192.168.1.1，如图 5-55 所示。

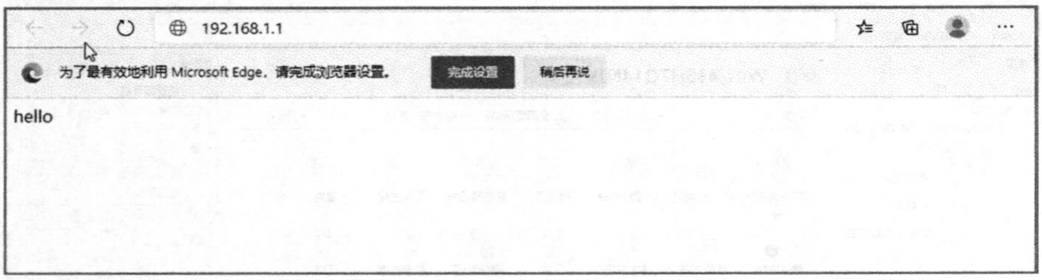

图 5-55　访问网站界面

5.5.2　任务二：配置多端口 Web 站点

【知识准备】

对于中等规模的企业一个 Web 站点已无法满足工作需要。为实现这一需求，需要在一台服务器上设置多个 Web 站点（以下简称为“一机多站”）。多种途径可以达到这一目的。网络上的每一个 Web 站点都有一个唯一的身份标识，从而使客户机能够准确地访问。这一标识由三部分组成，即 TCP 端口号、IP 地址和主机头名，要实现“一机多站”就需要在这三个方面下功夫。

【任务描述】

使用 Web 站点管理向导，分别为公司和 3 个部门建立 4 个 Web 站点。最大的不同是使用了不同的 TCP 端口，公司站点、A 部门站点、B 部门站点、C 部门站点，服务器 IP 地址为 192. 168. 1. 10，TCP 端口分别为 80、8086、8087、8088，站点主目录分别为 c:\web\com、c:\web\a、c:\web\b、c:\web\c。

客户端可以通过 192. 168. 1. 10 访问公司站点，192. 168. 1. 10：8086 访问 A 部门站点，192. 168. 1. 10：8087 访问 B 部门站点，192. 168. 1. 10：8088 访问 C 部门站点。

【任务实施】

1）在 C 盘建立各站点主目录“c:\web\a”“c:\web\b”“c:\web\c”“c:\web\com”，如图 5-56 所示。

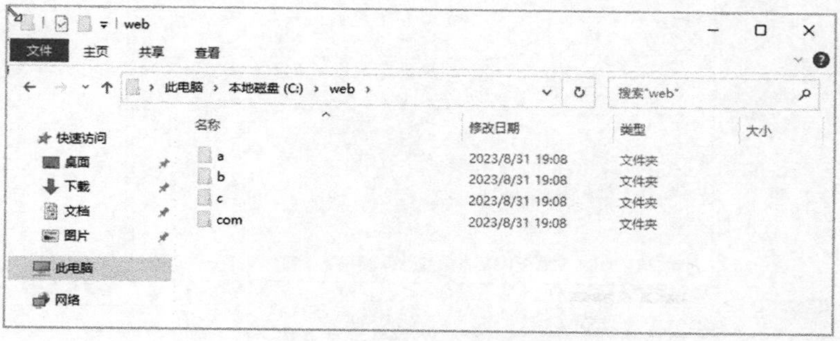

图 5-56　建立各站点主目录

2）使用任务一中同样的方法添加 4 个网站——1、2、3、4，IP 地址为 192. 168. 1. 10。值得注意的是，每个网站的 TCP 端口需要按照要求分别设置为 80、8086、8087、8088，同时站点主目录分别设置为“c:\web \ a”“c:\web\b”“c:\web\c”“c:\web \ com”，具体如图 5-57 所示。

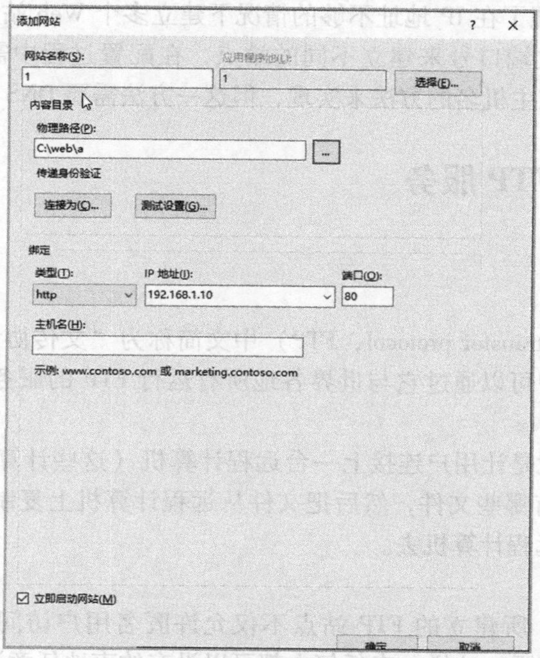

图 5-57　添加 8086 端口站点

3）至此建立了 4 个网站，如图 5-58 所示。在 IE 浏览器中可以输入各网站网址（网址格式为 http://IP 地址：端口号）进行测试。

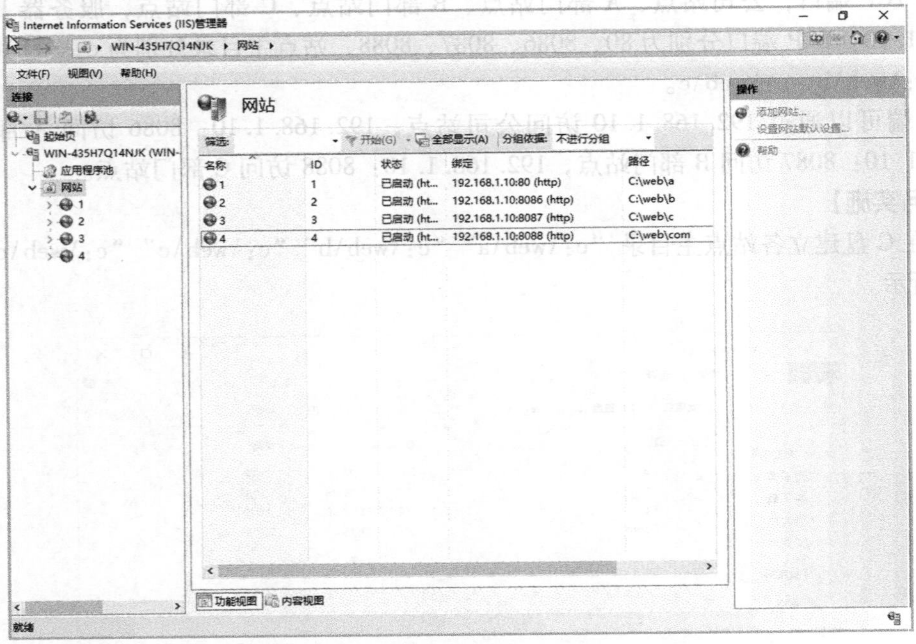

图 5-58　不同端口的 4 个网站

【小结】

Web 站点主要用于网页访问。在配置过程中，需指明正确的路径。此外，建立网站时请确保因特网 Guest 账户对网站目录具有读取权限。

多端口 Web 站点实现了在 IP 地址不够的情况下建立多个 Web 站点的一种方法，在 IP 地址相同情况下，可以更改端口号来建立不同的站点，在配置过程中需要更改正确的端口号。除此以外，还能使用绑定主机名的方法来实现，但这一方法需要 DNS 的配合工作。

5.6　配置与使用 FTP 服务

【知识准备】

1. FTP 简介

文件传输协议（file transfer protocol，FTP）中文简称为“文传协议”。用于因特网上的控制文件的双向传输。用户可以通过它与世界各地所有运行 FTP 的服务器相连，访问服务器上的大量程序和信息。

FTP 的主要作用，就是让用户连接上一台远程计算机（这些计算机上运行着 FTP 服务器程序）查看远程计算机有哪些文件，然后把文件从远程计算机上复制到本地计算机，或者把本地计算机的文件送到远程计算机去。

2. FTP 用户隔离

为了方便用户使用，所建立的 FTP 站点不仅允许匿名用户访问，而且对主目录启用了“读取”和“写入”的权限。这样一来任何人都可以没有约束地任意读写，使主目录很乱。

“隔离用户”是 IIS 中包含的 FTP 组件的一项新增功能。配置成“用户隔离”模式的 FTP 站点可以使用户登录后直接进入属于该用户的目录中，且该用户不能查看或修改其他用户的目录。

5.6.1 任务一：配置简单 FTP

【任务描述】

公司需配置简单的 FTP 站点，员工能匿名登录 FTP 站点并下载常用软件，FTP 服务器 IP 地址为 192.168.1.10。

【任务实施】

1）打开服务器管理器，添加 IIS 服务，并勾选 FTP 服务，如图 5-59 所示。

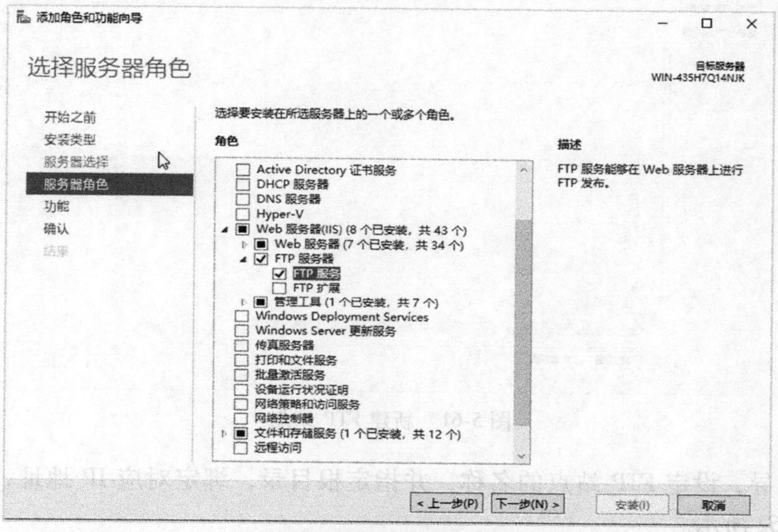

图 5-59 安装 FTP 服务

2）在服务未架设完成前，先关闭防火墙，如图 5-60 所示。

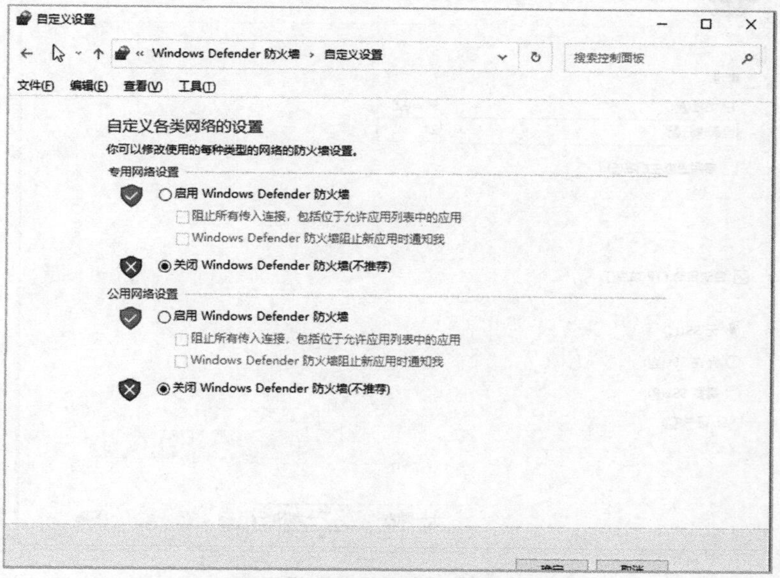

图 5-60 关闭 Windows 防火墙

3）在C盘中新建一个文件夹，并命名为“ftp”，作为FTP根目录。

4）打开“IIS 管理器”，右键单击“网站”图标，选择“添加 FTP 站点”，如图 5-61 所示。

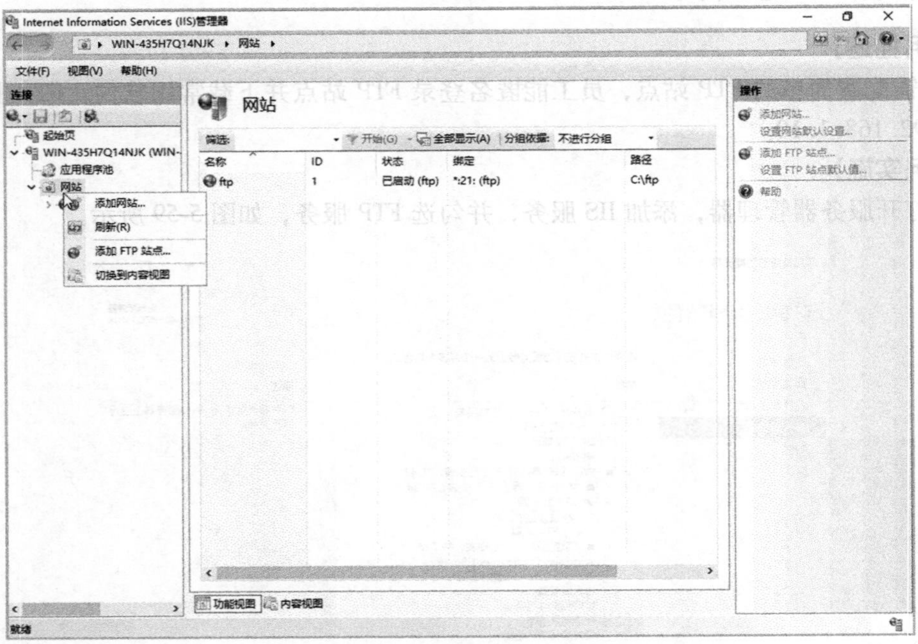

图 5-61　新建 FTP 站点

5）根据向导，设定 FTP 站点的名称，并指定根目录，绑定对应 IP 地址，SSL 加密选择“无”，如图 5-62 所示。

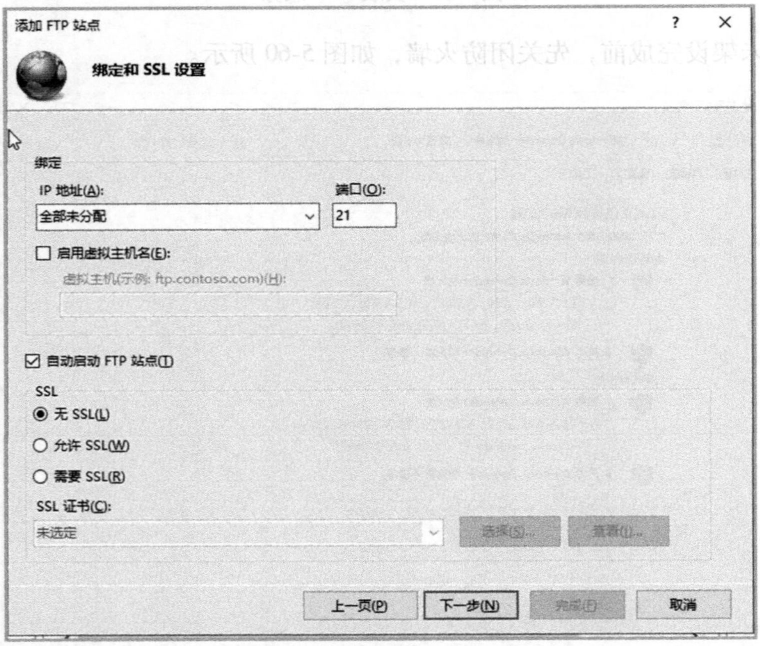

图 5-62　绑定和 SSL 设置

6）配置身份验证和授权信息，选中“匿名”“基本”“读取”及“写入”复选框，设置完成后，单击“完成”按钮，完成简单 FTP 的架设，如图 5-63 所示。

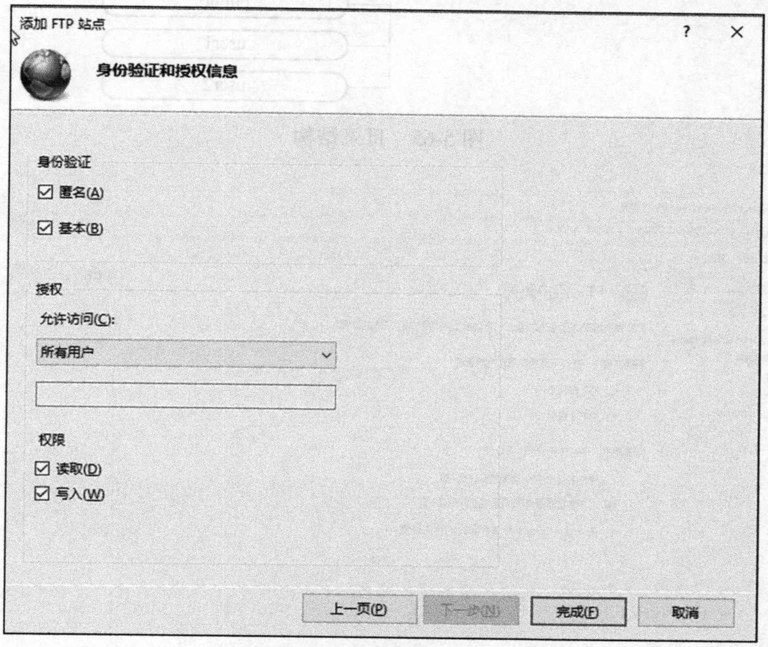

图 5-63　身份验证和授权信息设置

7）在“计算机窗口”中输入“ftp://192.168.1.10”，并验证 FTP 登录情况，如图 5-64 所示。

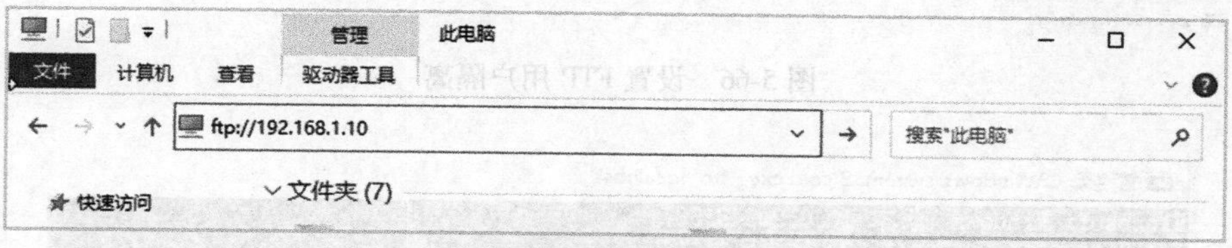

图 5-64　客户端验证

5.6.2　任务二：配置 FTP 用户隔离

【任务描述】

公司架设了 FTP 服务器，使得员工存放文件更为方便，但经过一段时间的使用之后，经常发生文件被误删除的情况，管理员使用 FTP 用户隔离技术来解决这个问题。

【任务实施】

1）新建一个名为“GLYH”的文件夹，该文件夹将作为 FTP 的根目录。

2）在 FTP 根目录下建立图 5-65 所示的目录结构。

3）安装 FTP 服务，并添加 FTP 站点，设置“FTP 用户隔离”，如图 5-66 所示。

4）在“用户和组”栏目中新建 user1 和 user2 两用户，并分别使用上述两用户测试 FTP 服务的工作情况，如图 5-67 所示。

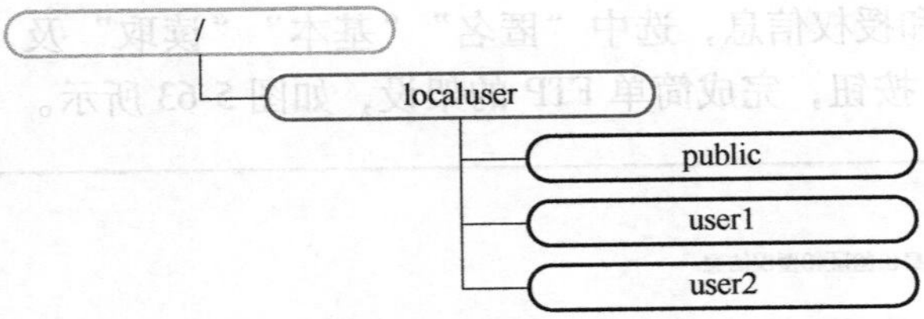

图 5-65　目录结构

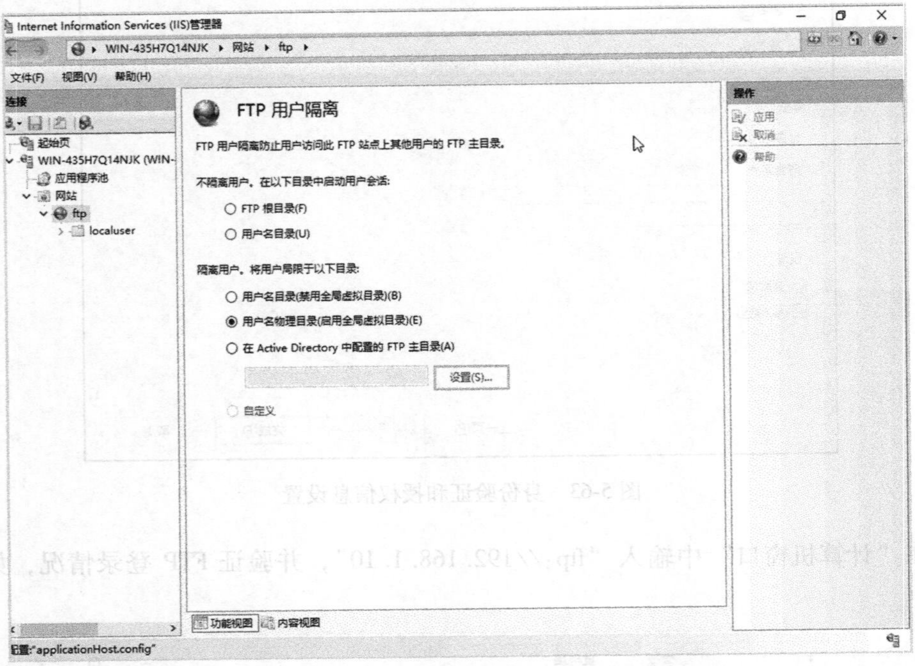

图 5-66　设置 FTP 用户隔离

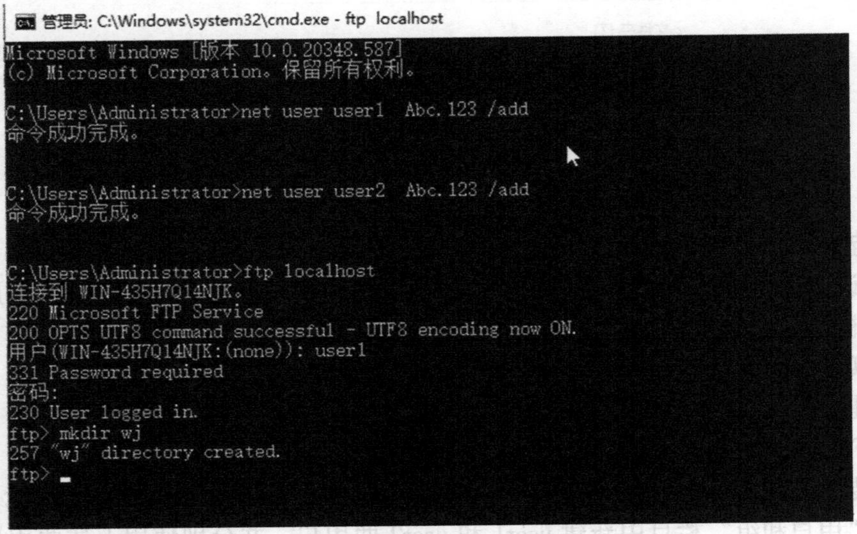

图 5-67　验证用户隔离

【小结】

配置 FTP 站点，需注意客户端与服务器能够沟通。原 FTP 服务自带站点需暂停或删除，确保端口号不被占用。

创建 FTP 用户隔离时，需注意新建用户名称要与文件夹名字相对应。在配置用户隔离时，需注意选择图 5-66 所示的选项。

5.7　配置与使用 DNS 服务

【知识准备】

1. DNS 简介

域名系统（domain name system，DNS）由解析器和域名服务器组成。域名服务器（domain name server，DNS）是指保存该网络中所有主机的域名和对应 IP 地址，并具有将域名转换为 IP 地址功能的服务器。其中，域名必须对应一个 IP 地址，而 IP 地址不一定有域名。

DNS 采用类似目录树的等级结构。DNS 位于客户机/服务器模式中的服务器方，主要有两种形式：主服务器和转发服务器。将域名映射为 IP 地址的过程就称为“域名解析”。在因特网上域名与 IP 地址之间是一对一（或多对一）的，也可采用 DNS 轮循实现一对多。域名虽然便于人们记忆，但机器之间只认 IP 地址，它们之间的转换工作称为域名解析。域名解析需要由专门的域名解析服务器来完成，DNS 就是进行域名解析的服务器。

DNS 命名用于因特网等 TCP/IP 网络中，通过用户友好的名称查找计算机和服务。当用户在应用程序中输入 DNS 名称时，DNS 服务可以将此名称解析为与之相关的其他信息，如 IP 地址。因为，用户在上网时输入的网址，是通过 DNS 解析找到相对应的 IP 地址，这样才能上网。其实，域名的最终指向是 IP 地址。

在 IPV4 地址中 IP 是由 32 位二进制数组成的，将这 32 位二进制数分成 4 组每组 8 个二进制数，把这 8 个二进制数转化成十进制数，就是看到的 IP 地址，其范围为 0~255。

在上网的时候，通常输入的是网址，但计算机在网络上只能用 IP 地址才能相互识别。例如，访问新浪网，可以在 IE 的地址栏中输入网址，也可输入 IP 地址，但是这样子的 IP 地址人们很难记住，相对 IP 地址，人们更容易记住的是域名。

DNS 域名是由圆点分开一串单词或缩写组成的，每一个域名都对应一个唯一的 IP 地址，这一命名的方法或这样管理域名的系统称为域名管理系统。申请了 DNS 后，客户可以自己为域名作解析或增设子域名。客户申请 DNS 时，建议客户一次性申请两个。

DNS 在域名解析过程中的查询顺序为，本地缓存记录、区域记录、转发域名服务器、根域名服务器。

2. DNS 委派

DNS 委派是为了减轻 DNS 的负担，将域名委派给另外一台 DNS。局域网络中的 DNS 只能解析那些在本地域中添加的主机，而无法解析那些未知的域名。因此，若欲实现对因特网中所有域名的解析，就必须将本地无法解析的域名转发给其他域名服务器。被转发的 DNS 通常应当是 ISP 的域名服务器。

5.7.1 任务一：配置 DNS 服务

【任务描述】

公司需要搭建自己的 Web 站点，域名为 www. abc. com，但 abc. com 没有在因特网上注册，因此网管员需要在内网的服务器上配置 DNS 服务，使其能解析 www. abc. com。DNS 地址为 172. 17. 1. 10，默认网关为 172. 17. 1. 1。

【任务实施】

1. 安装 DNS 服务

1）手动配置服务器的 IP 地址，如图 5-68 所示。

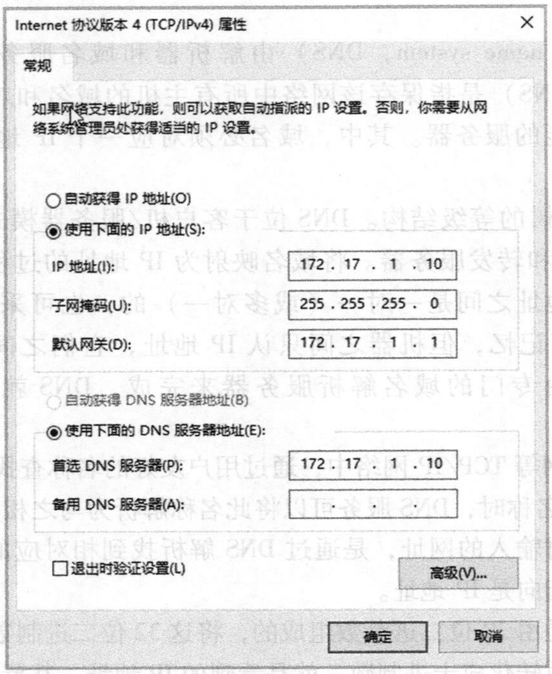

图 5-68 配置 IP 地址

2）打开“服务器管理器”窗口，单击“添加角色和功能”，进入添加角色向导。

3）在“服务器角色”中选中“DNS 服务器”复选框，单击“下一步”按钮。

4）在“确认”页面，单击“安装”按钮，完成安装。

2. 配置 DNS 服务

1）打开 DNS 管理器，右键单击“正向查找区域”，在弹出的快捷菜单中选择“新建区域”命令，如图 5-69 所示。

2）在“区域类型”页面选择“主要区域”，并单击“下一步”按钮，如图 5-70 所示。

3）在“区域名称”页面，输入区域名称“abc. com”，并单击“下一步”按钮，按提示完成区域的建立，如图 5-71 所示。

4）当区域建立完毕之后，右键单击之前建立的 abc.com 正向查找区域，在弹出的菜单中选择“新建主机（A 或 AAAA）命令”，如图 5-72 所示。在“新建主机”对话框名称处输入“www”，可以看到自动生成完全合适的域名为 www. abc. com，在 IP 地址处输入

“172. 17. 1. 10”（假设内网 Web 站点的 IP 地址为 172. 17. 1. 10），单击“添加主机”按钮，如图 5-73 所示。在弹出的提示框中单击“确定”按钮。

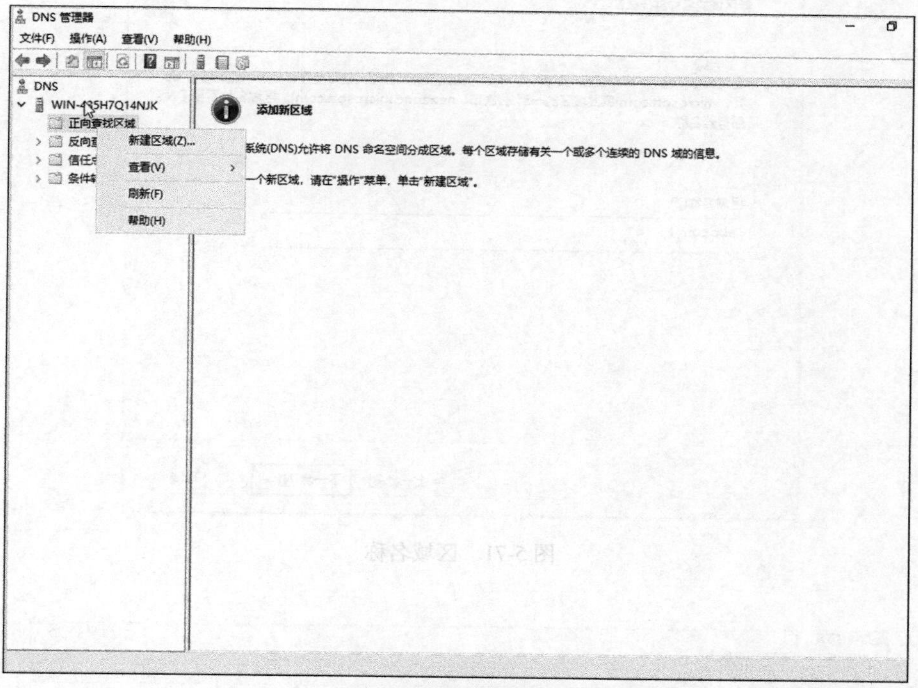

图 5-69　新建区域

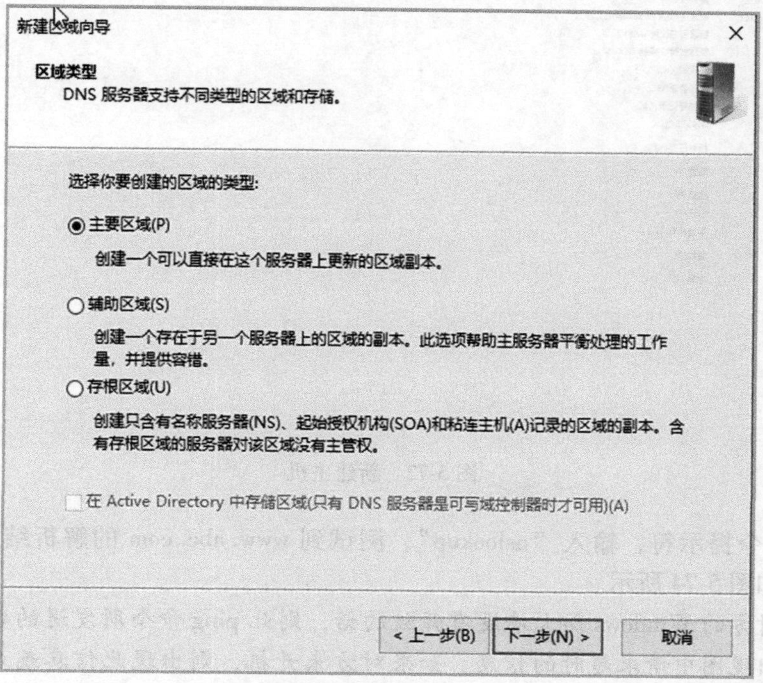

图 5-70　区域类型

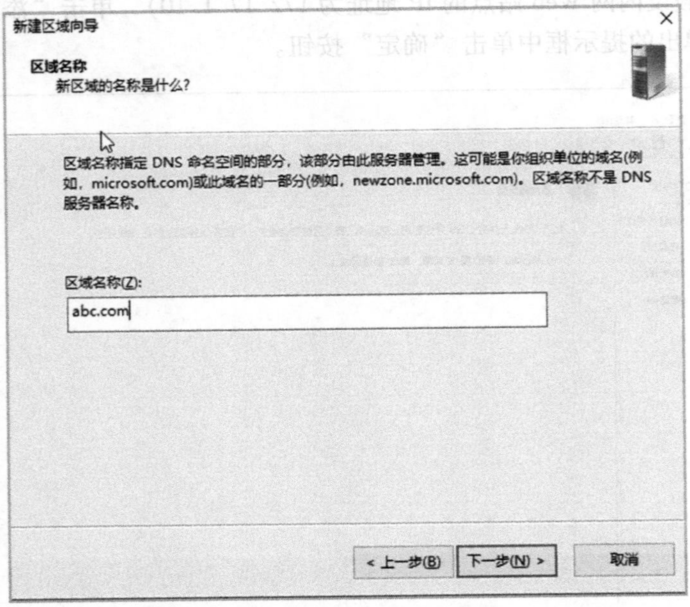

图 5-71　区域名称

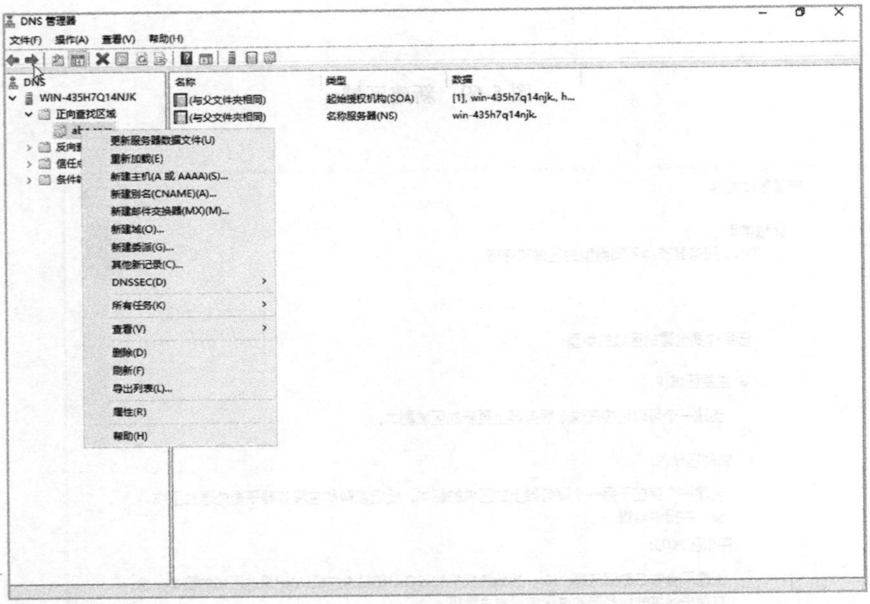

图 5-72　新建主机

5）使用命令提示符，输入“nslookup”，测试到 www. abc. com 的解析结果。可以看到，能正常解析，如图 5-74 所示。

提示：若对方的 Windows 防火墙没有开放的话，则此 ping 命令所发送的数据包会被对方丢弃，此时会出现图中请求超时的信息。如果对方未开机，则出现此信息或无法访问目标主机的信息。

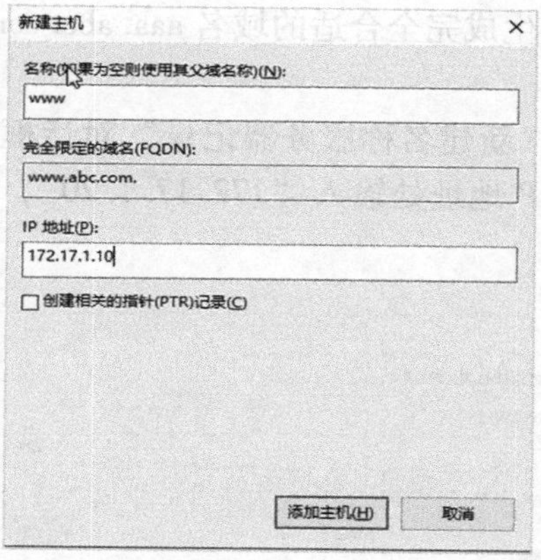

图 5-73　主机域名

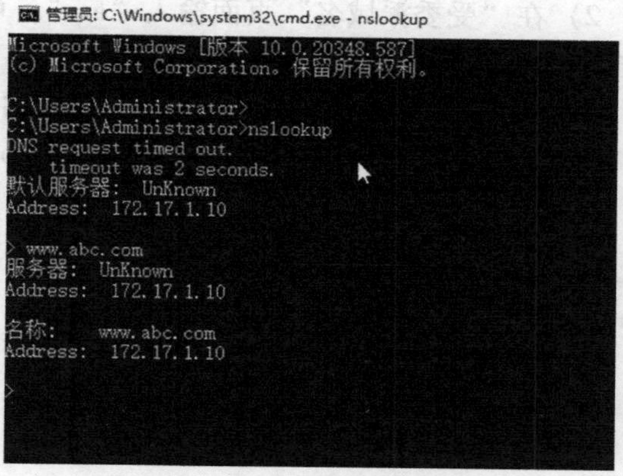

图 5-74　解析域名

5.7.2　任务二：配置 DNS 服务委派和转发

【任务描述】

委派环境：随着公司业务的扩大，公司在 abc. com 域名下申请子域名 aaa. abc. com，为了减轻 DNS 的负担，现将 aaa. abc. com 委派给另外一台 DNS。

转发环境：对于 A 公司 DNS，使用转发方法，将 A 公司的 aaa. abc. com 的查询请求转发给 B 公司 DNS 来完成。

【任务实施】

1. 配置 DNS 委派

1）打开 DNS 管理器，在“abc. com”处右键单击，在弹出的菜单中单击“新建委派”命令，如图 5-75 所示。

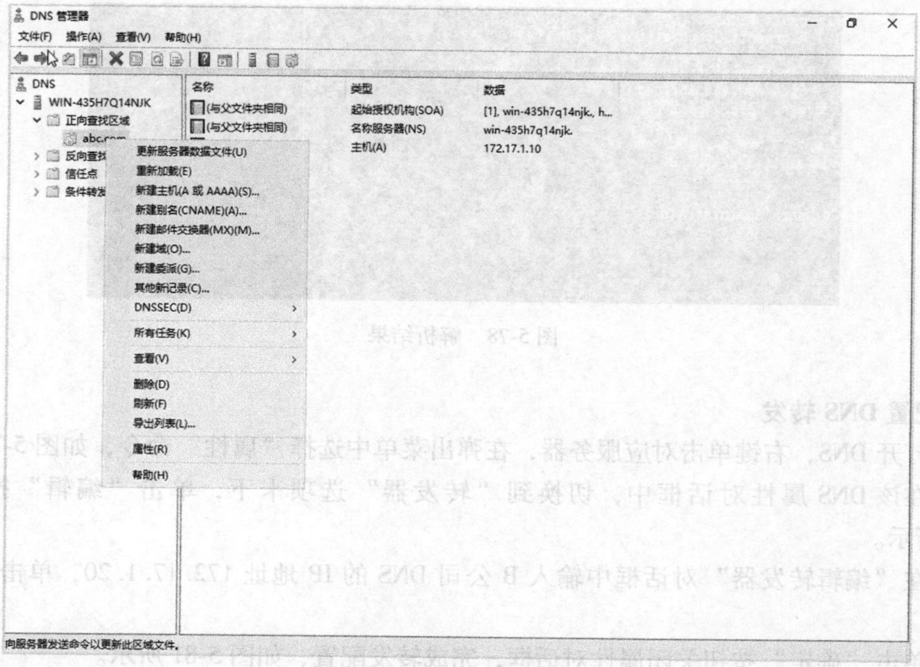

图 5-75　新建委派

2）在“受委派域名”页面输入“aaa”，可以看到自动生成完全合适的域名 aaa. abc. com，单击“下一步”按钮，如图 5-76 所示。

3）在“名称服务器”页面，单击“添加”按钮。在“新建名称服务器记录”对话框中的“服务器完全限定的域名”处输入“aaa. abc. com”，在 IP 地址处输入“172. 17. 1. 20”，单击“确认”按钮，如图 5-77 所示。

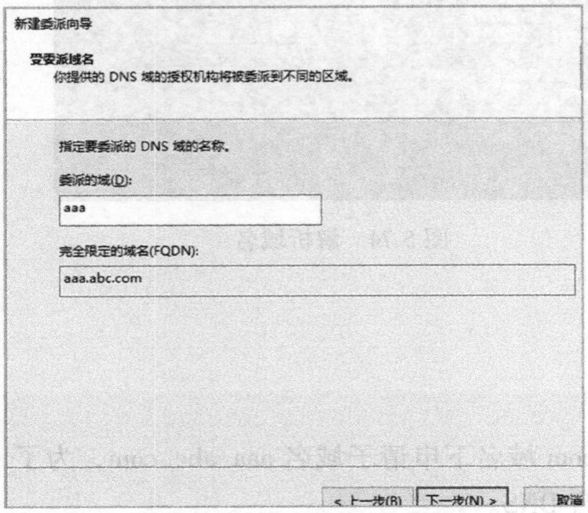

图 5-76　受委派域名

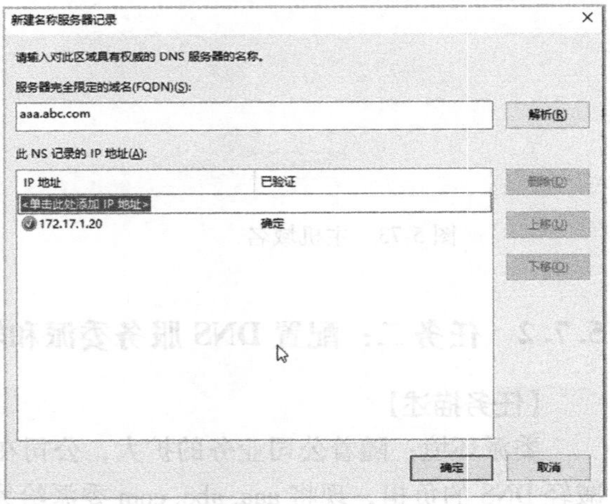

图 5-77　名称服务器

4）在另外一台 DNS 中配置区域 aaa. abc. com，并且新建主机 www，IP 地址为 172. 17. 1. 20。

5）在客户端打开命令行页面，在命令提示符下输入命令“nslookup www. aaa. abc. com”，测试解析结果如图 5-78 所示。

图 5-78　解析结果

2. 配置 DNS 转发

1）打开 DNS，右键单击对应服务器，在弹出菜单中选择“属性”命令，如图 5-79 所示。

2）在该 DNS 属性对话框中，切换到“转发器”选项卡下，单击“编辑”按钮，如图 5-80 所示。

3）在“编辑转发器”对话框中输入 B 公司 DNS 的 IP 地址 172. 17. 1. 20，单击“确定”按钮。

4）单击“确定”按钮关闭属性对话框，完成转发配置，如图 5-81 所示。

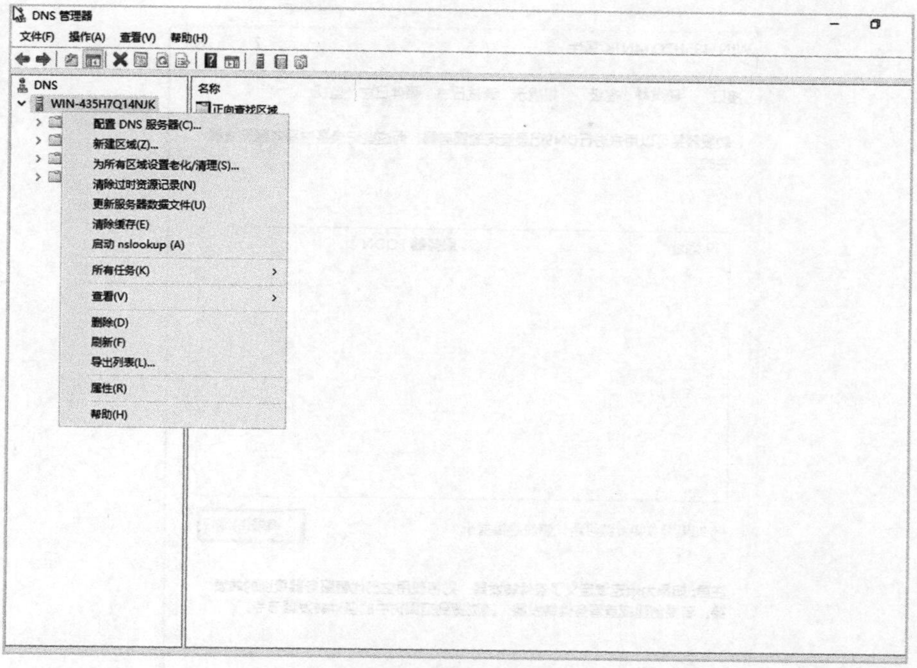

图 5-79 查看属性

图 5-80 添加转发器

【小结】

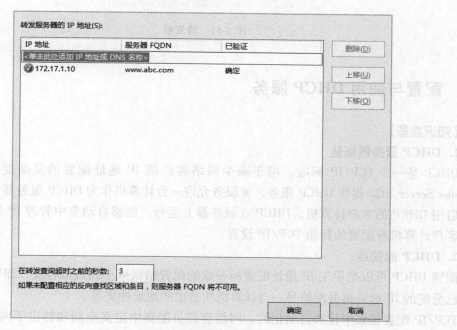

在安装 DNS 时，IP 地址要先手动配置好。在配置 IP 地址时，DNS 的地址要填写正确。

新建委派时，域名要与另外一台 DNS 的域名相同，否则就不能验证成功。添加转发器时，要注意查看是否能验证成功。

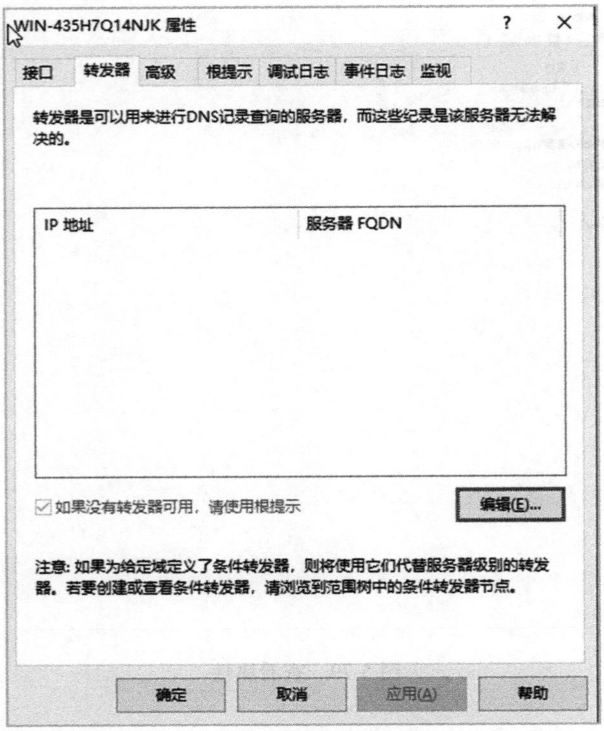

图 5-81　转发器

5.8　配置与使用 DHCP 服务

【知识准备】

1. DHCP 服务器概述

DHCP 是一个 TCP/IP 标准，用于减少网络客户机 IP 地址配置的复杂度和管理开销。Windows Server 2022 提供 DHCP 服务，该服务允许一台计算机作为 DHCP 服务器并配置用户网络中启用 DHCP 的客户计算机。DHCP 在服务器上运行，能够自动集中管理 IP 地址和用户网络中客户计算机所配置的其他 TCP/IP 设置。

2. DHCP 的优点

配置 DHCP 可以把手工 IP 地址配置所导致的配置错误减小到最低程度，如输入错误或把当前已分配的 IP 地址再分配给另一台计算机所造成的地址冲突等。

TCP/IP 配置是集中化和自动化的。网络管理员能集中定义全局和特定子网的 TCP/IP 配置。使用 DHCP 选项可以自动给客户机分配所有的附加 TCP/IP 配置值。满足移动客户机的配置需要。比如，远程访问客户机经常到处移动，使用 DHCP 便于它在新的地点重新启动时，高效而又自动地进行配置。

3. DHCP 地址租约

租约（lease）是指由 DHCP 服务器指定的客户端计算机可使用指派的 IP 地址的时间期限。在租约过期之前，客户端需要续租或从 DHCP 服务器得到新的租约。

通过向客户端提供 IP 地址配置租约，DHCP 管理着 IP 地址配置数据的分配和释放。租约决定了，在将分配得到的 IP 配置信息返还给 DHCP 服务器并更新其配置信息之前，客户端可以使用它的持续时间。分配 IP 地址配置信息的这一过程被称为 DHCP 租约生成过程，更新 IP 地址配置信息的过程被称为 DHCP 租约更新过程。

4. DHCP 中继

在实际项目中，经常会遇到 DHCP 服务器与 DHCP 客户端分别位于不同网段的情况。这是因为 DHCP 请求信息是通过广播进行的，可是网络中的路由器不会将广播信息传递到不同的网段，因此限制了 DHCP 有效的使用范围。此时，可以在相关设备上配置 DHCP 中继，将广播包转换为单播包发往 DHCP 服务器。

5.8.1　任务一：安装和配置 DHCP 服务

【任务描述】

公司原计算机使用手工静态分配 IP 地址，随着计算机数量的增加，维护管理的复杂度及工作量增大很多。于是管理员准备了一台 Windows 2022 主机，并着手配置 DHCP 服务器，用于给公司计算机动态分配 IP 地址。公司计算机处于 172. 17. 1. 0/24 网段。

【任务实施】

1. 安装和配置 DHCP 服务器

提示： *在安装 DHCP 服务之前，请确保 DHCP 服务器本身的 IP 地址必须为静态的，即 IP 地址、子网掩码、默认网关等信息必须以手工的方式输入。应事先规划好可分配给客户端计算机的 IP 地址池。*

1）以管理员身份登录 DHCP 服务器，打开服务器管理器，单击“添加角色和功能”进入添加向导，如图 5-82 所示。

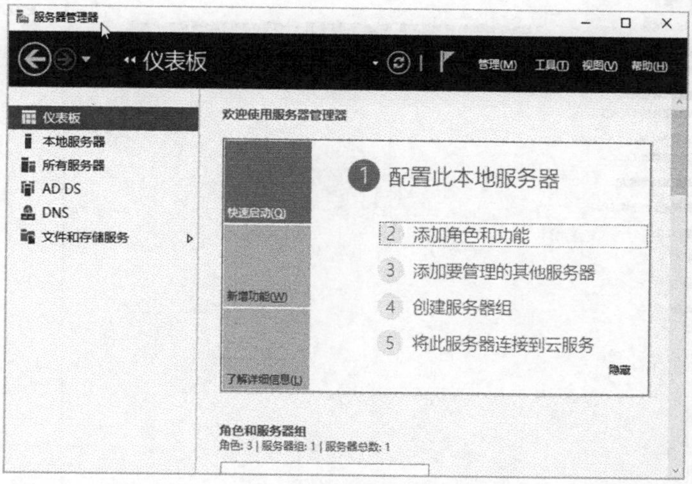

图 5-82　服务器管理器

2）在服务器角色处选中“DHCP 服务器”复选框，单击“下一步”按钮，直至完成“添加角色和功能向导”，如图 5-83 所示。

3）在“服务器管理器”单击“工具”菜单，并选择“DHCP”服务器，打开 DHCP 管理窗口，右键单击“IPv4”栏目，在弹出菜单中选择“新建作用域”，如图 5-84 所示。

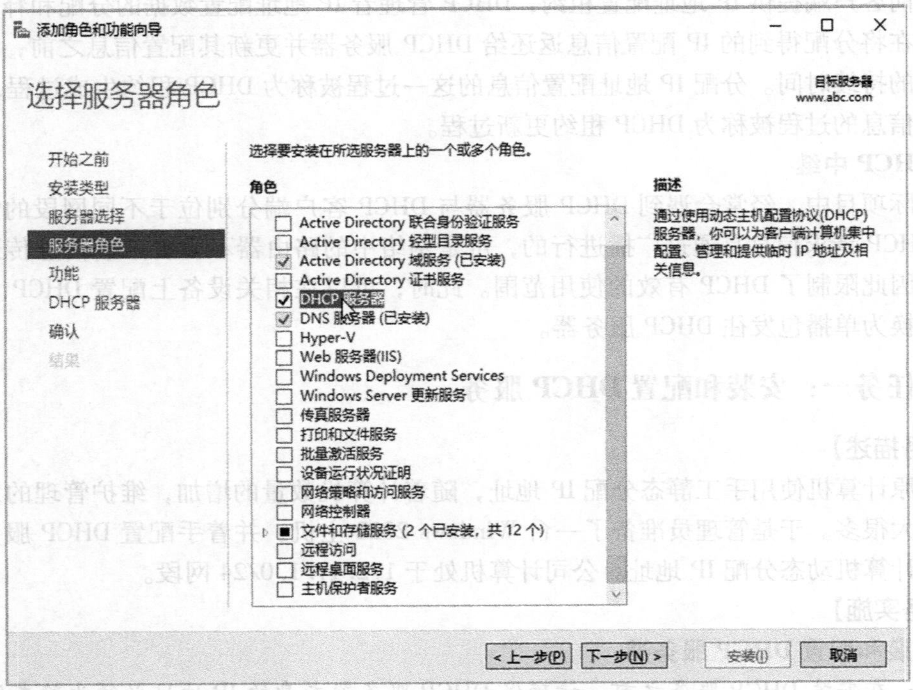

图 5-83　服务器角色

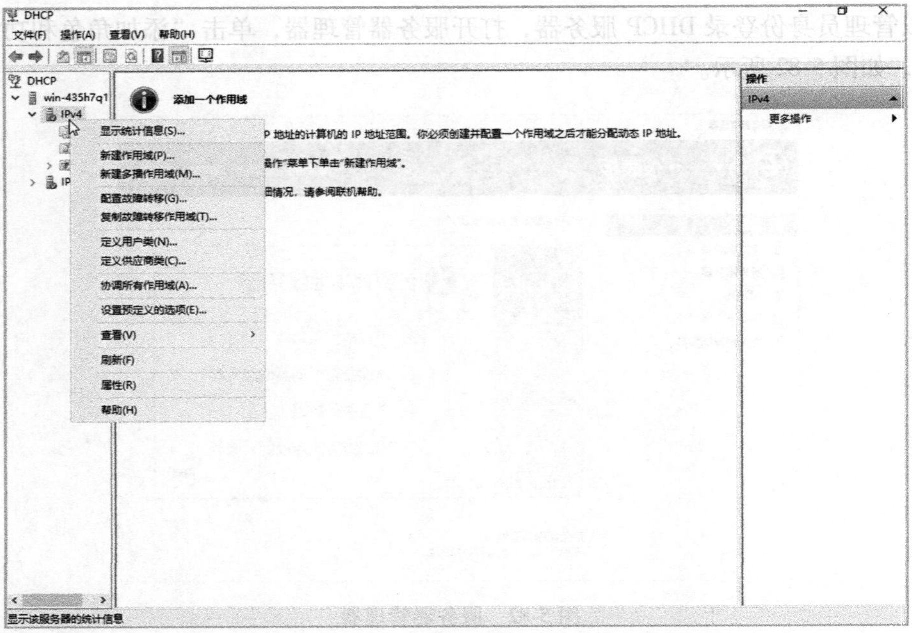

图 5-84　新建作用域

4）在“新建作用域向导”对话框中输入作用域名称，单击“下一步”按钮，如图 5-85 所示。

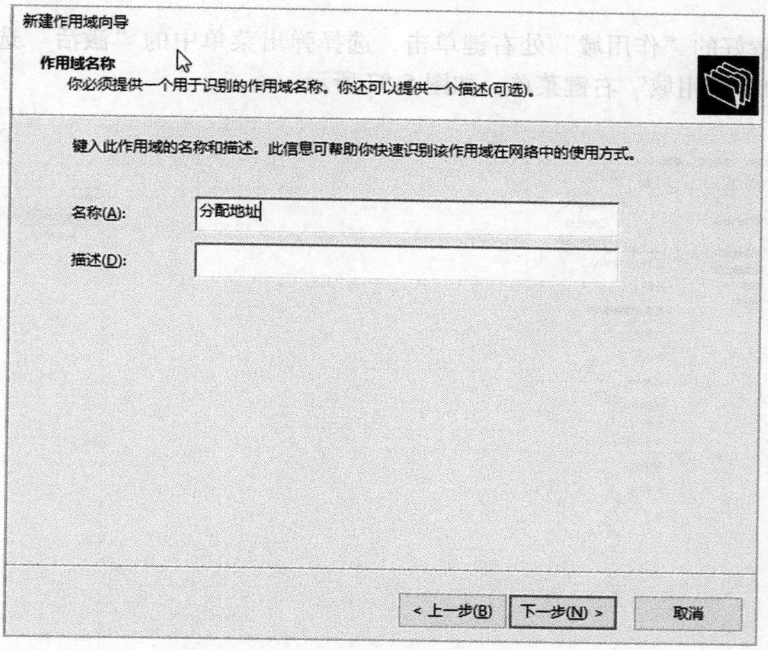

图 5-85　作用域名称

5）在后继的对话框中依次输入起始 IP 地址和结束 IP 地址、长度子网掩码，单击“下一步”按钮，如图 5-86 所示。

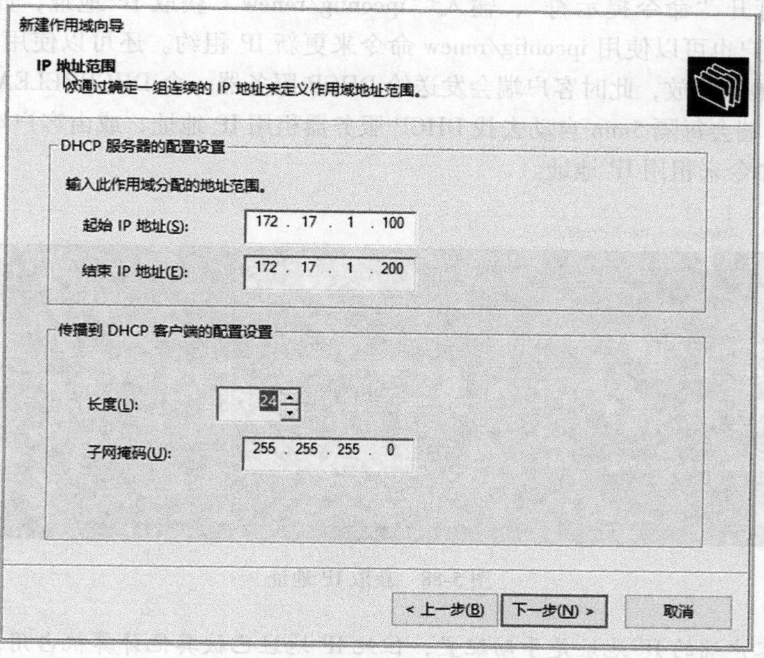

图 5-86　IP 地址范围

6）在配置 DHCP 选项页面，选中“否，我想稍后配置这些选项”，并单击“下一步”按钮，直至完成。

7）在已配置好的“作用域”处右键单击，选择弹出菜单中的“激活”选项，激活此作用域。激活后的“作用域”右键菜单，如图 5-87 所示。

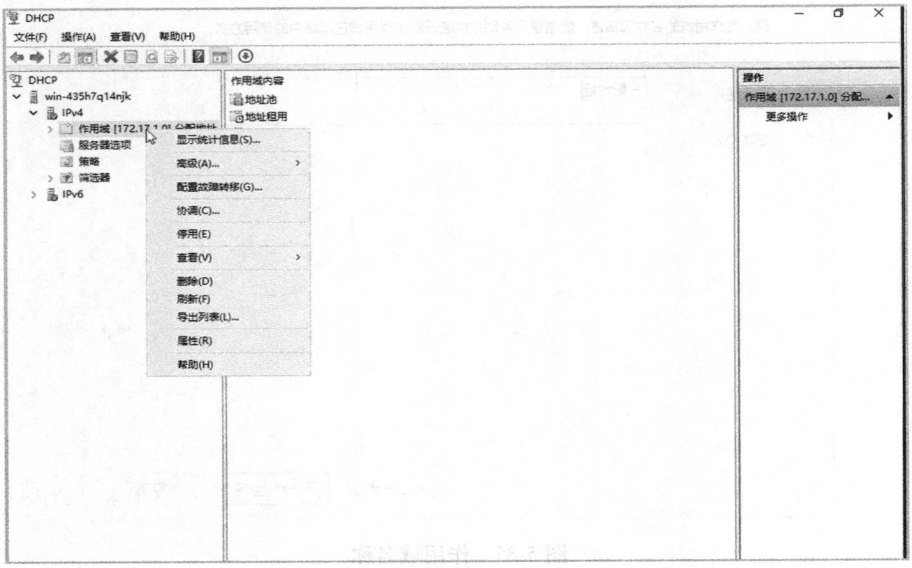

图 5-87 激活作用域

2. 客户端配置与验证

在客户端打开“命令提示符”，输入“ipconfig/renew”获取 IP 地址，如图 5-88 所示。DHCP 客户端用户也可以使用 ipconfig/renew 命令来更新 IP 租约。还可以使用 ipconfig/release 命令自行将 IP 地址释放，此时客户端会发送给 DHCP 服务器一个 DHCPRELEASE 消息，释放后，DHCP 客户端会每隔 5min 自动去找 DHCP 服务器租用 IP 地址，或由客户端用户自行使用 ipconfig/renew 命令来租用 IP 地址。

图 5-88 获取 IP 地址

提示：若客户端的 IP 地址是手动配置，但此 IP 地址已被其他计算机占用，此时客户端也会分配一个 169.254.0.0/16 格式的 IP 地址给自己，让它可以与同样是使用 169.254.0.0/16 的计算机通信。而且，若原来手动配置的 IP 地址有指定默认网关，即使现在是使用 169.254.0.0/16 的 IP 地址，它还是可以通过默认网关来与同一个网段内其他使用原网络号的计算机通信。如原来手动配置的 IP 地址为 192.168.8.1，则它还可以与 IP 地址为 192.168.8.X 的其他计算机通信。

5.8.2　任务二：配置 DHCP 中继服务

【任务描述】

公司的 DHCP 服务器位于中心机房，使用的 IP 地址和公司员工机器不在同一网段，于是管理员准备安装一台 DHCP 中继代理服务器，使客户端能正常获取到 IP 地址。DHCP 服务器 IP 地址为 172.17.1.10。其网络拓扑结构如图 5-89 所示。

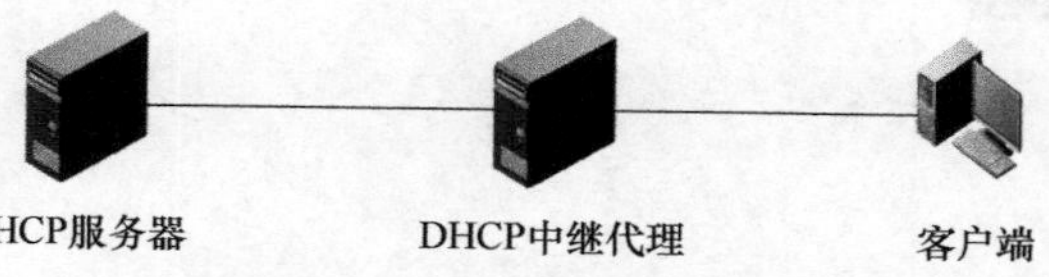

图 5-89　配置 DHCP 中继服务的网络拓扑结构

【任务实施】

1. 安装 DHCP 中继角色

1）在“服务器角色”处选择远程访问选项，并按照向导依次单击“下一步”按钮，如图 5-90 所示。

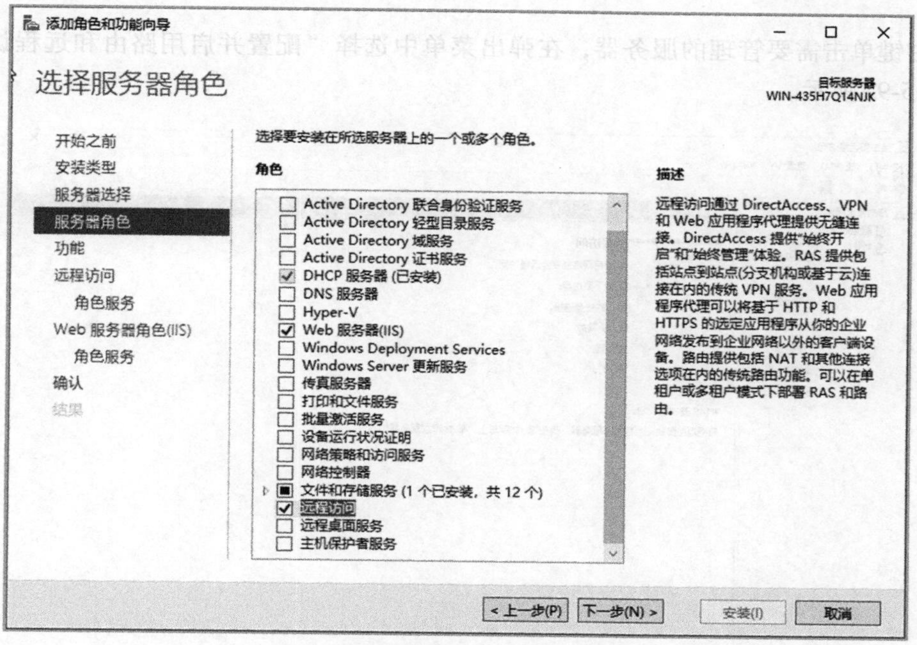

图 5-90　服务器角色

2）在“角色服务”页面，选中“路由”选项并单击“下一步”按钮，如图 5-91 所示。

3）采用“自定义配置”方式，直至角色安装完成。

2. 配置 DHCP 服务

1）打开“路由和远程访问”管理软件。

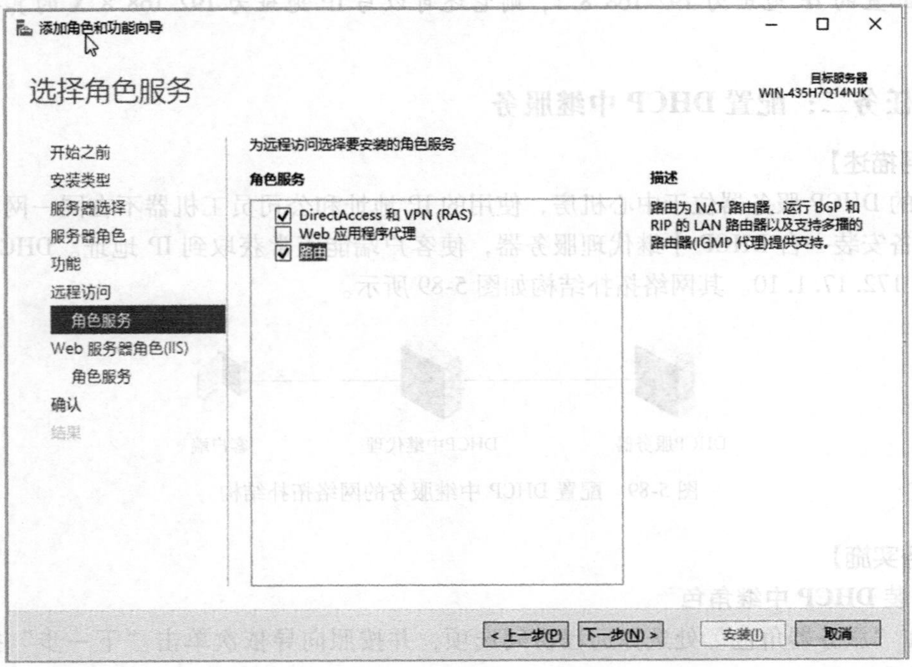

图 5-91　角色服务

2）右键单击需要管理的服务器，在弹出菜单中选择“配置并启用路由和远程访问”命令，如图 5-92 所示。

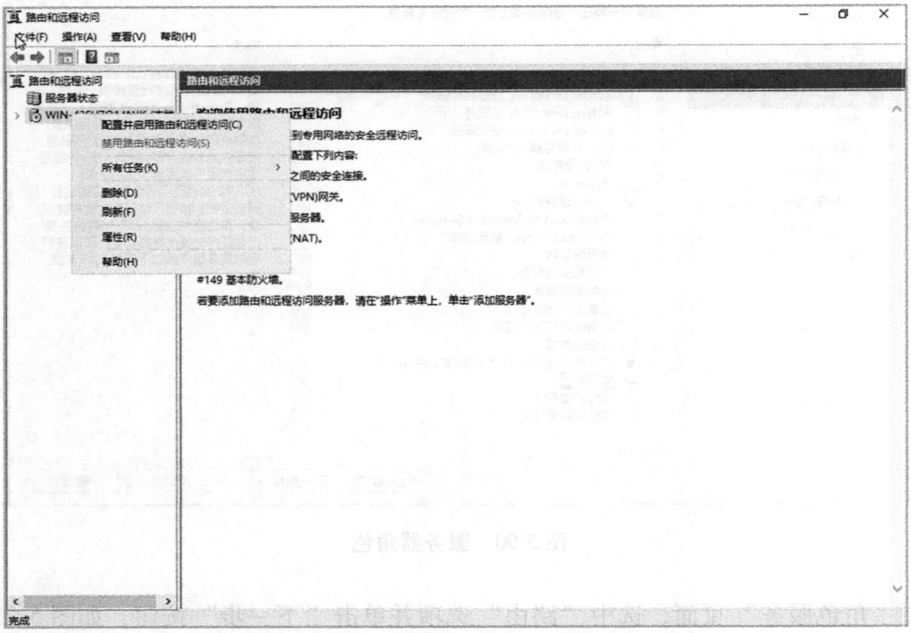

图 5-92　配置并启用路由和远程访问

3）选择“自定义配置”，并在随后的“自定义配置”页面中，选择“NAT”单击“下一步”按钮，按提示完成启动工作，如图 5-93 所示。

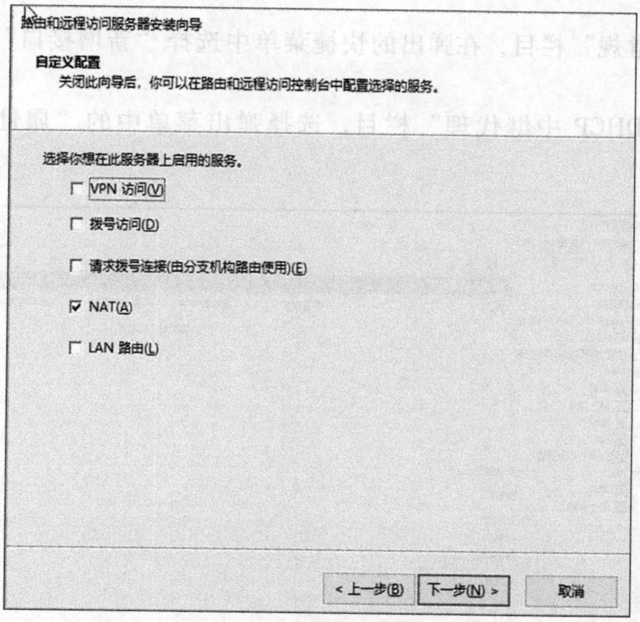

图 5-93　自定义配置

4）在“路由和远程访问”窗口中，右键单击“IPv4”下的“常规”，在弹出的快捷菜单中选择“新增路由协议”命令，如图 5-94 所示。

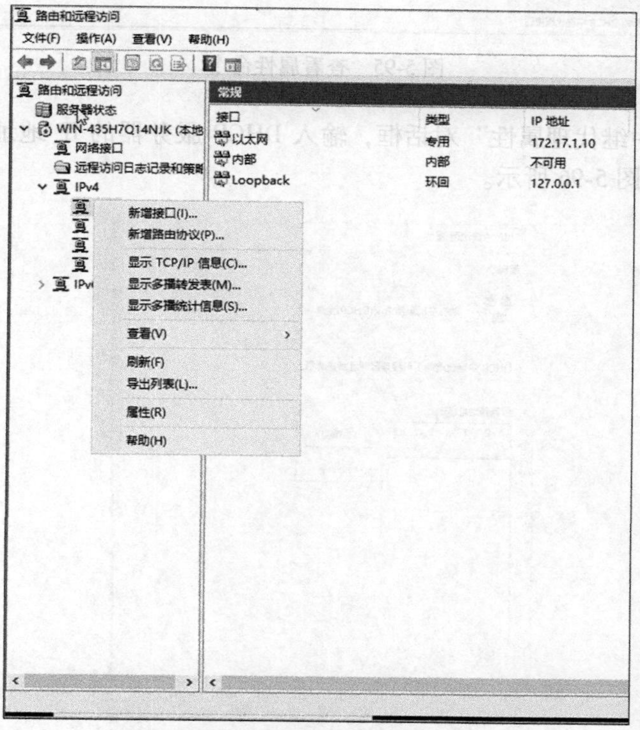

图 5-94　新增路由协议

5）在“新路由协议”对话框中，选择“DHCP Relay Agent”选项，并单击“确定”按钮。

6）右键单击“常规”栏目，在弹出的快捷菜单中选择“新增接口”命令，选择需要开启中继代理的接口。

7）右键单击“DHCP 中继代理”栏目，选择弹出菜单中的“属性”命令，如图 5-95 所示。

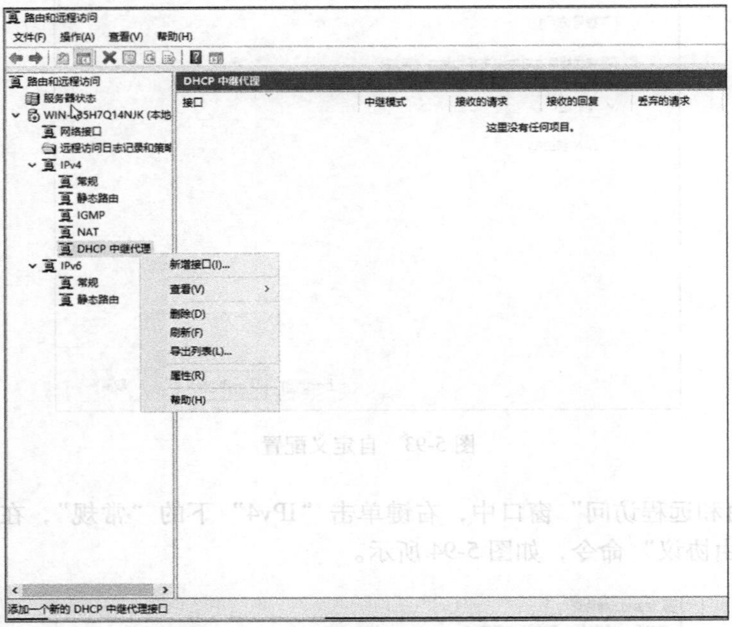

图 5-95 查看属性命令

8）在“DHCP 中继代理属性”对话框，输入 DHCP 服务器的 IP 地址，单击“添加”按钮，并确认配置，如图 5-96 所示。

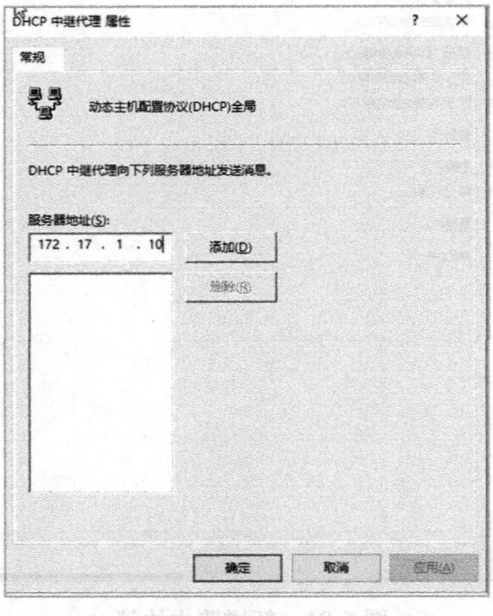

图 5-96 添加 DHCP 服务器地址

9）完成设置后，只要路由器能正常、DHCP 服务器有创建客户端所需的 IP 作用域，客户端就可以正常地租用到 IP 地址。

【小结】

在安装 DHCP 服务器时，需要提前配置好本服务器的 IP 地址、子网掩码、默认网关等信息。在配置完 DHCP 作用域后，要手动激活作用域以便客户机获取 IP 地址。

在进行 DHCP 中继时，首先要添加路由和远程访问服务，而这个服务位于远程访问角色下，容易疏忽。在配置“新增接口”命令，选择需要开启中继代理的接口时，要选择连接子网的网卡，不要选择 DHCP 服务器所在网段的网卡。

5.9 管理远程计算机

【知识准备】

1. 远程桌面

远程桌面管理是一项方便、高效的服务，通过远程桌面管理可以极大地降低与远程管理有关的费用。可以在服务器上启用远程桌面来远程管理服务器，此连接不需要购买许可证，但只能并发连接两个会话。远程桌面管理是通过远程桌面协议（remote desktop protocol，RDP）来实现的，默认使用的端口是 TCP 的 3389，也可以根据需要更改此端口。

2. 虚拟专用网络

虚拟专用网络（virtual private network，VPN）就是一种虚拟出来的企业内部专用线路，这条隧道可以对数据进行多次加密达到安全使用互联网的目的。此项技术已被广泛使用、虚拟专用网可以帮助远程用户、公司分支机构、商业伙伴及供应商同公司的内部网建立可信的安全连接，用于经济有效地连接到商业伙伴和用户的安全外联网虚拟专用网。

5.9.1 任务一：用户远程桌面连接到其他计算机

【任务描述】

A 公司在 WINServer 上开启远程桌面，允许远程用户 zhang 连接到本计算机。

【任务实施】

1. 在远程服务器上启用远程桌面

以管理员身份登录计算机 WINServer，打开系统属性对话框。在“系统属性”对话框的“远程”选项卡中，选中“允许远程连接到此计算机”复选框，如图 5-97 所示。

2. 给普通用户授予远程桌面连接权限

1）在计算机 WINServer 上打开“计算机管理”，展开“本地用户和组”，右键单击用户 zhang，在弹出的快捷菜单中选择“属性”命令。

2）在“属性”对话框中，切换到“隶属于”选项卡，单击“添加”按钮，在弹出的“选择组”对话框中单击“高级”按钮，如图 5-98 所示。

3）在“选择组”对话框中单击“立即查找”按钮，选中“搜索结果”中“Remote Desktop Users”，单击“确定”按钮，完成账户属性设置，如图 5-99 所示。

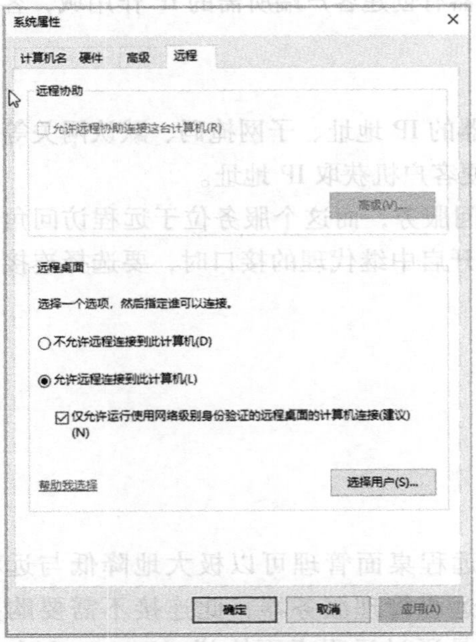

图 5-97 选中“允许远程连接到此计算机”

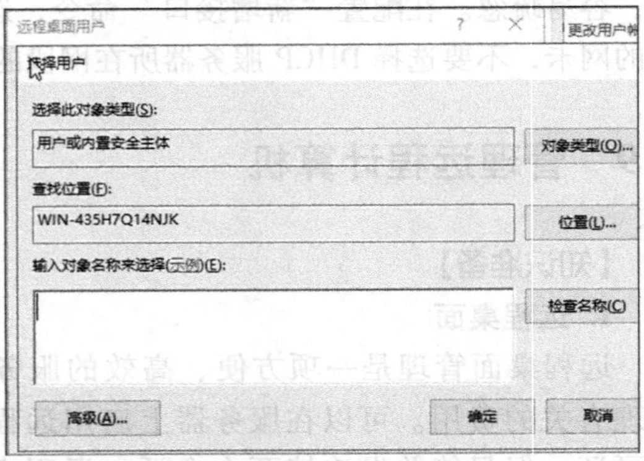

图 5-98 单击“高级”按钮

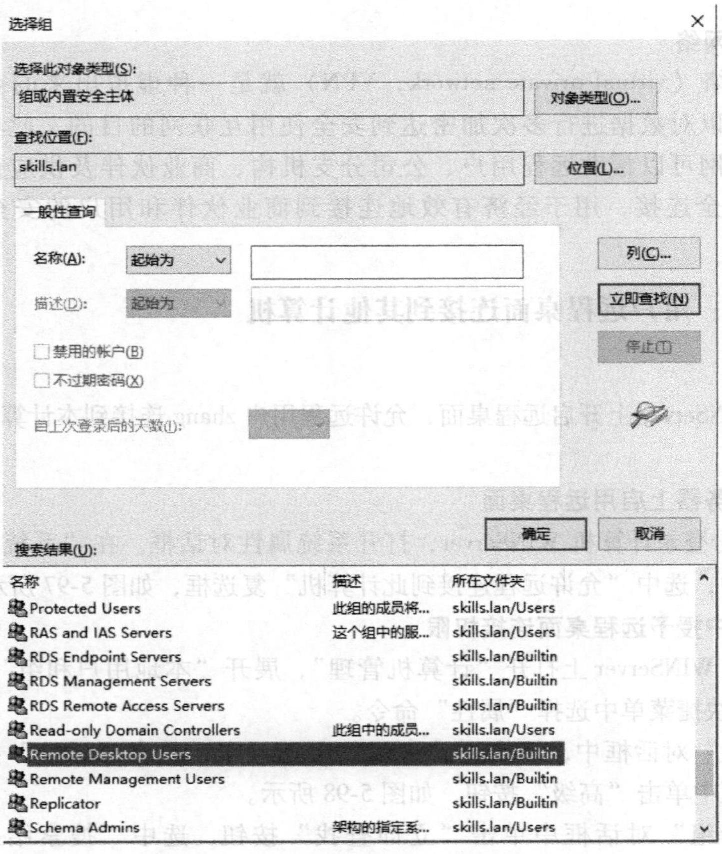

图 5-99 选中“Remote Desktop Users”

3. 在客户机上测试远程桌面连接

1）在客户机上单击“开始”菜单，并选择“运行”命令，在“运行”对话框中输入“mstsc”，单击“确定”按钮。

2）在“远程桌面连接”对话框中，输入 WINServer（或 WINServer 计算机的 IP 地址），单击“连接”按钮，如图 5-100 所示。

3）在出现的“输入你的凭据”对话框中，输入用户名 zhang 和密码，为方便下次登录操作可以选中“记住我的凭据”复选框，单击“确定”按钮，如图 5-101 所示。

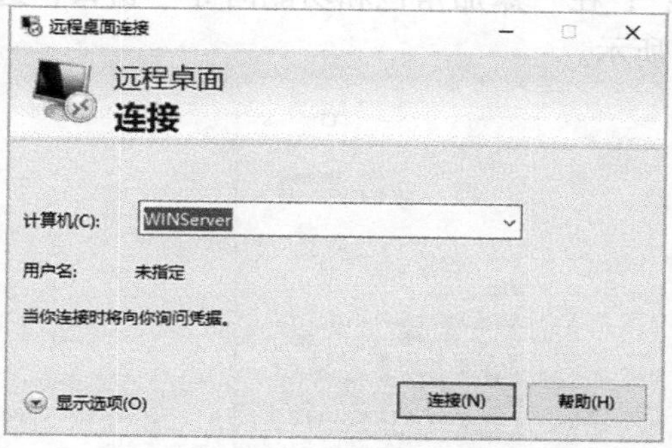

图 5-100　远程桌面连接

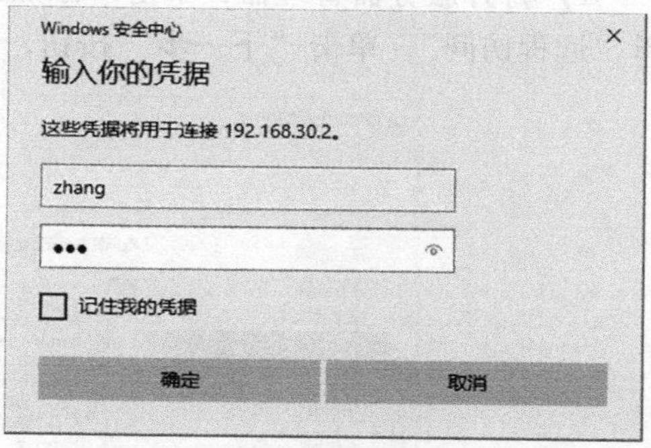

图 5-101　输入远程桌面连接凭据

4）当远程桌面连接成功，可以看到 WINServer 计算机的桌面，如图 5-102 所示。

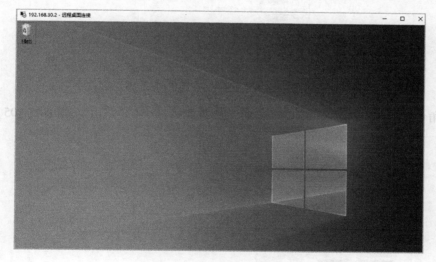

图 5-102　远程桌面连接成功

5.9.2　任务二：配置 VPN

【任务描述】

公司部分员工经常在外出差，为确保员工在外能够正常处理公司内部事务，管理员在公司网络里架设了一台 VPN 服务器，公司外网所在网段为 192.168.4.0/24。其网络拓扑结构如图 5-103 所示。

图 5-103　配置 VPN 的网络拓扑结构

【任务实施】

1. 安装 VPN 服务器

1）打开服务器管理器，单击“添加角色和功能”；在“添加角色和功能向导”窗口，选择“远程访问”，单击“下一步”按钮，如图 5-104 所示。

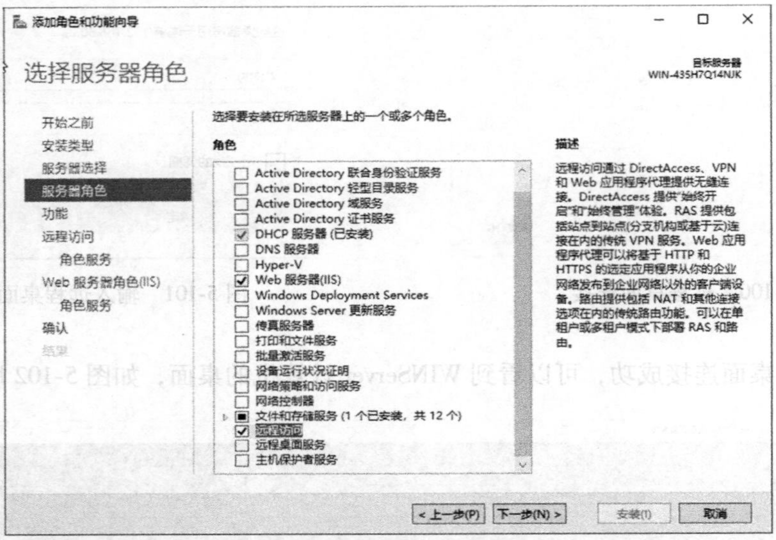

图 5-104　添加“远程访问”

2）在角色服务中选择“DirectAccess 和 VPN（RAS）”和“路由”，如图 5-105 所示。

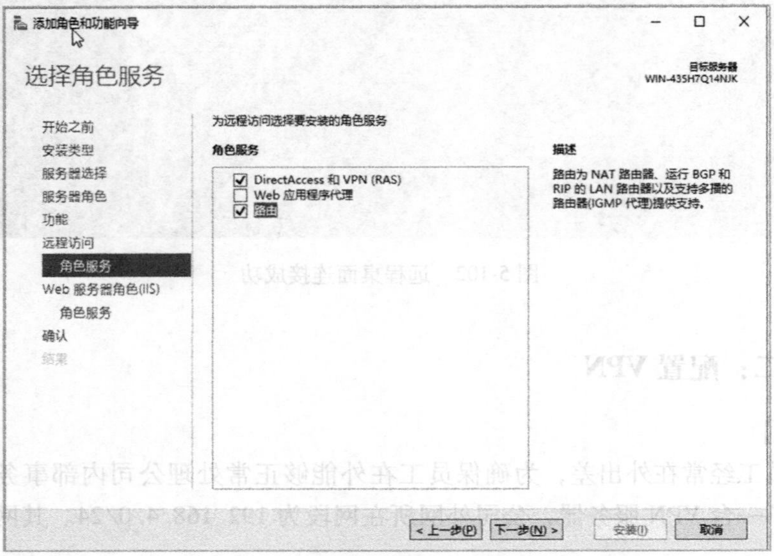

图 5-105　选择角色服务

3）按照向导要求，完成安装。

2. 配置 VPN 服务器

1）打开“路由和远程访问”管理工具，右键单击本机服务器图标，执行“配置并启用路由和远程访问”命令，如图 5-106 所示。

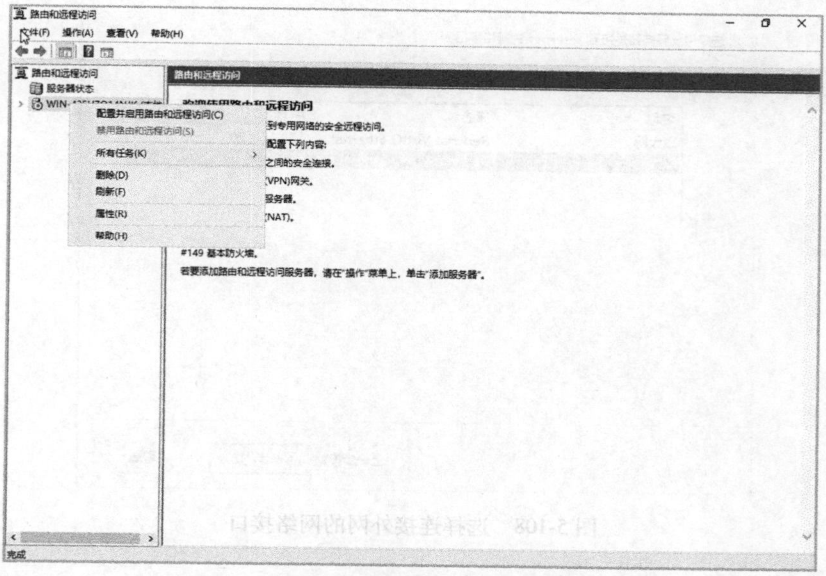

图 5-106　配置并启用路由和远程访问

2）根据“路由和远程访问服务器安装向导”，选择“虚拟专用网络（VPN）访问和 NAT”选项，单击“下一步”按钮，如图 5-107 所示。

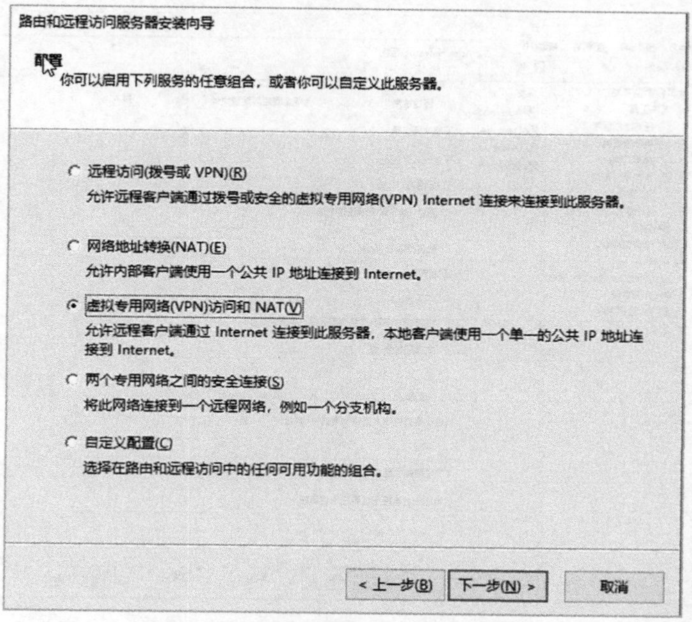

图 5-107　路由和远程访问服务器安装向导

3）选择连接外网的网络接口，单击“下一步”按钮，如图 5-108 所示。

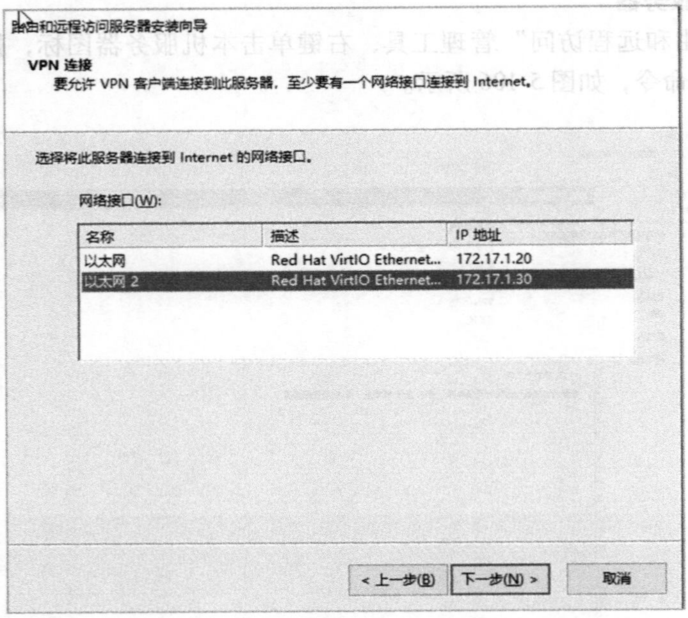

图 5-108　选择连接外网的网络接口

4）按照“路由和远程访问服务器安装向导”确定远程客户端分配的 IP 地址范围，完成配置过程。

3. 开启用户拨入功能

设置需要拨入的用户属性，“网络访问权限”设置为“允许访问”，如图 5-109 所示。

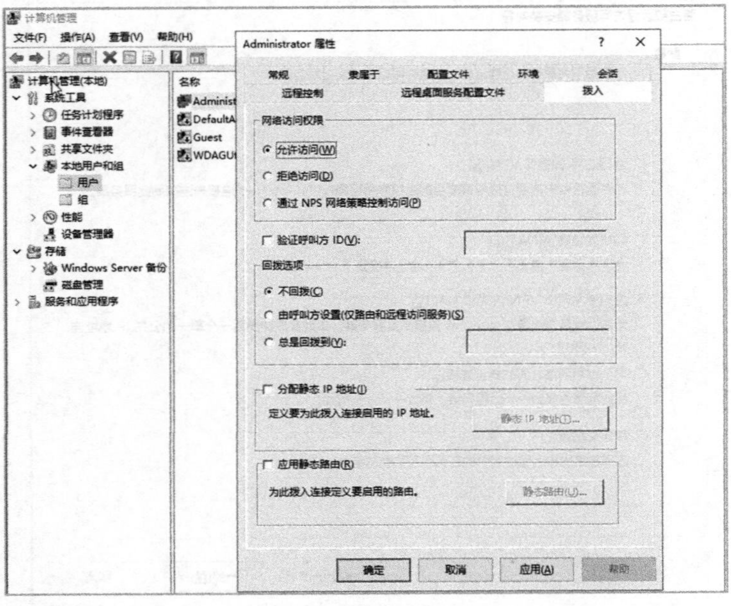

图 5-109　允许访问

4. 客户端拨入

1）打开“网络和共享中心”，选择“连接到网络”命令，在弹出“连接到工作区”对话框中单击“使用我的 Internet 连接（VPN）”，如图 5-110 所示。

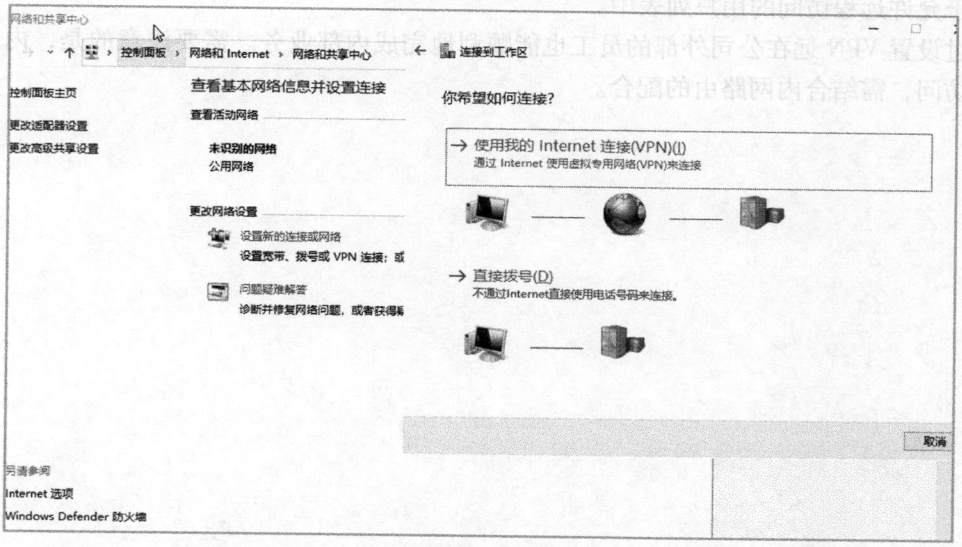

图 5-110　连接到网络

2）根据向导，依次输入连接地址、名称、用户名和密码，直至完成。

3）建立完成连接后，在“网络连接”窗口将多出一个连接，当需要 VPN 拨入时，双击该连接即可，如图 5-111 所示。

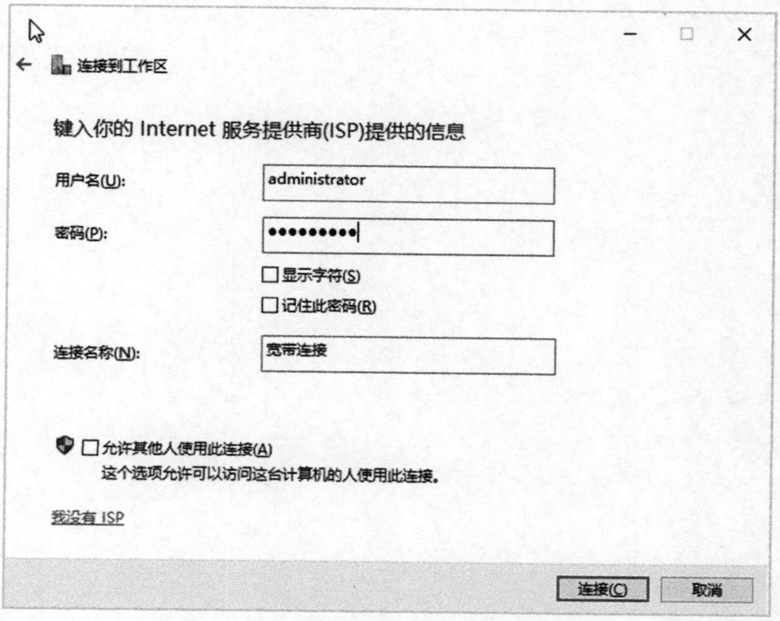

图 5-111　客户端连接 VPN

【小结】

若要连接到远程计算机，该远程计算机必须为开启状态，必须具有网络连接，远程桌面必须可用，必须能够通过网络访问该远程计算机，还必须具有连接权限。若要获取连接权限，必须位于允许远程访问的用户列表中。

通过设置 VPN 远在公司外部的员工也能顺利地完成内部业务。需要注意的是，内部网络的顺利访问，需结合内网路由的配合。

第6章 网络组建综合实验

6.1 任务：搭建小型企业网络

【任务描述】

通过合理的三层网络架构，实现用户接入网络的安全、快捷。为了保障网络的稳定性和拓扑快速收敛，在IP选路中采用开放式最短路径优先（OSPF）路由协议。

配置NAT功能，内网用户使用100.1.1.3~100.1.1.4/28 IP地址段访问互联网。为了实现资源的共享及信息的发布，单位信息中心搭建了应用服务器群，将内网的Web服务发布到互联网上，内网地址为192.168.30.254/24，公网地址为100.1.1.6。

为了信息的安全，不允许VLAN 10的用户访问服务器群的FTP服务，不允许VLAN 20的用户访问服务器群的telnet服务，如图6-1所示。

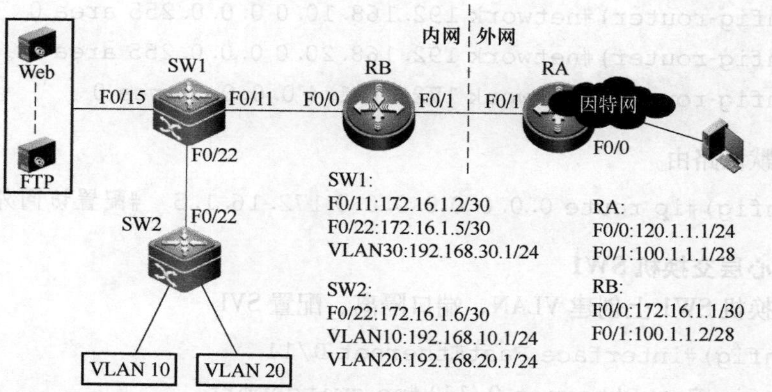

图6-1 搭建小型企业网络

【任务实施】

1. 配置汇聚层交换机SW2

（1）在交换机SW2上创建VLAN、端口隔离、配置SVI

```
SW2(config)#vlan 10                                  #创建 VLAN 10
SW2(config-vlan)#exit
SW2(config)#vlan 20                                  #创建 VLAN 20
SW2(config-vlan)#exit
SW2(config)#interface range FastEthernet 0/1-5
SW2(config-if-range)#switchport access vlan 10
SW2(config-if-range)#exit
```

```
SW2(config)#interface range FastEthernet 0/6-10
SW2(config-if-range)#switchport access vlan 20
SW2(config-if-range)#exit
SW2(config)#interface vlan 10                                #进入 VLAN 接口
SW2(config-vlan 10)#ip address 192.168.10.1 255.255.255.0
                                                             #配置接口 IP 地址
SW2(config-vlan 10)#exit
SW2(config)#interface vlan 20                                #进入 VLAN 接口
SW2(config-vlan 20)#ip address 192.168.20.1 255.255.255.0
                                                             #配置接口 IP 地址
SW2(config-vlan 20)#exit
SW2(config)#interface FastEthernet 0/22                      #进入接口模式
SW2(config-FastEthernet 0/22)#no switchport                  #转化成路由接口
SW2(config-FastEthernet 0/22)#ip address 172.16.1.6 255.255.255.252
SW2(config-FastEthernet 0/22)#no shut
```

（2）配置 OSPF 路由

```
SW2(config)#router ospf 10                                 #启用 OSPF 路由进程
SW2(config-router)#network 192.168.10.0 0.0.0.255 area 0     #宣告路由
SW2(config-router)#network 192.168.20.0 0.0.0.255 area 0     #宣告路由
SW2(config-router)#network 172.16.1.4 0.0.0.3 area 0         #宣告路由
```

（3）配置默认路由

```
SW2(config)#ip route 0.0.0.0 0.0.0.0 172.16.1.5   #配置访问外网默认路由
```

2. 配置核心层交换机 SW1

（1）在交换机 SW1 上创建 VLAN、端口隔离、配置 SVI

```
SW1(config)#interface FastEthernet 0/11
SW1(config-FastEthernet 0/11)#no switchport
SW1(config-FastEthernet 0/11)#ip address 172.16.1.2 255.255.255.252
SW1(config-FastEthernet 0/11)#no shut
SW1(config-FastEthernet 0/11)#exit
SW1(config)#interface FastEthernet 0/22
SW1(config-FastEthernet 0/22)#no switchport
SW1(config-FastEthernet 0/22)#ip address 172.16.1.5 255.255.255.252
SW1(config-FastEthernet 0/22)#no shut
SW1(config-FastEthernet 0/22)#exit
SW1(config)#vlan 30
SW1(config-vlan)#exit
SW1(config)#interface range FastEthernet 0/13-18
```

```
SW1(config-if-range)#switchport access vlan 30
SW1(config-if-range)#exit
SW1(config)#interface vlan 30
SW1(config-vlan 30)#ip address 192.168.30.1 255.255.255.0
SW1(config-vlan 30)#no shut
```

（2）配置 OSPF 路由

```
SW1(config)#router ospf 10                              #启用 OSPF 路由进程
SW1(config-router)#network 172.16.1.0 0.0.0.3 area 0          #宣告路由
SW1(config-router)#network 172.16.1.4 0.0.0.3 area 0          #宣告路由
SW1(config-router)#network 192.168.30.0 0.0.0.255 area 0  #宣告路由
```

（3）配置默认路由

```
SW1(config)#ip route 0.0.0.0 0.0.0.0 172.16.1.1                #配置访问外网默认路由
```

（4）配置 ACL

```
SW1(config)#access-list 100 deny tcp 192.168.10.0 0.0.0.255 192.168.30.0 0.0.0.255 eq 21
#创建 192.168.10.0 网段拒绝访问 192.168.30.0 网段的 FTP 服务的列表
SW1 (config) # access-list 100 deny tcp 192.168.20.0 0.0.0.255 192.168.30.0 0.0.0.255 eq 23
#创建 192.168.20.0 网段拒绝访问 192.168.30.0 网段的 telnet 服务的列表
SW1(config)#access-list 100 permit ip any any        #允许其他流量通过
SW1(config)#interface vlan 30                        #进入 VLAN 接口
SW1(config-vlan 30)#ip access-group100out            #应用访问列表
```

3. 配置出口路由器 RB

（1）路由器接口 IP 地址基本配置

```
RB(config)#interface FastEthernet 0/0
RB(config-if-FastEthernet 0/0)#ip address 172.16.1.1 255.255.255.252
RB(config-if-FastEthernet 0/0)#no shut
RB(config-if-FastEthernet 0/0)#exit
RB(config)#interface FastEthernet 0/1
RB(config-if-FastEthernet 0/1)#ip address 100.1.1.2 255.255.255.240
RB(config-if-FastEthernet 0/1)#no shut
```

（2）配置 OSPF 路由

```
RB(config)#router ospf 10
RB(config-router)#network 172.16.1.0 0.0.0.3 area 0
```

（3）配置默认路由

```
RB(config)#ip route 0.0.0.0 0.0.0.0 100.1.1.1                #配置访问外网默认路由
```

（4）配置 ACL

```
RB(config)#access-list 10 permit 192.168.10.0 0.0.0.255           #创建访问控制列表
RB(config)#access-list 10 permit 192.168.20.0 0.0.0.255           #创建访问控制列表
RB(config)#interface FastEthernet 0/0
RB(config-if-FastEthernet 0/0)#ip nat inside                      #定义内部接口
RB(config-if-FastEthernet 0/0)#exi
RB(config)#interface FastEthernet 0/1
RB(config-if-FastEthernet 0/1)#ip nat outside                     #定义外部接口
RB(config)#ip nat pool aaa 100.1.1.3 100.1.1.4 netmask 255.255.255.240
                                                                  #配置 NAT 地址池
RB(config)#ip nat inside source list 10 pool aaa overload
                                             #配置动态 NAT,允许内网访问互联网
RB(config)#ip nat inside source static tcp 192.168.30.254 80 100.1.1.6 80
                                             #配置静态 NAT,将内部 Web 服务器发布到互联网
```

4. 配置路由器 RA（RA 为 ISP 路由器）

```
RA(config)#interface FastEthernet 0/1
RA(config-if-FastEthernet 0/1)#ip address 100.1.1.1 255.255.255.240
RA(config-if-FastEthernet 0/1)#no shutdown
RA(config)#interface FastEthernet 0/0
RA(config-if-FastEthernet 0/0)#ip address 120.1.1.1 255.255.255.0
RA(config-if-FastEthernet 0/0)#no shutdown
```

5. 验证测试

（1）查看交换机 SW1 的路由表

```
SW1#show ip route

Codes:  C-connected,S-static,R-RIP,B-BGP
        O-OSPF,IA-OSPF inter area
        N1-OSPF NSSA external type 1,N2-OSPF NSSA external type 2
        E1-OSPF external type 1,E2-OSPF external type 2
        i-IS-IS,su-IS-IS summary,L1-IS-IS level-1,L2-IS-IS level-2
        ia-IS-IS inter area,*-candidate default

Gateway of last resort is 172.16.1.1 to network 0.0.0.0
S*  0.0.0.0/0 [1/0] via 172.16.1.1
C   172.16.1.0/30 is directly connected,FastEthernet 0/11
```

```
C    172.16.1.2/32 is local host
C    172.16.1.4/30 is directly connected,FastEthernet 0/22
C    172.16.1.5/32 is local host
O    192.168.10.0/24 [110/2] via 172.16.1.6,00:12:11,FastEthernet 0/22
O    192.168.20.0/24 [110/2] via 172.16.1.6,00:09:41,FastEthernet 0/22
C    192.168.30.0/24 is directly connected,VLAN 30
C    192.168.30.1/32 is local host
```

从查看核心层交换机 SW1 的路由表输出结果可以看到，网段 172.16.1.0/30、172.16.1.4/30、192.168.30.0/24 是交换机 SW1 的直连路由，网段 192.168.10.0/24 和 192.168.20.0/24 是通过 OSPF 路由获取的，访问外网是有默认路由经过下一跳 172.16.1.1 实现的。

（2）查看交换机 SW2 的路由表

```
SW2#show ip route
Codes:C-connected,S-static,R-RIP,B-BGP
     O-OSPF,IA-OSPF inter area
     N1-OSPF NSSA external type 1,N2-OSPF NSSA external type 2
     E1-OSPF external type 1,E2-OSPF external type 2
     i-IS-IS,su-IS-IS summary,L1-IS-IS level-1,L2-IS-IS level-2
     ia-IS-IS inter area,*-candidate default

Gateway of last resort is 172.16.1.5 to network 0.0.0.0
S*  0.0.0.0/0 [1/0] via 172.16.1.5
O   172.16.1.0/30 [110/2] via 172.16.1.5,00:39:33,FastEthernet 0/22
C   172.16.1.4/30 is directly connected,FastEthernet 0/22
C   172.16.1.6/32 is local host
C   192.168.10.0/24 is directly connected,VLAN 10
C   192.168.10.1/32 is local host
C   192.168.20.0/24 is directly connected,VLAN 20
C   192.168.20.1/32 is local host
O   192.168.30.0/24 [110/2] via 172.16.1.5,00:19:28,FastEthernet 0/22
```

从查看汇聚层交换机 SW2 的路由表输出结果可以看到网段 172.16.1.4/30、192.168.10.0/24 和 192.168.20.0/24 是交换机 SW2 的直连路由，网段 172.16.1.0/30、192.168.30.0/24 是通过 OSPF 路由获取的，访问外网是有默认路由经过下一跳 172.16.1.5 实现的。

（3）查看路由器 RB 的路由表

```
RB(config)#show ip route

Codes:C-connected,S-static,R-RIP,B-BGP
    O-OSPF,IA-OSPF inter area
N1-OSPF NSSA external type 1,N2-OSPF NSSA external type 2
```

```
        E1-OSPF external type 1,E2-OSPF external type 2
        i-IS-IS,su-IS-IS summary,L1-IS-IS level-1,L2-IS-IS level-2
        ia-IS-IS inter area, *-candidate default

Gateway of last resort is 100.1.1.1 to network 0.0.0.0
S*   0.0.0.0/0 [1/0] via 100.1.1.1
C    100.1.1.0/28 is directly connected,FastEthernet 0/1
C    100.1.1.2/32 is local host
C    172.16.1.0/30 is directly connected,FastEthernet 0/0
C    172.16.1.1/32 is local host
O    172.16.1.4/30 [110/2] via 172.16.1.2,00:00:37,FastEthernet 0/0
O    192.168.10.0/24 [110/3] via 172.16.1.2,00:00:37,FastEthernet 0/0
O    192.168.20.0/24 [110/3] via 172.16.1.2,00:00:37,FastEthernet 0/0
O    192.168.30.0/24 [110/2] via 172.16.1.2,00:00:37,FastEthernet 0/0
```

从查看路由器 RB 的路由表输出结果可以看到，网段 172.16.1.0/30 和 100.1.1.0/28 是直连路由，网段 172.16.1.4/30、192.168.10.0/24、192.168.20.0/24、192.168.30.0/24 是通过 OSPF 路由获取的，访问互联网路由是有默认路由经过下一跳 100.1.1.1 实现的。

（4）主机 PC1 上 ping 外网的主机 PC2，查看 NAT 结果

```
RB#show ip nat translations
Pro Inside global    Inside local      Outside local    Outside global
icmp100.1.1.3:512    192.168.10.2:512    120.1.1.2      120.1.1.2
```

从路由器 RB 的 NAT 结果可以看出，主机 PC1 访问外网，使用私有地址 192.168.10.2 作为源地址发送报文，路由器 RB 收到报文后，将数据包源地址转换为全局地址 100.1.1.3 进行报文转发。

（5）查看路由器 RB 的 NAT 结果

在外网的主机 PC2 上，使用 http://100.1.1.6 访问服务器群的 Web 服务，在路由器 RB 上看 NAT 结果。

```
RB#show ip nat translations
Pro Inside global   Inside local          Outside local    Outside global
tcp 100.1.1.6:80    192.168.30.254:80     120.1.1.2:2055   120.1.1.2:2055
```

从路由器 RB 的 NAT 结果可以看出，主机 PC2 访问内网服务器群的 Web 服务，使用全局地址 100.1.1.6 作为目的地址发送报文，路由器 RB 收到报文后将目的地址转换为私有地址 192.168.30.254，进行报文发送。

6.2 任务：搭建双出口企业网络

【任务描述】

通过合理的三层网络架构，实现用户接入网络的安全、快捷，为了保障网络的稳定性和

拓扑快速收敛，在 IP 选路中采用 OSPF 路由协议。

公司为保证业务数据流的高可用性和高可靠性，向运营商申请了两条线路：一条链路接入 ChinaNet；另一条链路接入到 CMCC。ChinaNet 提供的全局 IP 地址为 60. 1. 1. 2/30，CMCC 提供的全局 IP 地址为 70. 1. 1. 2/28～70. 1. 1. 14/28。

利用策略路由和 NAT 技术，实现当内网用户访问路由前缀为 58. 1. 1. 0/24、58. 1. 2. 0/24、58. 1. 3. 0/24、59. 1. 0. 0/16 的网络，需要通过 ChinaNet 网络访问，并使用合法的全局地址为 60. 1. 1. 2/30；VLAN 10、VLAN 20、VLAN 30 用户访问互联网资源时，默认走 CMCC 链路，其使用合法的全局地址为 70. 1. 1. 3/28～70. 1. 1. 4/28；VLAN 40 用户访问互联网资源时，默认走 ChinaNet 链路，其使用合法的全局地址为 60. 1. 1. 2/30；将服务器群的 Web 服务发布给互联网用户，其使用合法的全局地址为 70. 1. 1. 5/28；将服务器群的 FTP 服务发布给互联网用户，其使用合法的全局地址为 70. 1. 1. 6/28。

为了便于管理，提高工作效率，需要在内部网络设备上开启 telnet 服务；为了减少手工配置 IP 地址导致的错误及减少网络管理的工作量，需要为内部 VLAN 10、VLAN 20 用户主机动态分配 IP 地址、默认网关、首选 DNS（70. 1. 1. 14）。

设置 VLAN 10 内主机 PC1 的 IP 地址为 192. 168. 10. 2/24；路由器 R3 接口 F0/0 地址为 80. 1. 1. 1/24，该接口所相连的PC2 的 IP 地址为 80. 1. 1. 2/24；内网服务器群中的 Web 服务器的 IP 地址为 192. 168. 50. 15/24，FTP 服务器的 IP 地址为 192. 168. 50. 20/24。

其网络拓扑结构如图 6-2 所示。

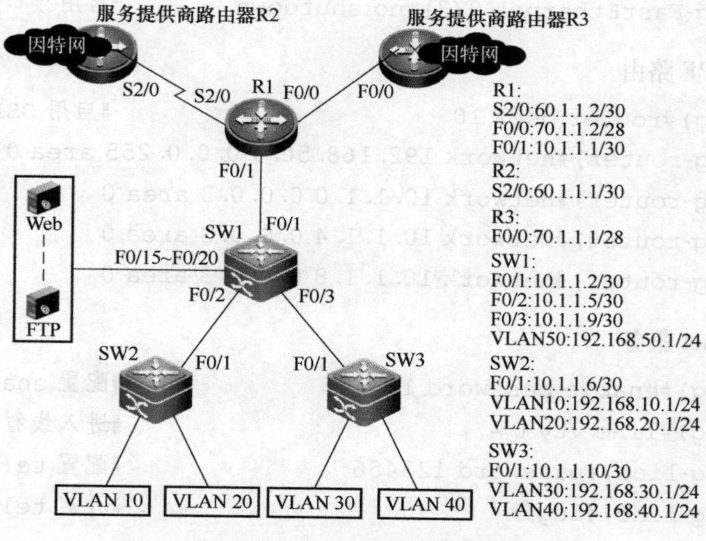

图 6-2 搭建双出口企业网络的网络拓扑结构

【任务实施】

1. 配置核心层交换机 SW1

（1）创建 VLAN、端口隔离

```
SW1(config)#vlan 50                                        #创建 VLAN 50
SW1(config)#interface range FastEthernet 0/15-20           #进入接口模式
SW1(config-if-range)#switchport access vlan 50             #接口加入 VLAN 50
```

（2）配置接口 IP 地址

```
SW1(config)#interface vlan 50                                    #进入接口模式
SW1(config-VLAN 50)#ip address 192.168.50.1 255.255.255.0
                                                                 #配置接口 IP 地址
SW1(config)#interface FastEthernet 0/1                           #进入接口模式
SW1(config-FastEthernet 0/1)#no switchport                       #启用三层功能
SW1(config-FastEthernet 0/1)#ip address 10.1.1.2 255.255.255.252
                                                                 #配置接口 IP 地址
SW1(config-FastEthernet 0/1)#no shutdown                         #启用接口
SW1(config)#interface FastEthernet 0/2                           #进入接口模式
SW1(config-FastEthernet 0/2)#no switchport                       #启用三层功能
SW1(config-FastEthernet 0/2)#ip address 10.1.1.5 255.255.255.252
                                                                 #配置接口 IP 地址
SW1(config-FastEthernet 0/2)#no shutdown                         #启用接口
SW1(config)#interface FastEthernet 0/3                           #进入接口模式
SW1(config-FastEthernet 0/3)#no switchport                       #启用三层功能
SW1(config-FastEthernet 0/3)#ip address 10.1.1.9 255.255.255.252
                                                                 #配置接口 IP 地址
SW1(config-FastEthernet 0/3)#no shutdown                         #启用接口
```

（3）配置 OSPF 路由

```
SW1(config)#router ospf 10                                       #启用 OSPF 路由进程
SW1(config-router)#network 192.168.50.0 0.0.0.255 area 0         #宣告路由
SW1(config-router)#network 10.1.1.0 0.0.0.3 area 0               #宣告路由
SW1(config-router)#network 10.1.1.4 0.0.0.3 area 0               #宣告路由
SW1(config-router)#network 10.1.1.8 0.0.0.3 area 0               #宣告路由
```

（4）配置 telnet 服务

```
SW1(config)#enable password 123456                               #配置 enable 密码
SW1(config)#line vty 0 4                                         #进入线程配置模式
SW1(config-line)#password 123456                                 #配置 telnet 密码
SW1(config-line)#login                                           #开启 telnet 验证
```

2. 配置汇聚层交换机 SW2

（1）创建 VLAN、端口隔离

```
SW2(config)#vlan 10                                              #创建 VLAN 10
SW2(config)#vlan 20                                              #创建 VLAN 20
SW2(config)#interface range FastEthernet 0/11-15                 #进入接口模式
SW2(config-if-range)#switchport access vlan 10                   #接口加入 VLAN 10
SW2(config)#interface range FastEthernet 0/16-20                 #进入接口模式
```

```
SW2(config-if-range)#switchport access vlan 20        #接口加入 VLAN 20
```

（2）配置接口 IP 地址

```
SW2(config)#interface vlan 10                          #进入接口模式
SW2(config-VLAN 10)#ip address 192.168.10.1 255.255.255.0
                                                       #配置接口 IP 地址
SW2(config)#interface vlan 20                          #进入接口模式
SW2(config-VLAN 20)#ip address 192.168.20.1 255.255.255.0
                                                       #配置接口 IP 地址
SW2(config)#interface FastEthernet 0/1                 #进入接口模式
SW2(config-FastEthernet 0/1)#no switchport             #启用三层功能
SW2(config-FastEthernet 0/1)#ip address 10.1.1.6 255.255.255.252
                                                       #配置接口 IP 地址
SW2(config-FastEthernet 0/1)#no shut                   #启用接口
```

（3）配置 OSPF 路由

```
SW2(config)#router ospf 10                             #启用 OSPF 路由进程
SW2(config-router)#network 192.168.10.0 0.0.0.255 area 0     #宣告路由
SW2(config-router)#network 192.168.20.0 0.0.0.255 area 0     #宣告路由
SW2(config-router)#network 10.1.1.4 0.0.0.3 area 0           #宣告路由
```

（4）配置 DHCP 服务

```
SW2(config)#service dhcp                               #启用 DHCP 服务
SW2(config)#ip dhcp pool vlan10                        #创建 DHCP 地址池
SW2(dhcp-config)#network 192.168.10.0 255.255.255.0    #配置 DHCP 地址池
SW2(dhcp-config)#dns-server 70.1.1.14                  #配置 DNS 地址
SW2(dhcp-config)#default-router 192.168.10.1           #配置默认网关
SW2(config)#ip dhcp pool vlan20                        #创建 DHCP 地址池
SW2(dhcp-config)#network 192.168.20.0 255.255.255.0    #配置 DHCP 地址池
SW2(dhcp-config)#dns-server 70.1.1.14                  #配置 DNS 地址
SW2(dhcp-config)#default-router 192.168.20.1           #配置默认网关
```

（5）配置 telnet 服务

```
SW2(config)#enable password 123456                     #配置 enable 密码
SW2(config)#line vty 0 4                               #进入线程配置模式
SW2(config-line)#password 123456                       #配置 telnet 密码
SW2(config-line)#login                                 #开启 telnet 验证
```

3. 配置汇聚层交换机 SW3

（1）创建 VLAN、端口隔离

```
SW3(config)#vlan 30                                    #创建 VLAN 30
```

```
SW3(config)#vlan 40                                           #创建 VLAN 40
SW3(config)#interface range FastEthernet 0/11-15              #进入接口模式
SW3(config-if-range)#switchport access vlan 30                #接口加入 VLAN 30
SW3(config)#interface range FastEthernet 0/16-20              #进入接口模式
SW3(config-if-range)#switchport access vlan 40                #接口加入 VLAN 40
```

（2）配置接口 IP 地址

```
SW3(config)#interface vlan 30                                 #进入接口模式
SW3(config-VLAN 30)#ip address 192.168.30.1 255.255.255.0
                                                              #配置接口 IP 地址
SW3(config)#interface vlan 40                                 #进入接口模式
SW3(config-VLAN 40)#ip address 192.168.40.1 255.255.255.0
                                                              #配置接口 IP 地址
SW3(config)#interface FastEthernet 0/1                        #进入接口模式
SW3(config-FastEthernet 0/1)#no switchport                    #启用三层功能
SW3(config-FastEthernet 0/1)#ip address 10.1.1.10 255.255.255.252
                                                              #配置接口 IP 地址
SW3(config-FastEthernet 0/1)#no shut                          #启用接口
```

（3）配置 OSPF 路由

```
SW3(config)#router ospf 10                                    #启用 OSPF 路由进程
SW3(config-router)#network 192.168.30.0 0.0.0.255 area 0      #宣告路由
SW3(config-router)#network 192.168.40.0 0.0.0.255 area 0      #宣告路由
SW3(config-router)#network 10.1.1.8 0.0.0.3 area 0            #宣告路由
```

（4）配置 telnet 服务

```
SW3(config)#enable password 123456                            #配置 enable 密码
SW3(config)#line vty 0 4                                      #进入线程配置模式
SW3(config-line)#password 123456                              #配置 telnet 密码
SW3(config-line)#login                                        #开启 telnet 验证
```

4. 配置出口路由器 R1

（1）配置接口 IP 地址

```
R1(config)#interface FastEthernet 0/0                         #进入接口模式
R1(config-if-Fa 0/0)#ip address 70.1.1.2 255.255.255.240
                                                              #配置接口 IP 地址
R1(config-if-Fa 0/0)#no shut                                  #启用接口
R1(config)#interface FastEthernet 0/1                         #进入接口模式
R1(config-if-Fa 0/1)#ip address 10.1.1.1 255.255.255.252
                                                              #配置接口 IP 地址
R1(config-if-Fa 0/1)#no shutdown                              #启用接口
```

```
R1(config)#interface serial 2/0                          #进入接口模式
R1(config-if-Serial 2/0)#ip address 60.1.1.2 255.255.255.252
                                                         #配置接口 IP 地址
R1(config-if-Serial 2/0)#clock rate 64000                #设置时钟频率
R1(config-if-Serial 2/0)#no shutdown                     #启用接口
```

（2）配置 OSPF 路由

```
R1(config)#router ospf 10                                #启用 OSPF 路由进程
R1(config-router)#network 10.1.1.0 0.0.0.3 area 0        #宣告路由
R1(config-router)#default-information originate         #重分发默认路由
```

（3）配置默认路由

```
R1(config)#ip route 0.0.0.0 0.0.0.0 70.1.1.1             #配置默认路由
```

（4）配置策略路由

```
R1(config)#access-list 100 permit ip any 58.1.1.0 0.0.0.255
                                                             #创建访问列表
R1(config)#access-list 100 permit ip any 58.1.2.0 0.0.0.255
                                                             #创建访问列表
R1(config)#access-list 100 permit ip any 58.1.3.0 0.0.0.255
                                                             #创建访问列表
R1(config)#access-list 100 permit ip any 59.1.0.0 0.0.255.255
                                                             #创建访问列表
R1(config)#access-list 100 permit ip 192.168.40.0 0.0.0.255 any
                                                             #创建访问列表
   #配置编号为 100 的列表,定义走 ChinaNet 链路访问互联网的数据流
R1(config)#access-list 10 permit 192.168.10.0 0.0.0.255     #创建访问列表
R1(config)#access-list 10 permit 192.168.20.0 0.0.0.255     #创建访问列表
R1(config)#access-list 10 permit 192.168.30.0 0.0.0.255     #创建访问列表
   #配置编号为 10 的列表,定义默认走 CMCC 链路访问互联网的数据流
R1(config)#route-map abc permit 5
   #配置名为 abc 的 route-map
R1(config-route-map)#match ip address 100
   #匹配访问列表编号为 100 的数据执行下面动作
R1(config-route-map)#set ip next-hop 60.1.1.1
   #设置下一跳地址为 60.1.1.1
R1(config)#route-map abc permit 15
   #配置名为 abc 的 route-map
R1(config-route-map)#match ip address 10
   #匹配访问列表编号为 10 的数据执行下面动作
```

```
R1(config-route-map)#set ip next-hop 70.1.1.1
    #设置下一跳地址为 70.1.1.1
R1(config)#interface FastEthernet 0/1                #进入接口模式
R1(config-if-FastEthernet 0/2)#ip policy route-map abc #应用 route-map
```

（5）配置 NAT

```
R1(config)#interface FastEthernet 0/1                #进入接口模式
R1(config-if-FastEthernet 0/1)#ip nat inside         #定义内部接口
R1(config)#interface FastEthernet 0/0                #进入接口模式
R1(config-if-FastEthernet 0/0)#ip nat outside        #定义外部接口
R1(config)#interface serial 2/0                      #进入接口模式
R1(config-if-Serial 2/0)#ip nat outside              #定义外部接口
R1(config)#ip nat pool aaa 70.1.1.3 70.1.1.4 netmask 255.255.255.240
    #定义 NAT 地址池 aaa,走 CMCC 链路访问互联网时 NAT 所用
R1(config)#ip nat pool bbb 60.1.1.2 60.1.1.2 netmask 255.255.255.252
    #定义 NAT 地址池 bbb,走 ChinaNet 链路访问互联网时 NAT 所用
R1(config)#ip nat inside source list 10 pool aaa overload
    #进行网络地址转换,并采用端口复用
R1(config)#ip nat inside source list 100 pool bbb overload
    #进行网络地址转换,并采用端口复用
R1(config)#ip nat inside source static tcp 192.168.50.15 80 70.1.1.5 80
    #配置静态 NAT,将内网 Web 服务发布到互联网
R1(config)#ip nat inside source static tcp 192.168.50.20 20 70.1.1.6 20
    #配置静态 NAT,将内网 FTP 服务发布到互联网
R1(config)#ip nat inside source static tcp 192.168.50.20 21 70.1.1.6 21
    #配置静态 NAT,将内网 FTP 服务发布到互联网
```

（6）配置 telnet 服务

```
R1(config)#enable password 123456             #配置 enable 密码
R1(config)#line vty 0 4                       #进入线程配置模式
R1(config-line)#password 123456               #配置 telnet 密码
R1(config-line)#login                         #开启 telnet 验证
```

5. 配置路由器 R2（R2 为因特网服务提供商路由器）

```
R2(config)#1interface serial 2/0              #进入接口模式
R2(config-if-Serial 2/0)#ip address 60.1.1.1 255.255.255.252
                                              #配置接口 IP 地址
R2(config-if-Serial 2/0)#no shutdown          #启用接口
```

6. 配置路由器 R3（R3 为因特网服务提供商路由器）

```
R3(config)#interface FastEthernet 0/0                     #进入接口模式
R3(config-if-Fa 0/0)#ip address 70.1.1.1 255.255.255.240
                                                          #配置接口 IP 地址
R3(config-if-Fa 0/0)#no shut                              #启用接口
R3(config)#interface FastEthernet 0/1                     #进入接口模式
R3(config-if-Fa 0/1)#ip address 80.1.1.1 255.255.255.0  #配置接口 IP 地址
R3(config-if-Fa 0/1)#no shut                              #启用接口
```

7. 验证测试

（1）查看交换机 SW1 的路由表

```
SW1#show ip route

Codes:C-connected,S-static,R-RIP,B-BGP
    O-OSPF,IA-OSPF inter area
    N1-OSPF NSSA external type 1,N2-OSPF NSSA external type 2
    E1-OSPF external type 1,E2-OSPF external type 2
    i-IS-IS,su-IS-IS summary,L1-IS-IS level-1,L2-IS-IS level-2
    ia-IS-IS inter area, *-candidate default

Gateway of last resort is 10.1.1.1 to network 0.0.0.0
O*E2 0.0.0.0/0 [110/1] via 10.1.1.1,00:22:46,FastEthernet 0/1
C    10.1.1.0/30 is directly connected,FastEthernet 0/1
C    10.1.1.2/32 is local host
C    10.1.1.4/30 is directly connected,FastEthernet 0/2
C    10.1.1.5/32 is local host
C    10.1.1.8/30 is directly connected,FastEthernet 0/3
C    10.1.1.9/32 is local host
O    192.168.10.0/24 [110/2] via 10.1.1.6,00:00:58,FastEthernet 0/2
O    192.168.20.0/24 [110/2] via 10.1.1.6,00:02:06,FastEthernet 0/2
O    192.168.30.0/24 [110/2] via 10.1.1.10,00:00:43,FastEthernet 0/3
O    192.168.40.0/24 [110/2] via 10.1.1.10,00:00:17,FastEthernet 0/3
C    192.168.50.0/24 is directly connected,VLAN 50
C    192.168.50.1/32 is local host
```

从查看核心层交换机 SW1 的路由表输出结果可以看到，网段 192.168.50.0/24、10.1.1.0/30、10.1.1.4/30、10.1.1.8/30 是交换机 SW1 的直连路由，网段 192.168.10.0/24、192.168.20.0/24、192.168.30.0/24、192.168.40.0/24 是通过 OSPF 路由获取的，访问外网的默认路由是通过路由重分发获得的。

（2）在 PC1 上验证 DHCP 服务

将 PC1 连接到交换机 SW2 的端口 F0/13，来获取 IP 地址。本地连接中地址配置选项设置为“自动获取 IP 地址”，在 DOS 命令行配置界面使用命令 ipconfig/renew，通过自动获取 IP 的方式得到指定网段 VLAN 10 的 IP 地址为 192.168.10.2。

在 DOS 命令行配置界面进行如下操作：

```
C:\Documents and Settings\Administrator>ipconfig/renew

Windows IP Configuration

Ethernet adapter 本地连接:

    Connection-specific DNS Suffix
    IP Address............:192.168.10.2
    Subnet Mask...........:255.255.255.0
    Default Gateway.........:192.168.10.1
```

(3) PC2 访问 PC3，查看路由器 R1 的 NAT 结果

在外网 PC2 上访问内网服务器 PC3 的 Web 服务，在路由器 R1 上查看 NAT 结果。

```
R1#show ip nat translations
Pro Inside global    Inside local        Outside local    Outside global
tcp 70.1.1.5:80      192.168.50.15:80    80.1.1.2:2336    80.1.1.2:2336
```

从路由器 R1 的 NAT 结果可以看出，主机 PC2 访问内网服务器 PC3 的 Web 服务，使用源地址 80.1.1.2、目标地址 70.1.1.5 发送报文，路由器 RB 收到报文后将目的地址 70.1.1.5 转换为私有地址 192.168.50.15，进行报文发送到主机 PC1；PC1 收到报文后，使用源地址 192.168.50.15、目的地址 80.1.1.2 进行应答主机 PC2，NAT 路由器 R1 收到报文后，将源地址转换为 70.1.1.5，再进行报文发送到主机 PC2。对于外网主机 PC2 来说，并不清楚有主机 PC1 的存在。

(4) PC2 访问 PC4，查看路由器 R1 的 NAT 结果

在外网 PC2 上访问内网服务器 PC4 的 FTP 服务，在路由器 R1 上查看 NAT 结果。

```
R1#show ip nat translations
Pro Inside global    Inside local       Outside local    Outside global
tcp 70.1.1.6:21      192.168.50.20:21 80.1.1.2:2382    80.1.1.2:2382
```

从路由器 R1 的 NAT 结果可以看出，主机 PC2 访问内网服务器 PC4 的 FTP 服务，使用源地址 80.1.1.2、目标地址 70.1.1.6 发送报文，路由器 RB 收到报文后将目的地址 70.1.1.6 转换为私有地址 192.168.50.15，进行报文发送到主机 PC1。

6.3 任务：搭建双核心企业网络

【任务描述】

公司网络采用双核心二层网络架构，接入层设备通过双链路上连到两台核心层设备，两台核心层设备之间使用端口聚合技术，实现链路冗余和负载均衡。为了保障网络的稳定性和

拓扑快速收敛，在公司内部网络中采用 OSPF 路由协议。为了保障网络的高可靠性，在双核心的网络架构中使用 VRRP 与 MSTP 相结合的技术。

为了保障二层链路的冗余和负载均衡，需要配置 MSTP。创建实例为 1 和实例 2。其中，实例 1 包含 VLAN 10 和 VLAN 20，实例 2 包含 VLAN 30 和 VLAN 40；设置两台三层交换机 SW1 和 SW2 为生成树实例的根，并且 SW1 和 SW2 互为备份根。

为实现网络三层链路的冗余和负载均衡，需要在网络中使用 VRRP 路由协议。要求 SW1 为 VLAN 10 和 VLAN 20 的活跃路由器，SW2 为备份路由器；SW2 为 VLAN 30 和 VLAN 40 的活跃路由器，SW1 为备份路由器。

服务提供商为公司提供的全局 IP 地址为 60. 1. 1. 2/28~60. 1. 1. 14/28。使用 NAPT 技术实现内部用户访问因特网资源，使用合法全局地址为 60. 1. 1. 3/28~60. 1. 1. 4/28；使用静态 NAT 技术，将 Web 服务发布到互联网，使用合法全局地址为 60. 1. 1. 5/28，内网地址为 192. 168. 50. 10/24；将 FTP 服务发布到互联网，使用合法全局地址为 60. 1. 1. 6/28，内网地址为 192. 168. 50. 20/24。

设置 VLAN 10 内主机 PC1 的 IP 地址为 192. 168. 10. 3/24，路由器 R1 接口 S2/0 地址为 60. 1. 1. 2/28，路由器 R2 接口 S2/0 地址为 60. 1. 1. 1/28，路由器 R2 上回环接口 L0 的 IP 地址分别为 1. 1. 1. 1/24。

其网络拓扑结构如图 6-3 所示。

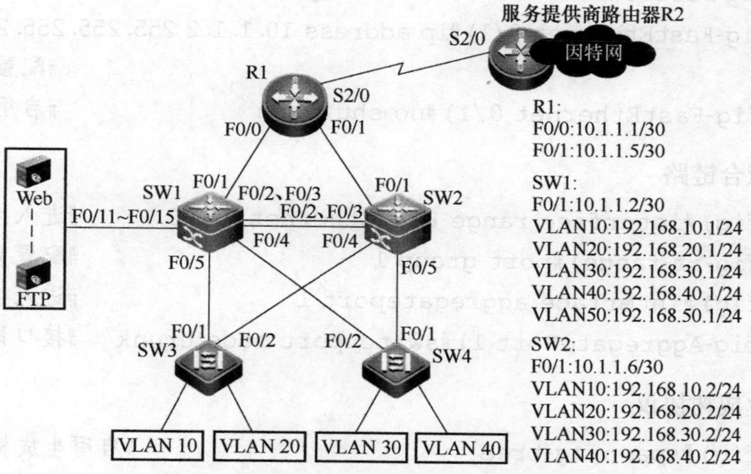

图 6-3 搭建双核心企业网络的网络拓扑结构

【任务实施】

1. 配置核心层交换机 SW1

(1) 创建 VLAN、端口隔离

```
SW1(config)#vlan 10                                    #创建 VLAN 10
SW1(config)#vlan 20                                    #创建 VLAN 20
SW1(config)#vlan 30                                    #创建 VLAN 30
SW1(config)#vlan 40                                    #创建 VLAN 40
SW1(config)#vlan 50                                    #创建 VLAN 50
```

```
SW1(config)#interface range FastEthernet 0/11-15          #进入接口模式
SW1(config-if-range)#switchport access vlan 50            #接口加入 VLAN50
SW1(config)#interface range FastEthernet 0/4-5            #进入接口模式
SW1(config-if-range)#switchport mode trunk                #接口设为干道模式
```

（2）配置接口 IP 地址

```
SW1(config)#interface vlan 10                                #进入接口模式
SW1(config-VLAN 10)#ip address 192.168.10.1 255.255.255.0    #配置接口 IP 地址
SW1(config)#interface vlan 20                                #进入接口模式
SW1(config-VLAN 20)#ip address 192.168.20.1 255.255.255.0    #配置接口 IP 地址
SW1(config)#interface vlan 30                                #进入接口模式
SW1(config-VLAN 30)#ip address 192.168.30.1 255.255.255.0    #配置接口 IP 地址
SW1(config)#interface vlan 40                                #进入接口模式
SW1(config-VLAN 40)#ip address 192.168.40.1 255.255.255.0    #配置接口 IP 地址
SW1(config)#interface vlan 50                                #进入接口模式
SW1(config-VLAN 50)#ip address 192.168.50.1 255.255.255.0    #配置接口 IP 地址
SW1(config)#interface FastEthernet 0/1                       #进入接口模式
SW1(config-FastEthernet 0/1)#no switchport                  #启用三层功能
SW1(config-FastEthernet 0/1)#ip address 10.1.1.2 255.255.255.252
                                                             #配置接口 IP 地址
SW1(config-FastEthernet 0/1)#no shutdown                    #启用接口
```

（3）配置聚合链路

```
SW1(config)#interface range FastEthernet 0/2-3              #进入接口模式
SW1(config-if-range)#port-group 1                           #配置为 AP 成员端口
SW1(config)#interface aggregateport 1                       #进入接口模式
SW1(config-AggregatePort 1)#switchport mode trunk           #接口设为干道模式
```

（4）配置生成树协议

```
SW1(config)#spanning-tree                           #启用生成树协议
SW1(config)#spanning-tree mode mstp                 #定义为 MSTP 模式
SW1(config)#spanning-tree mst 1 priority 4096       #SW1 设为实例 1 的根
SW1(config)#spanning-tree mst configuration         #进入 MSTP 配置模式
SW1(config-mst)#instance 1 vlan 10,20               #创建实例 1
SW1(config-mst)#instance 2 vlan 30,40               #创建实例 2
SW1(config-mst)#name aaa                            #定义区域名称 aaa
SW1(config-mst)#revision 1                          #定义配置版本号为 1
```

（5）配置 VRRP 服务

```
SW1(config)#interface vlan 10                       #进入接口模式
SW1(config-VLAN 10)#vrrp 10 ip 192.168.10.254       #启用 VRRP 进程
```

```
SW1(config-VLAN 10)#vrrp 10 priority 120                  #定义 VRRP 优先级
SW1(config)#interface vlan 20                             #进入接口模式
SW1(config-VLAN 20)#vrrp 20 ip 192.168.20.254             #启用 VRRP 进程
SW1(config-VLAN 20)#vrrp 20 priority 120                  #定义 VRRP 优先级
SW1(config)#interface vlan 30                             #进入接口模式
SW1(config-VLAN 30)#vrrp 30 ip 192.168.30.254             #启用 VRRP 进程
SW1(config)#interface vlan 40                             #进入接口模式
SW1(config-VLAN 40)#vrrp 40 ip 192.168.40.254             #启用 VRRP 进程
```

（6）配置 OSPF 路由

```
SW1(config)#router ospf 10                                        #启用 OSPF 路由进程
SW1(config-router)#network 192.168.10.0 0.0.0.255 area 0          #宣告路由
SW1(config-router)#network 192.168.20.0 0.0.0.255 area 0          #宣告路由
SW1(config-router)#network 192.168.30.0 0.0.0.255 area 0          #宣告路由
SW1(config-router)#network 192.168.40.0 0.0.0.255 area 0          #宣告路由
SW1(config-router)#network 192.168.50.0 0.0.0.255 area 0          #宣告路由
SW1(config-router)#network 10.1.1.0 0.0.0.3 area 0                #宣告路由
```

（7）配置默认路由

```
SW1(config)#ip route 0.0.0.0 0.0.0.0 10.1.1.1             #配置默认路由
```

2. 配置核心层交换机 SW2

（1）创建 VLAN、端口隔离

```
SW2(config)#vlan 10                                       #创建 VLAN 10
SW2(config)#vlan 20                                       #创建 VLAN 20
SW2(config)#vlan 30                                       #创建 VLAN 30
SW2(config)#vlan 40                                       #创建 VLAN 40
SW2(config)#interface range FastEthernet 0/4-5            #进入接口模式
SW2(config-if-range)#switchport mode trunk                #接口设为干道模式
```

（2）配置接口 IP 地址

```
SW2(config)#interface vlan 10                             #进入接口模式
SW2(config-VLAN 10)#ip address 192.168.10.2 255.255.255.0
                                                          #配置接口 IP 地址
SW2(config)#interface vlan 20                             #进入接口模式
SW2(config-VLAN 20)#ip address 192.168.20.2 255.255.255.0
                                                          #配置接口 IP 地址
SW2(config)#interface vlan 30                             #进入接口模式
SW2(config-VLAN 30)#ip address 192.168.30.2 255.255.255.0
                                                          #配置接口 IP 地址
SW2(config)#interface vlan 40                             #进入接口模式
```

```
SW2(config-VLAN 40)#ip address 192.168.40.2 255.255.255.0
                                                          #配置接口 IP 地址
SW2(config)#interface FastEthernet 0/1                    #进入接口模式
SW2(config-FastEthernet 0/1)#no switchport                #启用三层功能
SW2(config-FastEthernet 0/1)#ip address 10.1.1.6 255.255.255.252
                                                          #配置接口 IP 地址
SW2(config-FastEthernet 0/1)#no shut                      #启用接口
```

(3) 配置聚合链路

```
SW2(config)#interface range FastEthernet 0/2-3        #进入接口模式
SW2(config-if-range)#port-group 1                     #配置为 AP 成员端口
SW2(config)#interface aggregateport 1                 #进入接口模式
SW2(config-AggregatePort 1)#switchport mode trunk     #接口设为干道模式
```

(4) 配置生成树协议

```
SW2(config)#spanning-tree                             #启用生成树协议
SW2(config)#spanning-tree mode mstp                   #定义为 MSTP 模式
SW2(config)#spanning-tree mst 2 priority 4096         #SW2 设为实例 2 的根
SW2(config)#spanning-tree mst configuration           #进入 MSTP 配置模式
SW2(config-mst)#instance 1 vlan 10,20                 #创建实例 1
SW2(config-mst)#instance 2 vlan 30,40                 #创建实例 2
SW2(config-mst)#name aaa                              #定义区域名称 aaa
SW2(config-mst)#revision 1                            #定义配置版本号为 1
```

(5) 配置 VRRP 服务

```
SW2(config)#interface vlan 10                      #进入接口模式
SW2(config-VLAN 10)#vrrp 10 ip 192.168.10.254      #启用 VRRP 进程
SW2(config)#interface vlan 20                      #进入接口模式
SW2(config-VLAN 20)#vrrp 20 ip 192.168.20.254      #启用 VRRP 进程
SW2(config)#interface vlan 30                      #进入接口模式
SW2(config-VLAN 30)#vrrp 30 ip 192.168.30.254      #启用 VRRP 进程
SW2(config-VLAN 30)#vrrp 30 priority 120           #定义 VRRP 优先级
SW2(config)#interface vlan 40                      #进入接口模式
SW2(config-VLAN 40)#vrrp 40 ip 192.168.40.254      #启用 VRRP 进程
SW2(config-VLAN 40)#vrrp 40 priority 120           #定义 VRRP 优先级
```

(6) 配置 OSPF 路由

```
SW2(config)#router ospf 10                                     #启用 OSPF 路由进程
SW2(config-router)#network 192.168.10.0 0.0.0.255 area 0       #宣告路由
SW2(config-router)#network 192.168.20.0 0.0.0.255 area 0       #宣告路由
```

```
SW2(config-router)#network 192.168.30.0 0.0.0.255 area 0    #宣告路由
SW2(config-router)#network 192.168.40.0 0.0.0.255 area 0    #宣告路由
SW2(config-router)#network 10.1.1.4 0.0.0.3 area 0          #宣告路由
```

（7）配置默认路由

```
SW2(config)#ip route 0.0.0.0 0.0.0.0 10.1.1.5               #配置默认路由
```

3. 配置接入层交换机 SW3

（1）创建 VLAN、端口隔离

```
SW3(config)#vlan 10                                         #创建 VLAN 10
SW3(config)#vlan 20                                         #创建 VLAN 20
SW3(config)#interface range FastEthernet 0/11-15            #进入接口模式
SW3(config-if-range)#switchport access vlan 10              #接口加入 VLAN10
SW3(config)#interface range FastEthernet 0/16-20            #进入接口模式
SW3(config-if-range)#switchport access vlan 20              #接口加入 VLAN20
SW3(config)#interface range FastEthernet 0/1-2              #进入接口模式
SW3(config-if-range)#switchport mode trunk                  #接口设为干道模式
```

（2）配置生成树协议

```
SW3(config)#spanning-tree                                   #启用生成树协议
SW3(config)#spanning-tree mode mstp                         #定义为 MSTP 模式
SW3(config)#spanning-tree mst configuration                 #进入 MSTP 配置模式
SW3(config-mst)#instance 1 vlan 10,20                       #创建实例 1
SW3(config-mst)#instance 2 vlan 30,40                       #创建实例 2
SW3(config-mst)#name aaa                                    #定义区域名称 aaa
SW3(config-mst)#revision 1                                  #定义配置版本号为 1
```

4. 配置接入层交换机 SW4

（1）创建 VLAN、端口隔离

```
SW4(config)#vlan 30                                         #创建 VLAN 30
SW4(config)#vlan 40                                         #创建 VLAN 40
SW4(config)#interface range FastEthernet 0/11-15            #进入接口模式
SW4(config-if-range)#switchport access vlan 30              #接口加入 VLAN30
SW4(config)#interface range FastEthernet 0/16-20            #进入接口模式
SW4(config-if-range)#switchport access vlan 40              #接口加入 VLAN40
SW4(config)#interface range FastEthernet 0/1-2              #进入接口模式
SW4(config-if-range)#switchport mode trunk                  #接口设为干道模式
```

（2）配置生成树协议

```
SW4(config)#spanning-tree                                   #启用生成树协议
SW4(config)#spanning-tree mode mstp                         #定义为 MSTP 模式
```

```
SW4(config)#spanning-tree mst configuration        #进入 MSTP 配置模式
SW4(config-mst)#instance 1 vlan 10,20               #创建实例 1
SW4(config-mst)#instance 2 vlan 30,40               #创建实例 2
SW4(config-mst)#name aaa                            #定义区域名称 aaa
SW4(config-mst)#revision 1                          #定义配置版本号为 1
```

5. 配置出口路由器 R1

（1）配置接口 IP 地址

```
R1(config)#interface FastEthernet 0/0               #进入接口模式
R1(config-if-Fa 0/0)#ip address 10.1.1.1 255.255.255.252
                                                    #配置接口 IP 地址
R1(config-if-Fa 0/0)#no shut                        #启用接口
R1(config)#interface FastEthernet 0/1               #进入接口模式
R1(config-if-Fa 0/1)#ip address 10.1.1.5 255.255.255.252
                                                    #配置接口 IP 地址
R1(config-if-Fa 0/1)#no shutdown                    #启用接口
R1(config)#interface serial 2/0                     #进入接口模式
R1(config-if-Serial 2/0)#ip address 60.1.1.2 255.255.255.240
                                                    #配置接口 IP 地址
R1(config-if-Serial 2/0)#clock rate 64000           #设置时钟频率
R1(config-if-Serial 2/0)#no shutdown                #启用接口
```

（2）配置 OSPF 路由

```
R1(config)#router ospf 10                               #启用 OSPF 路由进程
R1(config-router)#network 10.1.1.0 0.0.0.3 area 0       #宣告路由
R1(config-router)#network 10.1.1.4 0.0.0.3 area 0       #宣告路由
```

（3）配置默认路由

```
R1(config)#ip route 0.0.0.0 0.0.0.0 60.1.1.1            #配置默认路由
```

（4）配置动态 NAPT

```
R1(config)#interface FastEthernet 0/0                   #进入接口模式
R1(config-if-FastEthernet 0/0)#ip nat inside            #定义内部接口
R1(config)#interface FastEthernet 0/1                   #进入接口模式
R1(config-if-FastEthernet 0/1)#ip nat inside            #定义内部接口
R1(config)#interface serial 2/0                         #进入接口模式
R1(config-if-Serial 2/0)#ip nat outside                 #定义外部接口
R1(config)#access-list 10 permit any
#创建访问控制列表,定义可以访问互联网的流量
R1(config)#ip nat pool aaa 60.1.1.3 60.1.1.4 netmask 255.255.255.240
#配置 NAT 地址池,地址池名称为 aaa
```

```
R1(config)#ip nat inside source list 10 pool aaa overload
#进行网络地址转换,并采用端口复用
```

（5）配置静态 NAT

```
R1(config)#ip nat inside source static tcp 192.168.50.10 80 60.1.1.5 80
#配置静态 NAT,将内网 Web 服务发布到互联网
R1(config)#ip nat inside source static tcp 192.168.50.20 20 60.1.1.6 20
#配置静态 NAT,将内网 FTP 服务发布到互联网
R1(config)#ip nat inside source static tcp 192.168.50.20 21 60.1.1.6 21
#配置静态 NAT,将内网 FTP 服务发布到互联网
```

6. 配置路由器 R2（R2 为因特网服务提供商路由器）

```
R2(config)#interface serial 2/0                         #进入接口模式
R2(config-if-Serial 2/0)#ip address 60.1.1.1 255.255.255.240
                                                        #配置接口 IP 地址
R2(config-if-Serial 2/0)#no shutdown                    #启用接口
R2(config)#interface Loopback 0                         #进入接口模式
R2(config-if-Loopback 0)#ip address 1.1.1.1 255.255.255.0  #配置接口 IP 地址
```

7. 验证测试

（1）查看交换机 SW1 的路由表

```
SW1#show ip route

Codes:C-connected,S-static,R-RIP,B-BGP
    O-OSPF,IA-OSPF inter area
    N1-OSPF NSSA external type 1,N2-OSPF NSSA external type 2
    E1-OSPF external type 1,E2-OSPF external type 2
    i-IS-IS,su-IS-IS summary,L1-IS-IS level-1,L2-IS-IS level-2
    ia-IS-IS inter area,*-candidate default

Gateway of last resort is 10.1.1.1 to network 0.0.0.0
S*      0.0.0.0/0 [1/0] via 10.1.1.1
C       10.1.1.0/30 is directly connected,FastEthernet 0/1
C       10.1.1.2/32 is local host
O       10.1.1.4/30[110/2] via 192.168.10.2,00:09:35,VLAN 10
        [110/2] via 192.168.20.2,00:09:35,VLAN 20
        [110/2] via 192.168.30.2,00:09:35,VLAN 30
        [110/2] via 192.168.40.2,00:09:35,VLAN 40
        [110/2] via 10.1.1.1,00:04:24,FastEthernet 0/1
C       192.168.10.0/24 is directly connected,VLAN 10
```

```
C     192.168.10.1/32 is local host
C     192.168.10.254/32 is local host
C     192.168.20.0/24 is directly connected,VLAN 20
C     192.168.20.1/32 is local host
C     192.168.20.254/32 is local host
C     192.168.30.0/24 is directly connected,VLAN 30
C     192.168.30.1/32 is local host
C     192.168.40.0/24 is directly connected,VLAN 40
C     192.168.40.1/32 is local host
C     192.168.50.0/24 is directly connected,VLAN 50
C     192.168.50.1/32 is local host
```

从查看核心层交换机 SW1 的路由表输出结果可以看到，网段 192.168.10.0/24、192.168.20.0/24、192.168.30.0/24、192.168.40.0/24、192.168.50.0/24、10.1.1.0/30 是交换机 SW1 的直连路由，网段 10.1.1.4/30 是通过 OSPF 路由获取的，访问外网是有默认路由经过下一跳 10.1.1.1 实现的。

（2）查看交换机 SW2 的路由表

```
SW2#show ip route

Codes:C-connected,S-static,R-RIP,B-BGP
    O-OSPF,IA-OSPF inter area
    N1-OSPF NSSA external type 1,N2-OSPF NSSA external type 2
    E1-OSPF external type 1,E2-OSPF external type 2
    i-IS-IS,su-IS-IS summary,L1-IS-IS level-1,L2-IS-IS level-2
ia-IS-IS inter area,*-candidate default

Gateway of last resort is 10.1.1.5 to network 0.0.0.0
S*     0.0.0.0/0 [1/0] via 10.1.1.5
O      10.1.1.0/30 [110/2] via 192.168.10.1,00:08:54,VLAN 10
       [110/2] via 192.168.20.1,00:08:44,VLAN 20
       [110/2] via 192.168.30.1,00:08:44,VLAN 30
       [110/2] via 192.168.40.1,00:08:34,VLAN 40
       [110/2] via 10.1.1.5,00:03:08,FastEthernet 0/1
C      10.1.1.4/30 is directly connected,FastEthernet 0/1
C      10.1.1.6/32 is local host
C      192.168.10.0/24 is directly connected,VLAN 10
C      192.168.10.2/32 is local host
C      192.168.20.0/24 is directly connected,VLAN 20
C      192.168.20.2/32 is local host
C      192.168.30.0/24 is directly connected,VLAN 30
```

```
C    192.168.30.2/32 is local host
C    192.168.30.254/32 is local host
C    192.168.40.0/24 is directly connected,VLAN 40
C    192.168.40.2/32 is local host
C    192.168.40.254/32 is local host
O    192.168.50.0/24 [110/2] via 192.168.10.1,00:08:54,VLAN 10
     [110/2] via 192.168.20.1,00:08:44,VLAN 20
     [110/2] via 192.168.30.1,00:08:44,VLAN 30
     [110/2] via 192.168.40.1,00:08:34,VLAN 40
```

从查看核心层交换机 SW2 的路由表输出结果可以看到，网段 192.168.10.0/24、192.168.20.0/24、192.168.30.0/24、192.168.40.0/24、10.1.1.4/30 是交换机 SW2 的直连路由，网段 10.1.1.0/30、192.168.50.0/24 是通过 OSPF 路由获取的，访问外网是有默认路由经过下一跳 10.1.1.5 实现的。

（3）在交换机 SW1 上查看端口聚合成员信息

```
SW1#show aggregatePort summary
AggregatePort MaxPorts SwitchPort Mode   Ports
------------------------------------------------------------------------
Ag1           8        Enabled    TRUNK  F0/2,F0/3
```

从 show 命令输出结果可以看出，聚合端口 1 包含 F0/2、F0/3 端口，最多可以有 8 个端口可以聚合。

（4）在交换机 SW1 上查看 MSTP 选举结果

```
SW1#show spanning-tree mst 1

MST 1 vlans mapped:10,20
BridgeAddr:001a.a9bc.7ca2
Priority:4096
TimeSinceTopologyChange:0d:0h:30m:34s
TopologyChanges:17
DesignatedRoot:1001.001a.a9bc.7ca2
RootCost:0
RootPort:0
```

从上述 show 命令输出结果可以看出交换机 SW1 为实例 1 中的根交换机。

（5）在交换机 SW2 上查看 MSTP 选举结果

```
SW2#show spanning-tree mst 2

MST 2 vlans mapped:30,40
BridgeAddr:001a.a97f.ef11
```

```
Priority:4096
TimeSinceTopologyChange:0d:0h:35m:29s
TopologyChanges:16
DesignatedRoot:1002.001a.a97f.ef11
RootCost:0
RootPort:0
```

从上述 show 命令输出结果可以看出交换机 SW2 为实例 2 中的根交换机。

（6）在交换机 SW3 上查看实例 1 中 MSTP 选举结果

```
SW3#show spanning-tree mst 1

MST 1 vlans mapped:10,20
BridgeAddr:1414.4b14.86a8
Priority:32768
TimeSinceTopologyChange:0d:0h:38m:47s
TopologyChanges:4
DesignatedRoot:1001.001a.a9bc.7ca2
RootCost:200000
RootPort:1
```

从上述 show 命令输出结果可以看出，在实例 1 中，交换机 SW3 的端口 F0/1 为根端口，因此 VLAN 10 和 VLAN 20 的数据经端口 F0/1 转发。

（7）在交换机 SW3 上查看实例 2 中 MSTP 选举结果

```
SW3#show spanning-tree mst 2

MST 2 vlans mapped:30,40
BridgeAddr:1414.4b14.86a8
Priority:32768
TimeSinceTopologyChange:0d:0h:39m:10s
TopologyChanges:3
DesignatedRoot:1002.001a.a97f.ef11
RootCost:200000
RootPort:2
```

从上述 show 命令输出结果可以看出，在实例 2 中，交换机 SW3 的端口 F0/2 为根端口，因此 VLAN 30 和 VLAN 40 的数据经端口 F0/2 转发。

（8）在交换机 SW1 上查看 VRRP 服务

```
SW1#show vrrp brief
InterfaceGrp Pritimer OwnPreStateMaster addrGroup addr
VLAN 10 10 120 3-   P   Master 192.168.10.1192.168.10.254
```

```
VLAN 20 20 120 3    -  P  Master 192.168.20.1   192.168.20.254
VLAN 30 30 100 3    -  P  Backup 192.168.30.2 192.168.30.254
VLAN 40 40 100 3    -  P  Backup 192.168.40.2   192.168.40.254
```

从 show 命令的输出结果可以看到，SW1 在 VRRP 组 10 和 20 中，优先级为 120，状态为 Master 路由器；在 VRRP 组 30 和 40 中，优先级为 100，状态为 Backup 路由器。

（9）在交换机 SW2 上查看 VRRP 服务

```
SW2#show vrrp brief
InterfaceGrp Pritimer OwnPreStateMaster addrGroup addr
VLAN 10 10 100 3-  P  Backup 192.168.10.1192.168.10.254
VLAN 20 20 100 3    -  P  Backup 192.168.20.1   192.168.20.254
VLAN 30 30 120 3    -  P  Master 192.168.30.2 192.168.30.254
VLAN 40 40 120 3    -  P  Master 192.168.40.2   192.168.40.254
```

从 show 命令的输出结果可以看到，SW2 在 VRRP 组 10 和 20 中，优先级为 100，状态为 Backup 路由器；在 VRRP 组 30 和 40 中，优先级为 120，状态为 Master 路由器。

（10）在 PC1 上 ping 测试 R2 上的接口 L0，在路由器 R1 上查看 NAT 结果

```
R1#show ip nat translations
Pro Inside global  Inside local        Outside local  Outside global
icmp60.1.1.4:1280  192.168.10.3:1280  1.1.1.1        1.1.1.1
```

从 show 命令的输出结果可以看到，内网主机 PC1 ping 访问外网时，路由器 R1 收到该报文后将源地址转换为全局地址 60.1.1.4，然后再发送报文到目的地 1.1.1.1。对于外网来说只知道 60.1.1.4 主机的存在，并不清楚 192.168.10.3 主机的存在。

附录

双绞线制作

【知识准备】

双绞线（twisted pair，TP）是综合布线工程中常用的传输介质，是由两根具有绝缘保护层的铜导线组成的。把两根绝缘的铜导线按一定密度互相绞在一起，每一根导线在传输中辐射出来的电波会被另一根线上发出的电波抵消，有效降低信号干扰的程度。

根据有无屏蔽层，双绞线分为屏蔽双绞线（shielded twisted pair，STP）与非屏蔽双绞线（unshielded twisted pair，UTP）。

屏蔽双绞线在双绞线与外层绝缘封套之间有一个金属屏蔽层，分为STP和铝箔屏蔽双绞线（foil twisted pair，FTP）。STP指每条线都有各自的屏蔽层；而FTP只在整个电缆有屏蔽装置，并且两端都正确接地时才起作用。

UTP无金属屏蔽材料，只有一层绝缘胶皮包裹，由四对不同颜色的传输线所组成。

目前常见的是超五类和六类双绞线，由四个绕对组成，每个绕对由两条互相绝缘且相互绞合的铜线组成。

T568A的线序定义依次为白绿、绿、白橙、蓝、白蓝、橙、白棕、棕，具体如下所示：

白绿	绿	白橙	蓝	白蓝	橙	白棕	棕

T568B的线序定义依次为白橙、橙、白绿、蓝、白蓝、绿、白棕、棕，具体如下所示：

白橙	橙	白绿	蓝	白蓝	绿	白棕	棕

根据T568A和T568B线序，RJ-45水晶头各触点在10M/100M网络连接中，对传输信号来说它们所起的作用分别是，1、2用于发送，3、6用于接收，4、5和7、8是双向线；对与其相连接的双绞线来说，为降低相互干扰，标准要求1、2必须是绞缠的一对线，3、6也必须是绞缠的一对线，4、5相互绞缠，7、8相互绞缠。由此可见实际上两个标准没有本质的区别，只是连接RJ-45时8根双绞线的线序排列不同，在实际网络工程中较多采用T568B标准。

直通线：双绞线两端RJ-45头中的线序完全相同（两端为T568A线序或两端为T568B线序），一般用于不同设备的连接。

交叉线：双绞线另一端的1、2线和第3、6线对调，即一端按照T568B线序，一端按照T568A线序，一般用于相同设备的连接。

【任务描述】

超五类双绞线的制作。

【任务实施】

1）准备好超5类双绞线、RJ-45水晶头和网线钳。

2）用网线钳把双绞线的一端剪齐，然后把剪齐的一端插入到网线钳用于剥线的缺口中，注意网线不能弯。稍微握紧网线钳慢慢旋转一圈，让刀口划开双绞线的保护胶皮，拔下胶皮。

注意：剥线长度为20mm左右，这样可以有效避免剥线过长或过短造成的麻烦。剥线过长则不美观，另一方面因网线不应恰好为水晶头长度能被水晶头卡住，容易松动；剥线过短，因有外皮存在，太厚，不能完全插到水晶头底部，造成水晶头插针不能与网线芯线完好接触。

3）剥除外皮后即可见到双绞线网线的4对8条芯线，把每对都是相互缠绕在一起的线缆逐一解开。解开后则根据规则把几组线缆依次地排列好并理顺，排列的时候应该注意尽量避免线路过多的缠绕和重叠。把线缆依次排列并理顺之后（自左到右依次为白橙、橙、白绿、蓝、白蓝、绿、白棕、棕），由于线缆之前是相互缠绕着的，因此线缆会有一定的弯曲，应该把线缆尽量扯直并保持线缆平扁。

4）把线缆依次排列好并理顺压直之后，将8根导线平坦整齐地平行排列，导线间不留空隙，之后利用网线钳的剪线刀口把线缆顶部裁剪整齐。

注意：裁剪的时候应该是水平方向插入，否则线缆长度不一会影响到线缆与水晶头的正常接触。若之前把保护层剥下过多的话，可以在这里将过长的细线剪短，保留去掉外层保护层的部分约为12mm，这个长度正好能将各细导线插入到各自的线槽。如果该段留得过长，一是会由于线缆不再互绞而增加串扰；二是会由于水晶头不能压住护套而可能导致电缆从水晶头中脱出，造成线路的接触不良甚至中断。

5）把整理好的线缆插入水晶头内。插入的时候，一只手捏住水晶头，将水晶头有塑料弹簧片的一侧向下；另一只手捏平双绞线，缓缓地用力将排好的8条线缆同时沿RJ-45头内的8个线槽插入，8条导线顶端应插入线槽顶端。双绞线的外皮必须有一小部分伸入接头，同时内部的每一根导线都要顶到RJ-45接头的顶端

注意：插线时要将水晶头有塑料弹簧片的一面向下，有针脚的一面向上，使有针脚的一端指向远离自己的方向，有方型孔的一端对着自己。此时，最左边的是第1脚，最右边的是第8脚，其余依次顺序排列。

6）压线。在最后一步压线之前，此时可以从水晶头的顶部检查，看看是否每一组线缆都紧紧地顶在水晶头的末端。确认无误之后就可以把水晶头插入压线钳的8P槽内压线了，把水晶头插入后，用力握紧网线钳，若力气不够的话，可以使用双手一起压，这样压的过程使得水晶头凸出在外面的针脚全部压入水晶头内，施力之后听到一声轻微的“啪”即可。

7）压线之后水晶头凸出在外面的针脚全部压入水晶头内，而且水晶头下部的塑料扣位也压紧在网线的保护层之上。到此，一端水晶头就制作完毕了。

8）同样方法，将网线另一端水晶头也制作好，用测试仪测试其连通性。利用RJ-45网络测试仪检查制作的线缆是否正常。用电缆测试仪测试时，个个绿灯都应依次闪烁。

【小结】

RJ-45水晶头由金属片和塑料构成，制作网线所需要的RJ-45水晶接头前端有8个凹槽，简称“8P”（position，位置）。凹槽内的金属触点共有8个，简称“8C”（contact，触点）。因此业界对此有“8P8C”的别称。特别需要注意的是RJ-45水晶头引脚序号，当金属片面对人们时从左至右引脚序号是1~8，序号对于网络连线非常重要，不能搞错。

标准中要求1~8线必须是双绞的。这是因为，在数据的传输中，为了减少和抑制外界的干扰，发送和接收的数据均以差分方式传输，即每一对线互相扭在一起传输一路差分信号。